权威机构专家联审
精品图书·品质保证

# 当代科学育儿百科全问

北京医院
婴儿室知名儿科专家
万　理●主编

中国人口出版社
China Population Publishing House
全国百佳出版单位

**图书在版编目（CIP）数据**

当代科学育儿百科全问/万理主编.—北京:中国人口出版社，2014.9

ISBN 978-7-5101-2388-7

Ⅰ.①当… Ⅱ.①万… Ⅲ.①婴幼儿－哺育－问题解答 Ⅳ.①TS976.31-44

中国版本图书馆CIP数据核字（2014）第221465号

**问答式的百科全书**
**权威、细致、全面**

## 当代科学育儿百科全问

万理 主编

出版发行　中国人口出版社
印　　刷　北京睿特印刷厂大兴一分厂
开　　本　710毫米×1020毫米　1/16
印　　张　18
字　　数　180千字
版　　次　2015年2月第1版
印　　次　2015年2月第1次印刷
书　　号　ISBN 978-7-5101-2388-7
定　　价　32.80元

社　　长　张晓林
网　　址　www.rkcbs.net
电子信箱　rkcbs@126.com
电　　话　(010)83519390
传　　真　(010)83519401
地　　址　北京市西城区广安门南街80号中加大厦
邮　　编　100054

Contents

# 第一章　最初的7天

## 一、新生儿生活照料

Contents

## 二、新生儿喂养



## 三、新生儿常见病防治

# 第二章　8～28天

## 一、月子宝宝的生活照料



## 二、月子宝宝的喂养

## 三、月子宝宝的能力训练



## 四、月子宝宝常见病护理

# 第三章　2～3个月

## 一、2～3个月宝宝生活照料



## 二、2～3个月宝宝喂养

Contents

# 第四章 4~6个月

## 一、4~6个月宝宝生活照料



## 二、4~6个月宝宝喂养

# Contents



## 三、4～6个月宝宝智能开发



## 四、4～6个月宝宝常见病护理

# 第五章　7～9个月

## 一、7～9个月宝宝生活照料



## 二、7～9个月宝宝喂养

Contents

# 第六章 10～12个月

## 一、10～12个月宝宝生活照料



## 二、10～12个月宝宝喂养

Contents

## 三、10～12个月宝宝智能开发



## 四、10～12个月宝宝常见病护理

# 第七章 1岁~1岁半

## 一、1岁~1岁半宝宝生活照料



## 二、1岁~1岁半宝宝喂养

Contents

## 三、1岁～1岁半宝宝智能开发



## 四、1岁～1岁半宝宝常见病护理

# 第八章 1岁半～2岁

## 一、1岁半～2岁宝宝生活照料



## 二、1岁半～2岁宝宝喂养

Contents

## 三、1岁半～2岁宝宝智能开发



## 四、1岁半～2岁宝宝常见病护理

# 第九章 2岁~2岁半

## 一、2岁~2岁半宝宝生活照料



## 二、2岁~2岁半宝宝喂养

Contents

## 三、2岁～2岁半宝宝智能开发



## 四、2岁～2岁半宝宝常见病护理

# 第十章 2岁半～3岁

## 一、2岁半～3岁宝宝生活照料



## 二、2岁半～3岁宝宝喂养

Contents

## 三、2岁半～3岁宝宝智能开发



## 四、2岁半～3岁宝宝常见病护理

# 第一章

# 最初的7天

## 育儿要点

- 早开奶，断脐即可放在母亲怀中哺乳
- 要尽量纯母乳喂养
- 按需哺乳，不定时，饿了就喂
- 护理好脐带及各个器官，预防感染
- 新生儿还不能很好地调节体温，一定要注意保暖
- 保证充足的睡眠
- 皮肤必须经常清洗，并保持干燥，尤其是皮肤皱褶处
- 多搂抱，多抚触，多说话，多微笑
- 注意检查听力和视力

## 正常足月新生儿

| | 体重(千克) | 身长(厘米) | 头围(厘米) | 胸围(厘米) |
|---|---|---|---|---|
| 出生时 | 男童≈3.3<br>女童≈3.2 | 男童≈50.5<br>女童≈49.9 | 男童≈34.0<br>女童≈33.5 | 男童≈32.4<br>女童≈32.2 |

# 一 新生儿生活照料

## 1.宝宝刚出生

### 01 宝宝第一声啼哭意味着什么?

听到宝宝的第一声啼哭，你一定激动不已，这不仅仅意味着你已经当妈妈了，同时你也能够确认宝宝一切正常。宝宝的啼哭表明他活着并能够自由呼吸。但并不是每个宝宝出生时都会啼哭，一时半会没有听到宝宝的哭声并不意味着宝宝不正常。

### 02 何为阿普加评分？如何进行阿普加评分?

宝宝出生后，医生会用阿普加评分来衡量宝宝的健康状况。这一评分法主要用于对新生宝宝窒息程度的判断。窒息即缺氧，是一种非常紧急的状态。该方法有助于医生确定宝宝是否已经做好了迎接外部世界的准备，还能为小宝宝今后神经系统的发育提供一定的预测性。如果宝宝出现窒息现象，须要立即进行抢救。

**温馨提示**

宝宝出生后起初只会用鼻子呼吸，所以一定要将宝宝鼻腔内的体液吸出来，并确认宝宝没有任何先天缺陷。

新生宝宝阿普加评分从皮肤颜色、心率（脉搏）、对刺激的反应（导管插鼻或拍打脚底）、肌肉张力和呼吸状况这五个方面进行评价，分别用0、1、2分来表示，五项总分最高为10分。

**新生宝宝阿普加评分标准**

| | 0分 | 1分 | 2分 |
|---|---|---|---|
| 皮肤颜色 | 青紫或苍白 | 身体红，四肢青紫 | 全身红 |
| 心率（次/分） | 无 | ＜100 | ＞100 |
| 对刺激的反应 | 无 | 有些动作，如皱眉 | 哭、喷嚏 |
| 肌肉张力 | 松弛 | 四肢略屈曲 | 四肢能活动 |
| 呼吸状况 | 无 | 慢、不规则 | 正常，哭声响 |

通常，在新生宝宝出生后需立即（1分钟内）评估一次，5分钟再评估一次。必要时10分钟、1小时再各做一次重复评估。

**新生宝宝阿普加评分结果**

| 8～10分 | 属正常新生儿 |
|---|---|
| 4～7分 | 缺氧较严重，需要清理呼吸道，进行人工呼吸、吸氧、用药等措施才能恢复 |
| 4分以下 | 缺氧严重，需要紧急抢救，行喉镜在直视下气管内插管并给氧 |

## 03 新生儿需要哪些基础护理?

新生儿出生后，护士会对新生儿的身体仔细清洗并对新生儿做一些基础护理。首先要测量新生儿的体重和身高。这样做是很重要的，体轻儿会出现更多的问题，在离开医院之前可能需要进一步的观察。体重儿也可能会出现问题。通常情况下，足月生的新生儿平均体重应该为3～4千克，平均身高在45～55厘米。

测量体重和身高后，医生会给新生儿眼部涂抹抗生素软膏，以防新生儿眼部感染，严重的还有可能导致失明。即使在新妈妈产前医生已经对其体内是否存在感染进行了检查，但是大多数医院仍会对新生儿进行这方面的检查和保护。

下一步是注射维生素K，主要是防止体内出血，尤其是脑部出血。维生素K有利于血液凝结，由于胎盘没有维生素K，而新生儿的肝脏也无法产生足够的维生素K，所以新生儿容易因缺乏维生素K而造成体内出血。绝大多数医院都会给新生儿注射维生素K以防万一。维生素K不会对身体有任何损害，且能够防止严重问题发生。

接下来，新生儿就会开始生命中的第一次疫苗接种。虽然大部分疫苗接种都会在儿科医院进行，但第一支疫苗——乙肝疫苗接种一般都会在新生儿出生后直接接种。

## 04 如何护理早产新生儿？

### 1 适当补充维生素和矿物质

早产儿体内营养贮藏量较少，生长又快，需要补充维生素及矿物质。开始喂养后，给复合维生素B半片及维生素C50毫克，每日2次。同时每日要补充维生素A600～1000单位，维生素D800～1500单位，并加乳酸钙或碳酸钙。2周后补充适量铁剂。

### 2 创造适宜的环境

早产儿不能维持正常体温，出生后要特别注意保暖。室内温度要保持在26℃～28℃，相对湿度在55%～65%之间。妈妈每天要给新生儿测体温，使体温维持在36.5℃～37℃之间。

### 3 多做按摩，细心观察

早产儿出院后，妈妈要坚持给新生儿做按摩，应用新生儿专用的按摩油。妈妈先要用按摩油抹双手，待双手温暖后再给新生儿做全身按摩。按摩可促进早产儿血液循环，使母婴更亲近。

## 05 新生儿需要做哪些身体监测？

无论宝宝是由护士单独看护还是和新妈妈在一起，都需要医生和医务人员进行监护。当宝宝还在医院时，医院就有责任确保宝宝一切正常。

### 1 温度监测

监测宝宝体温非常重要，通过它可以随时掌握新生儿的身体状况，并确保新生儿不会受凉或发烧。

另一方面，在新生儿刚刚出生的几天里，发烧就意味着感染，这会导致严重后果。通常医生第一次会测新生儿的肛温，然后每4～8小时测一次腋温。体温在35.8℃～36.9℃属于正常范围。

## 2 体重下降

刚出生的几天里新生儿体重都会下降。他的尿液、粪便和汗液会带走大部分水分，但是摄入的食量不足以补充这些流失的水分。医务人员会时刻观察以确保新生儿的体重下降不超过10%。

## 3 验血

在离开医院之前，医生会从新生儿的脚后跟和脐带提取血样并进行检测，看新生儿是否患有某些疾病。医生会对每一个新生儿进行检查，以确保诊断出某些可以及早治愈的疾病。

# 2.尿布

## 06 纸尿布和布尿布有何区别？如何选择布尿布？

就材质而言，尿布的种类可分为纸尿布与布尿布。纸尿布的优点是方便携带、不必清洗，但有过敏肤质的新生儿必须勤更换。纸尿布的设计以性别为区分，按照男女新生儿尿喷出的位置作为设计重点，男宝宝尿布的前端较厚，女宝宝尿布则是后方较厚。布尿布的吸收度与密合度较好，不易引起皮肤过敏或尿布疹，但是清洗、携带不方便。下面为大家介绍一下挑选布尿布时应注意的事项。

### 1 选材

•柔软、清洁、吸水性能好。旧棉布、床单、衣服将是很好的备选材料。也可用新棉布制作，但必须经充分揉搓才可以使用。

•深颜色的布料可能对新生儿的皮肤产生刺激作用，以致引发尿布疹。故尿布的颜色以白、浅黄、浅粉为宜，忌用深色，尤其是蓝色、青色、紫色的。

### 2 大小

尿布的尺寸一般以36×36厘米为宜，也可作成36×12厘米的长方形，还可制成三角形。另外，尿布的尺寸应随新生儿年龄的增大相应加宽、加长。

### 3 数量

尿布的数量要充足，一个新生儿一昼夜约需20～30块尿布。尿布在新生儿出生前就要准备好，使用前要清洗消毒，在阳光下晒干。

## 07 怎样给新生儿换尿布?

先用长方形尿布兜住肛门及外生殖器，男婴尿流方向向上，腹部宜厚一些，但不要包过脐，防止尿液浸渍脐部；女婴尿往下流，尿布可在腰部迭厚一些。三角形尿布包在外边，从臀部两侧兜过来系牢，但不宜系得过紧，以免影响腹部的呼吸运动。另一个角最后向上扣住即可。由于新生儿髋关节臼较浅，所以包裹尿布时，新生儿两腿的自然位置应摆成M形，酷似青蛙的两条腿。

值得注意的是：更换尿布时还要讲究擦拭方向。女婴因为尿道短，尿道与阴道基本无菌，而肛门及粪便是有菌的，为女婴换尿布时应从前向后擦拭，而不应从后向前擦拭，否则容易将肛门口的细菌带到尿道及阴道口，导致尿道、阴道感染。

## 08 换尿布有哪些注意事项?

### 1 警惕发生异常

换尿布时，应认真观察新生儿臀部及会阴部的皮肤有无发红、皮疹、水疱、糜烂或渗液等症状，一旦发现，应及时清洗，然后用3%鞣酸鱼肝油软膏或蛋黄油涂抹。症状严重时，则要及时去医院皮肤科就诊。

另外，尿布或其他衣物脱落下来的线纱，大人掉下的头发，偶尔可能缠绕在新生儿的手（足）指（趾）及阴茎上，出现局部肿胀甚至坏死，应提高警惕。

### 2 注意季节变化

夏季气候炎热，空气湿度大，给新生儿换尿布时不要直接取刚刚暴晒的尿布使用，应待其凉透后再用。从防止发生尿布疹的目的出发，应该增加新生儿光屁股的时间。

而冬季气候寒冷，换尿布时应用热水袋先将尿布烘暖，也可放在大人的棉衣内焐热后再用，使新生儿在换尿布时感到舒服。

## 09 什么时间更换尿布?

每次新生儿一哭，首先要确认的一是肚子饿，二是排便。在喂奶前应该换次尿布，因为潮湿的尿布往往会影响新生儿的情绪。当新生儿吃饱后没有出现以往的欢悦而是动作呆滞时很可能是在排便，应该引起注意，因为新生儿在吃饱奶后常常会排大小便。

随着新生儿的发育成长，母亲会逐渐掌握新生儿大小便的排便时间规律，有时从哭声中也能辨别出来。频繁换尿布不能说不好，主要是为了减少对新生儿的干扰和影响，比如给熟睡中的新生儿换尿布，经常伸手去摸新生儿屁股等，往往会导致新生儿情绪紧张，甚至变得神经质。总之，为使新生儿感知到干爽的尿布是舒服的，母亲发现尿布湿了尽量及时更换为好。

## 10 如何正确洗尿布？

洗涤尿布的正确步骤是：

- 用肥皂水浸泡后搓揉。尽量少用洗衣粉。
- 用流动清水漂净。
- 用沸水烫5～10分钟。
- 在阳光下晒干；如遇阴雨天，用烘干机烘干。
- 折叠起来，放在清洁的柜子里。应单放，不要和大人衣物混放。

# 3.日常护理

## 11 怎样抱新生儿？

❶**手托法** 左手托住新生儿的背、脖子、头，右手托住新生儿的臀部和腰部。

❷**腕抱法** 轻轻地将新生儿的头放在左胳膊弯中，左小臂护住新生儿的头，左腕和左手护住新生儿的背和腰部，右手护住新生儿的臀部和腰部。由于新生儿脖子软，挺不起来，用这种方法抱，要注意用左小臂及臂弯支撑好新生儿的头，使头不至于前倾后仰。

## 12 什么是“蜡烛包”？“蜡烛包”有什么弊端？

在很多地方，有的人还喜欢用一块大方布将新生儿紧紧地包扎起来，因担心包扎不严实还在外面系上一根带子或绳子，人们习惯把这叫作“蜡烛包”。他们认为如果不把新生儿双腿绑直，长大会成为“八字脚”或“罗圈腿”。另外的原因是担心新生儿受冷。其实这种担心完全没有必要，因为腿变形不是小时候没有捆绑的原因，而是由于维生素D缺乏导致缺钙引起。

“蜡烛包”捆得很紧，不仅影响新生儿正常发育，妨碍其自由运动，同时由于父母怕新生儿着凉，不敢打开包裹，甚至不给新生儿洗澡，大小便不易及时发现，很容易造成皮肤感染或尿布疹，同时，这样包裹，新生儿生病也不容易发现。

## 13 如何正确包裹新生儿？

为了不影响小儿生长发育，不要给新生儿打“蜡烛包”，而应该给新生儿穿上一件小衣服，盖上小被子。如冬天出生的新生儿，可以给他们穿上绒布衣服及薄棉袄或毛衣，盖上小棉被，让他们手脚自由活动。

另外，还可以到商店买一种棉睡袋，样子像斗篷，下面有扣子固定，可随时打开更换尿布，睡袋比较宽松，既保暖又不影响新生儿活动。

## 14 新生儿睡眠有何重要性？睡眠时间是多少？

新生儿大脑发育还未成熟，容易疲劳，进入睡眠时大脑可以得到充分休息，有利于脑和全身的生长发育。如睡眠不好，会影响小儿生理功能紊乱，神经系统调节失灵，食欲不佳，抵抗力下降，容易生病。新生儿的睡眠与健康有着密切的关系。当新生儿疲劳时，必须经过充足的睡眠之后，才能解除疲劳；睡眠充足才能吃得好，玩得好，长得好。

新生儿每天除了喂奶啼哭外，几乎都在睡眠，每天大约需睡眠20小时。

## 15 如何使新生儿睡眠好？

- 睡前要吃饱，吃奶后要把新生儿放在肩上轻轻拍背，将吞下的空气排出来。
- 大小便后要把臀部洗干净，换上干净尿布。
- 房间要保持安静，光线适中。
- 盖被不要太厚，也不要蒙住新生儿嘴巴、鼻子，确保小儿呼吸通畅。

## 16 新生儿采取什么姿势睡觉好?

在正常情况下，新生儿在喂奶后一小时应右侧卧，之后再仰卧。新生儿大部分时间是采取仰卧睡觉姿势，因为这种睡觉姿势可使全身肌肉放松，对新生儿的内脏，如心脏、胃肠道和膀胱的压迫最少。但是，仰卧睡觉时，舌根部放松并向后下坠，容易堵塞咽喉部，影响呼吸道通畅。如果再给新生儿枕上一个较高的枕头，就会使新生儿呼吸困难，所以最好不要给新生儿使用枕头。

新生儿俯卧睡觉容易发生意外窒息。同时，俯卧睡觉会压迫内脏，容易产生溢奶的现象，不利于新生儿的生长发育。

## 17 新生儿洗澡有何重要意义?

新生儿的皮肤非常娇嫩，加之新生儿新陈代谢旺盛，容易出汗，大小便次数多，因此新生儿皮肤较脏，容易成为细菌生长繁殖的地方。洗澡可清洁皮肤，帮助皮肤呼吸，加速血液循环。

每次洗澡时还可以检查新生儿全身皮肤、脐带，观察新生儿四肢活动和姿势，及早发现问题。

新生儿皮肤面积相对较大，经常洗澡是对皮肤触觉的最好刺激，皮肤能把各种感觉直接传递到大脑，促进脑的发育和成熟。

## 18 新生儿需要每天洗澡吗?

洗澡次数可根据气候和家庭条件决定，夏天每天至少洗1次，冬天每周洗1次， 有时大便后特别脏也应增加一次。当然，只要不是炎热的夏季隔天洗一次也没有关系，但早晚要给新生儿洗脸，每次换尿布时应用温水擦洗新生儿屁股。

## 19 新生儿晚间洗澡可以吗?

新生儿的洗澡时间没有特别的规定，新生儿洗澡安排在晚上8点钟是完全可以的，不过，新生儿的日常生活应该要有一定的规律性，根据家庭情况最好将新生儿每天的洗澡时间固定下来。

需要注意的是晚间洗澡时室内的温度，特别是冬季，晚间气温往往很低，因此，新生儿洗澡时的室温一定要保持在26℃左右为好。

## 20 如何给新生儿洗澡？洗澡时应注意哪些问题？

新生儿出生后第二天即可洗澡，洗澡时室温应保持在26～28℃左右。水温以38～40℃为宜，成人感觉手背不烫为合适。澡盆、毛巾应专用，以防止交叉感染。为新生儿洗澡应选用刺激性小的“宝宝肥皂”，并把事先准备更换的衣服，毛巾被打开铺好。

> **温馨提示**
>
> 肥皂不要直接擦在新生儿身上，应该把肥皂在大人手上摩擦后，用带肥皂的手去擦洗新生儿皮肤。有湿疹的小儿不要用肥皂洗澡，只用清水洗，否则会加重湿疹。

❶洗澡的顺序由上而下。若天气寒冷或新生儿脐带还未脱落，应将上、下身分开洗。准备妥当后，先脱去上衣，下半身用毛巾或布包好，大人用左手托住新生儿头部，左手的拇指和中指从后面把耳廓像盖似地按在耳道口，防止水进入耳道，左手和腰部夹住新生儿下半身，右手拿小毛巾沾水将脸、头部洗净擦干，接着用同样方法洗颈部、腋下、前胸后背、双臂和双手，洗完后用干浴巾包裹上半身。再把新生儿头靠在左肘窝里，左手托住两大腿根部后开始洗下半身。洗下身时应注意不要将脐带弄湿。洗好后立即将新生儿抱出浴盆，用干净的大浴巾裹住，把水滴吸干，迅速穿好衣服，垫上尿布后，最后用干毛巾把眼、耳、鼻、头发擦干。

❷若新生儿脐带脱落，脐部情况良好，可在新生儿洗完脸部、头发后，将新生儿全身浸入水中洗。最好两人配合着帮新生儿洗澡，一个人将手伸入水中托住新生儿，另一个人洗。

❸洗澡用水宜先加冷水后加热水，调好温度，以免烫伤。动作要轻柔敏捷，每次洗澡不超过10分钟，洗澡前半小时内不要喂奶，以免溢奶，洗后可喂一次奶，然后让新生儿睡觉。

## 21 给新生儿擦爽身粉方法不当会有哪些危害？

新生儿洗澡后身上用些爽身粉，可使身体滑腻清爽、舒适。然而，专家指出，爽身粉如果长期使用不当，会直接损害新生儿健康。

新生儿代谢快，出汗多，尿也频，过多的爽身粉遇到汗水或尿能结成块状或颗粒状。当新生儿活动时，身体皱褶处的粉块或颗粒容易摩擦新生儿娇嫩的皮肤，引起皮肤红肿糜烂。

爽身粉中含有一定量的滑石粉，如果扑洒爽身粉时，新生儿吸入少量粉末，可以由气管的自卫机构排除。但是，如果长期使用，使新生儿吸入过多，滑石粉会将气管表层的分泌物吸干，破坏气管纤毛的功能，情况严重时可导致气管阻塞。而一旦发生“爽身粉综合征”，目前国内尚无有效治疗方法。

## 22 如何正确给新生儿涂爽身粉

涂抹爽身粉时注意远离风道，先在远离新生儿处将粉倒在手上，然后小心涂抹在新生儿身上，勿使爽身粉乱飞。使用后应立即收拾好，妥善保存，且不可给新生儿当玩具。天热流汗时不要给新生儿擦爽身粉。

# 4.脐带

## 23 脐带有何作用？为什么新生儿脐带护理很重要？

脐带是胎儿与母亲相互“沟通”的要道，通过脐静脉将营养物质传递给胎儿，又通过脐动脉将废物带给母亲，由母亲代替排泄出去。

在胎儿出生后，医生会将这条脐带结扎，新生儿将与母体“脱离关系”，成为一个独立的人。但是残留在新生儿身体上的脐带残端，在未愈合脱落前，对新生儿来说十分重要。因为脐带残端是一个开放的伤口，又有丰富的血液，是病原菌生长的好地方，如处理不当，病菌就会趁机而入，引起全身感染，导致新生儿败血症。因此，新生儿脐带的妥善护理非常重要。

## 24 脐带什么时间脱落？脐带不脱落怎么办？

脐带脱落的时间与新生儿出生后结扎脐带的方法有关，如残留端很短，则生后3～4天很快脱落。反之，则需5～7天才脱落。

如果7天以上，甚至更长时间不脱落，应到医院做进一步检查并进行处理。如果残留的脐带变得干黑色，可用95%的酒精轻轻擦洗，干黑的脐带即可脱落，如仍不脱落，应到医院进行处理，决不可盲目地剪断。

## 25 脐带脱落前如何处理？脱落后出现异常怎么办？

脐带脱落前，要保持脐带干燥，新生儿从医院回家后，无特殊情况，如无脐部感染，则可以不用纱布覆盖，这样可促使脐带更快地干燥脱落。千万不能用湿衣服或尿布捂在脐部，如果覆盖的纱布湿了要及时更换，更换时打开纱布后，用75%的酒精棉球，轻轻地从脐带根部向周围的皮肤擦洗，不可来回地乱擦，以免将病菌带入脐根部而发生感染。

脐带脱落后，脐部可能留有一层痂皮，但会自然脱落。如果脐部潮湿或有少许液体渗出，可用消毒棉签蘸75%的酒精轻轻擦净，再用75%的酒精涂在脐根部和周围皮肤上，决不可用龙胆紫涂在脐部，这样不仅影响对脐部感染情况的观察，还可使脐部表面结痂，使下面的脓性分泌物不易排出，而加重感染。

如果发现脐部有白色肉芽长出，或脐部有脓性分泌物而且周围的皮肤出现红肿等现象，应及时到医院进行处置，以防病情加重。

## 26 新生儿出现脐疝怎么办？

少数新生儿出现肚脐眼突出（即脐疝），主要是由于脐周腹壁组织发育尚未完全、腹肌力量较弱或腹壁发育缺陷引起，早产儿多发，且多为出生后就存在，也有小儿是哭闹或用力大小便时突然出现。如果肚脐眼突出不厉害可先观察一段时间，多数在出生后一年内可自愈；如果肚脐眼突出较大或长时间未愈合则要请医生诊治。

小儿有脐疝时，家长应注意小儿的反应，如发现小儿突然出现哭闹等不舒服的表现，应马上检查一下小儿的脐部，如发现脐部异常增大且短时间内消不了，应怀疑脐疝嵌顿，应立即到医院检查。

# 5.口腔

## 27 如何做好新生儿口腔护理？

刚生下来的新生儿就具有吸吮、吞咽的能力，但这只是一种原始反射的最初表现，随着新生儿不断地生长发育，其口腔功能也将日趋完善。因此，家长从现在开始就必须关注新生儿的口腔保健，帮助新生儿迈出口腔健康管理的第一步。

现在还有人认为刚出生儿的口腔内有羊水、血等脏东西，喜欢用纱布或手帕擦洗口腔，但这样做很容易擦破口腔黏膜而引起感染。其实，新生儿口腔一般不需要特别清洗，因为这时口腔内尚无牙齿，口水的流动性大，可起到清洁口腔的作用。

所以，从新生儿期开始，每次给新生儿喂完奶后再喂点温开水，将口腔中残存的奶液冲洗掉。个别确实需要清洗时，用棉签蘸水轻轻涂抹口腔黏膜，切记不要擦破。

## 28 什么是螳螂齿？它有什么作用？

每个新生儿口腔的两侧颊部各有一个较厚的脂肪垫隆起，俗称“螳螂齿”。新生儿吸奶时，前部用舌头和口唇黏膜、颊部黏膜抵住奶头，这时后部的脂肪垫关闭，帮助增加口腔中的负压，有利于新生儿吸奶。

旧习俗认为“螳螂齿”妨碍新生儿吃奶，要把它割掉，实际上这是不科学的。它不仅不会妨碍新生儿吸奶，反而有助于新生儿的吸吮动作，属于正常的生理现象。

## 29 马牙是怎么回事？

在新生儿的牙路上，有时会看到一些淡黄色凸起的米粒大小颗粒，俗称“马牙”。“马牙”的出现也不是异常现象，它的产生是由于黏液腺管阻塞、上皮细胞堆积而形成的，属于正常生理现象，一般几个星期以后就会自行消失。同样，“马牙”的存在也不会妨碍吃奶，更不会影响日后乳牙的萌出。

# 6.环境

## 30 如何选择合适的宝宝床？

新生儿需要一个单独的生活场所，不一定非要给他一个单独的房间，但至少应该布置一个新生儿专用的场所，一张实用舒适的小床是一个很好的选择。

选择宝宝床时，安全性应放在第一位，不结实的床一定不能买，因为新生儿的活动量大，无形之中给小床增加了外力，如果床不结实，新生儿就会出危险。另外，新生儿会乱摸螺丝，会因无意识地弄松螺丝而掉下床。因此，床一定要安全。

## 31 选择宝宝床要考虑哪些方面？

### 栅栏

从安全角度来看，栅栏的间隔应在6厘米以下，防止新生儿把头伸出来。栅栏的高度一般要高出床垫50厘米为宜。可以选择栅栏附有活动小门或栅栏可以整体放下的宝宝床，这样抱新生儿或给新生儿换尿布的时候就不必老弯下腰来抱新生儿。

### 大小

宝宝床如果太小，用一年左右就要淘汰，有点浪费。但是如果太大，又不能给新生儿提供安全感。现在有的床是可以调节长短的，这样的床比较实用，但要注意是否结实，以免发生事故。

### 缓冲围垫

围在宝宝床内四周围的海绵或充气尼龙制品，能够保护新生儿的头部。围垫最少要有六个以上的结缚处；将结缚的带子保持最短的长度，以防止勒到新生儿脖子。一旦新生儿能踏上围垫，便应该拿掉围垫，以免新生儿爬出床外。

### 调位卡锁

宝宝床两边的床缘通常有两个高低调整位置，这些调整控制必须具有防范儿童的固定卡锁机能（即儿童无法自己把床缘降下），可以减少意外松开的机会。

### 装饰

有些妈妈喜欢花纹比较复杂、雕饰比较多的宝宝床，而这样的床却不够安全。因为床栏或床身上凸起的雕饰容易勾住新生儿的衣物，还可能碰撞到新生儿。有的宝宝床涂有各种颜色，如果涂料中含铅，当新生儿啃咬栏杆时就会发生铅中毒的危险。

### 纱帐

宝宝的床最好能配有挂纱帐的设计，这样夏天就可以挂纱帐，避免蚊蝇对新生儿的侵扰；光线太强的时候，也可以调节光照。

**温馨提示**

宝宝床的表面不要贴上贴纸，如果贴纸翘开，新生儿很有可能会把它撕下来塞进口中，而且印有鲜艳图案的贴纸易使新生儿烦躁不安。

## 32 如何选择宝宝寝具?

宝宝刚生下来的几天，除了吃、喝、拉、撒外，其余时间几乎全部在睡眠中度过。所以，在宝宝降临前，家长除了给宝宝准备衣服尿布外，还应该为宝宝准备适宜的寝具。

寝具的选择，自然以纯棉为主，让宝宝睡得舒服。提醒父母为宝宝多准备几套，方便经常清洗。

**温馨提示**

可以在床单下的床垫上套一层坚固又厚的塑料套，作防水用，即使宝宝尿湿了床，只需换上新的床单就可以了！

### 1 床单如何选择

可以为宝宝准备3~6条纯棉床单，以方便清洗、易干为原则。如果不想床单随着宝宝的扭动而弄得一团乱，你可以买尺寸较大的床单，以便可以将床单反折到床垫下，也可以将床单的四个角打结后塞到床底下，还可以在床单的四个角上缝制松紧带，这些都是解决床单乱跑的好方法。

### 2 棉被及毯子如何选择

以选择新的柔软的为宜。首先检查棉被或毯子有没有脱线，如果有，就必须将线头剪掉，防止宝宝的手脚被这些线缠住。另外，为小宝宝准备包裹的毯子，可以选择较薄的薄棉毯，既容易包裹，透气轻薄，也会让宝宝比较舒服。

### 3 垫褥如何选择

垫褥选择旧棉花胎折叠比较适宜，因为旧的棉花胎有一定的硬度，宝宝睡在上面不会往下沉，感觉较舒服，也有利于小儿脊柱的发育。要经常把垫褥、盖被拿到太阳下晒，这样不但使被子松软暖和，还起到消毒杀菌作用。

## 33 新生儿不宜接触哪些人?

经常护理新生儿的人，必须通过全面的体格检查。新生儿抵抗力低，免疫功能尚不健全，易患各种感染性疾病。接触小儿的人，应特别注意自身的健康和卫生。

患以下疾病者不宜接触新生儿：急性呼吸道感染、流感、肺结核及其他传染病。此外，患有化脓性皮肤病、渗出性皮肤病、手癣等真菌感染者也不宜接触新生儿。

# 二 新生儿喂养

## 1.母乳喂养

### 01 为什么提倡母乳喂养？

#### 1 母乳是最理想的食物

研究发现，母乳中含有对脑发育有特别作用的牛磺酸——一种宝宝必需的氨基酸，其含量是牛奶的10～30倍。母乳具有抗过敏的作用，母乳喂养宝宝极少会有过敏反应；母乳有助于预防婴幼儿某些过敏性疾病，如湿疹、哮喘等。同时母乳喂养过程本身也是对宝宝大脑的良性刺激，对促进宝宝智力发育的作用不可替代。

#### 2 母乳喂养对母亲的好处

母乳喂养不仅可以促进产后身体恢复，还可以降低今后母亲患乳腺、卵巢肿瘤及缺铁性贫血等疾病的危险。

#### 3 母乳喂养最经济、最简单

从成本考虑，母乳喂养不用买奶粉、奶具，最省钱。而且母乳不用消毒，温度适宜，操作起来最方便。并且母乳喂养时，宝宝吃没吃饱比较容易看出来。

### 02 乳房大小对哺乳有影响吗？为什么？

乳房小的妈妈总会怀疑自己的奶不够，自己的宝宝长得不好，其实没那个必要。可以肯定地讲乳房的大小对哺乳是毫无影响的，乳汁的产生是靠体内的激素和宝宝吸吮乳头的刺激共同作用完成的。即使乳房很小的妈妈，也能分泌出丰富的乳汁。因此，一些乳房小的妈妈根本不用担心是否有奶的问题，保持愉快的情绪，树立哺乳的信心，奶水就会像泉水一样涓涓流淌。

## 03 母乳有哪些优点？母乳喂养有哪些好处？

母乳与牛奶相比，有许多优点，所以坚持母乳喂养有很多好处。

❶母乳营养丰富，蛋白质、脂肪、糖的比例适当，易于宝宝消化吸收。

❷母乳缓冲力小，对胃酸中和作用弱，乳凝块小，有利于消化吸收。

❸母乳有利于宝宝脑的发育。

❹母乳有提高宝宝免疫力的作用，以防止感染。

❺母乳温度、泌乳速度适宜，并随宝宝生长而增加，无致病菌，经济方便。

❻产后哺乳可促进乳母子宫收缩复原，也利于乳腺及卵巢的健康。

❼母乳喂养，利于促进母子感情，且可以密切观察小儿变化，随时照顾护理。

# 2.早开奶

## 04 何时开奶好？为什么要提倡早开奶？

母乳喂养新观念认为新生儿应早开奶，提倡新生儿出生后半小时，便可由医护人员协助，开始吸吮母亲乳头，最晚不应超过6小时。

为什么要提倡早开奶呢？因为乳汁分泌是一个神经反射的过程，新生儿强有力的吸吮是对乳房最良好的刺激。而且开奶越早、喂奶越勤，乳汁分泌就越多。

另外，早开奶对宝宝的生长也有着重要的意义。出生后6个小时开奶的宝宝，其逐月体重增加量明显高于12小时才开奶的宝宝。如果分娩后10分钟便让新生儿吸吮母乳，其母乳喂养时限要比生后4～6小时再喂奶的时限长。

早开奶还有助于新生儿排净胎便，这样就不至于因胎便中的胆红素通过肠道黏膜的毛细血管再吸收回血浆中而加重黄疸。

而且，早开奶也有利于较快建立母婴感情，有利于产后恶露排出、子宫复旧等等。因此，早开奶对母婴均有利。

## 05 为什么开奶前不宜给新生儿喂糖水？

开奶之前不宜给新生儿喂糖水。这是因为喂糖水后，新生儿消除了饥饿感，减少了小儿对吸吮母亲乳头的渴望感，这样失去了对母亲乳头的刺激作用，故使母乳分泌延迟，乳汁量也少，影响母乳喂养。如果用奶瓶、橡皮乳头来喂糖水更不好。软橡皮乳头孔径较大，小儿吸吮不需要太费劲，而吸吮母亲乳头要费较大的劲，所以小儿就不愿再吸吮母亲的乳头，势必造成喂养困难。

## 06 开奶前能喂牛奶吗？为什么？

新生儿出生后，母亲开奶前不要预先喂牛奶。这种方式喂养的害处很多。

首先让宝宝先喝了牛奶，就不愿再吸吮母亲的乳头，母亲乳头周围神经刺激减少了，降低了催乳素、泌乳素的分泌，导致母乳量减少。其次牛奶喂养细菌污染的机会多，尤其是用奶瓶喂养，奶瓶及奶头易被细菌感染，使用不当时，宝宝非常容易发生腹泻。

# 3.初乳

## 07 什么是初乳？为什么一定要把初乳喂给宝宝？

产妇分娩后2～3天所分泌的乳汁，称为初乳。

初乳成分浓稠，量少，微黄，其中含有宝宝生长发育不可缺少的营养成分和抗病物质，它能授给宝宝杀菌的武器，几乎能抵抗和杀死所有可能遇到的病菌，并有助于胎便的排出，防止新生儿发生严重的下痢。所以一定要把初乳喂给宝宝。

通常在刚开始的时候时，新生儿不太习惯吸吮母亲的乳头，此时母亲要有耐性，绝不可放弃。几天后，初乳会渐渐变稀，最后成普通的乳汁。因此，即使初乳太少或者准备不喂奶的母亲也一定要记住把初乳喂给宝宝。

## 08 不同时期的乳汁是如何划分的？成分有何不同？

产后12天以内分泌的乳汁属于初乳。产后13～30天分泌的乳汁叫过渡乳。31天至9个月，叫成熟乳。10个月以后的乳汁叫晚乳。

不同时期分泌的乳汁，其成分不完全相同，成分的变化正适合不同月龄宝宝的需要。例如，初乳与成熟乳比较，脂肪的含量较低，蛋白质的含量较高，这种“配方”正适合初生宝宝的消化能力。

另外，初乳中还含有丰富的牛磺酸，这种成分可促进脑的发育。

# 4.如何哺乳

## 09 哺乳妈妈需要哪些营养物质？

为了保证乳汁分泌旺盛，乳母在哺乳期都要重视饮食中各种营养物质的摄取。

### 1 热能

乳母热能的供给量，应在原有的基础上每日增加1000千卡，直至小儿断奶时为止。

### 2 矿物质

钙在乳汁中的含量是较为稳定的。因此，每日应给乳母供钙2000毫克，比正常健康的妇女多供给1400毫克。同时要补充维生素D或多晒太阳。为了防治乳母贫血和利于产后复原，每日饮食中应增加3毫克铁。

### 3 蛋白质

正常情况下，乳母每天泌乳850～1200毫升，相当于消耗母体蛋白质10~15克，若饮食中蛋白质供应不足，就会减少乳汁的分泌量。故在小儿周岁之内，蛋白质每日应增加25克，如：鸡蛋、牛肉、肝和肾等富含蛋白质的食物。

### 4 脂肪

如每天供给的脂肪量不足，不仅泌乳量下降，而且母乳中脂肪量也下降。所以乳母每日应适量摄入脂肪。

## 5 维生素

为了保证乳母健康，促进乳汁分泌，每天可供给维生素A3900国际单位或胡萝卜素7毫克，维生素$B_1$、维生素$B_2$各1.8毫克，尼克酸17毫克，维生素C150毫克。

## 6 水分

乳汁分泌量与饮水量密切相关，水分不足，乳汁的分泌量就会减少。为此，乳母应多喝些骨头汤、果汁及粥类，既可补充水分，又补充了其他营养。

# 10 什么叫按需哺乳？为什么要按需哺乳？

按需哺乳包括以下含义：

❶宝宝饥饿时进行哺乳；

❷母亲感到乳房充盈时进行哺乳；

❸新生儿的睡眠时间一般不超过3小时，如宝宝睡眠时间较长，母亲感到奶胀，应该唤醒宝宝并哺乳。

宝宝是最不能忍受饥饿的，一饿就会哭。如果一味地定时给宝宝喂奶，不仅不能满足宝宝的需要，而且母亲的乳房也会因为胀奶产生不适。所以，科学的喂养，要做到按需哺乳。

**温馨提示**

频繁的吸吮，可刺激催乳素的分泌，使乳汁分泌得早而且多；可避免新妈妈出现奶胀的情况，同时还可以增进母子感情。

# 11 如何做到按需哺乳？

按需哺乳的具体做法如下：

• 判断哺乳后宝宝情况，若宝宝很满足，很安静，不哭闹，即是哺乳充分；反之，则是哺乳不足，还需补充哺乳。

• 对宝宝体重进行每周监测。若宝宝第一周平均增重150克左右，2～3月内每周增重200克左右，即说明哺乳充分；低于此指标，则说明哺乳不足。

• 哺乳后若母亲仍有乳房胀满感，说明宝宝吸吮不足，可在短时间内对宝宝进行补充哺乳。充分哺乳后的乳房应很柔软。一般认为，吃完一侧乳房再吃另一侧的方法较好。

• 哺乳次数与间隔要逐渐形成规律，但不宜过度严守时间，一般每天哺乳不少于8次，每次哺乳15分钟左右即可。

## 12 正确哺乳需要哪些步骤?

哺乳前，新妈妈应先用肥皂洗净双手，用温热毛巾擦洗乳头乳晕，同时双手柔和地按摩乳房3～5分钟促进乳汁分泌。

保持舒适体位，随后抱起宝宝，让宝宝与你胸贴胸、腹贴腹，嘴与乳头同一水平位。

用拇指和其余四指分别放在乳房上、下方呈“C”形，托起乳房；若乳汁过急，可用剪刀式手法托起乳房。

用乳头从宝宝的上唇掠向下唇引起觅食反射，当宝宝嘴张大、舌向下的一瞬间，快速将乳头和大部分乳晕送入宝宝口腔。

哺乳结束时，让宝宝自己张口，乳头自然从口中脱出。

## 13 新妈妈哺乳应采取什么姿势?

哺乳时需要尽量放松自己，尝试采用卧位和坐位。

卧位喂奶时，应将宝宝置于身体的一侧，然后面朝宝宝侧卧，以奶头触及宝宝嘴唇为好，为了便于喂奶，母亲可以用枕头或手肘将上身支起一个最适宜的角度。

坐着喂奶时，可以把宝宝放在腿上，喂奶侧的一条腿用凳子垫高些，以方便把宝宝斜抱在怀里。

无论什么姿势，最重要的是你和宝宝感到舒适，否则，就是姿势不当，需要调整。

## 14 哺乳时有哪些注意事项?

❶哺乳时一定要把乳头和乳晕的大部分放在小儿的口中。贮存乳汁的乳窦紧贴乳晕下面围成一圈，每个乳窦上都有一细管与乳头的若干小出口相连，小儿就靠牙床对乳窦的挤压吸吮到乳汁，光靠叼住奶头吸吮是不可能吸到乳汁的。而且，宝宝为了能吸到乳

汁而拼命咀嚼乳头，会令妈妈感到阵阵钻心的疼痛，乳头也容易裂开。因此，正确的喂奶方法可以保护乳头不受伤害。

❷如果乳房充盈过度使乳晕变得扁平而坚硬，母亲应该先将乳汁挤掉一些，使乳晕区变得柔软有伸缩性，再给宝宝吮吸。否则，宝宝会叼住乳头咬来嚼去，使母亲疼痛难耐。

❸对于特殊乳房，例如悬垂乳、平坦乳、大乳头、乳头内陷的哺乳方法，请具体咨询专业医生后正确哺乳。

❹喂奶时，两侧乳房要轮流喂。如果这次喂奶先喂左侧乳房，那么，记住下次就应先喂右侧乳房。而且，每次喂奶都要尽量保证有一侧乳房被完全吸空，这样才能使乳汁源源不断地产生，顺利地进行母乳喂养。

❺喂奶后别忘了抱直宝宝轻拍其背，让宝宝打个“嗝”；这时母亲一定要记得挤出剩余乳汁，并用少量乳汁均匀地涂在乳头上，让其自然干燥，保护乳头皮肤。

## 15 夜间喂奶须注意哪些问题？如何进行夜间喂奶？

忙碌一天的妈妈，到了夜间，特别是后半夜，当宝宝要吃奶时，妈妈睡得正香，在朦朦胧胧中给宝宝喂奶，很容易发生危险。尤其是躺着给宝宝喂奶，就更容易发生意外了。

一方面，夜间光线弱，较难看清宝宝皮肤的颜色，不易发现宝宝是否溢奶。另一方面，躺着给宝宝喂奶，妈妈处于朦胧状态，宝宝含着乳头睡着了，这时有可能发生乳头堵住宝宝鼻孔造成窒息，还有可能溢乳窒息。

建议妈妈夜间也要坐起来喂奶。喂奶时，光线不要太暗，要能够清晰看到宝宝皮肤颜色；喂奶后仍要竖直抱，并轻轻拍背，待打嗝后再放下。观察一会儿，如宝宝安稳入睡，保留暗一些的光线，以便宝宝溢乳时及时发现。

如果由于种种原因，必须躺着喂，一定要等喂完奶，将奶头从宝宝嘴里拉出来后，再进入梦乡。

## 16 腹泻时哺乳要注意什么？

目前，有一些家长因宝宝腹泻，母乳全部停用，换喂米汤，这是不恰当的。因为单吃米汤是不能满足蛋白质需要的。母乳的营养成分与母亲的饮食密切相关，当宝宝腹泻时，母亲应少食用脂肪类食物，以避免乳汁中脂肪量增加。同时每次喂奶前，母亲饮一大碗开水，稀释母乳，有利于减轻宝宝腹泻症状。

## 17 什么是新生儿“乳头错觉”？

“乳头错觉”是指小儿出生后早期进行了哺乳前喂养而出现了不肯吸吮母乳，造成了喂奶困难。

临床上，新生儿可由于各种原因产生乳头错觉，虽然为觅食反射强烈，但触及母亲乳头即哭闹拒食；有的烦躁不安，或触及乳头即撮口吸吮致含接困难，或嘴张大但不含接乳汁流入。

## 18 如何纠正“乳头错觉”？

乳头错觉一旦产生，产妇也会感到苦恼焦虑，这种体验让母亲感到受抵制和受挫折，动摇母乳喂养的信心，所以应尽早纠正。

乳头错觉的纠正，要在宝宝不是很饥饿或未哭闹前指导母乳喂养，可通过换尿布、变换体位、抚摸等方法使宝宝清醒，产妇以采取坐位哺乳姿势为佳，可使乳房下垂易于含接。

对扁平内陷乳头，在吸吮前做好乳房护理，采用乳头伸展法、负压吸引法等拉开并离断与内陷乳头“绑”在一起的纤维，使乳头向外突出后尽快让宝宝含接。

对张嘴待乳汁流入再吞咽或触及乳头即哭闹的宝宝，采取先挤出少许乳汁至宝宝口中，在吞咽时一般会产生闭嘴吸吮动作；也可一人协助含接、一人用小匙将少许乳汁或水顺乳晕流向乳头至宝宝口中，诱发吞咽反射使吸吮成功。

撮口吸吮多因用小匙喂养引起，乳房触及口唇时嘴不张大，出现闭嘴吸吮动作，有时发出很响的抽吸咂嘴声。我们采取轻弹足底，在宝宝张嘴欲哭时，将乳头及大部分乳晕迅速放入其口中，使宝宝产生有效吸吮。

# 5.母乳不足

## 19 如何判断母乳不足？

母乳的量是否充足，宝宝是否吃饱，这是喂养宝宝过程中首先需要了解的问题。 怎样正确判断这两个问题呢？

最好的办法是通过宝宝吃奶中的表现来判断，如果母亲的奶充足，宝宝吃奶时很安静，一般吮吸3～5下咽一口，而且有吞咽声，吃奶不超过15分钟，吃饱后多数安静入睡或不哭不闹地玩耍。

此外还可以通过其他方法估计母乳是否充足：

• 测体重：只要每天宝宝体重能增加30克就是正常的。如果每天体重增加不到20克，可以认为仅用母乳喂养恐怕是吃不饱了。还要说明一点，母乳充足的妈妈会有这么一个过程，在分娩后1～2周显得“母乳不足”，坚持哺喂1～2周后，母乳的量就明显增多。出生3～4天的新生儿有一个生理性体重下降的过程，一般在7～10天恢复到出生时的体重。

• 有的宝宝是天生“食量大”的，要区别由于想吃就哭和真正不够吃的哭。母乳不足的“食量大”的宝宝比较瘦，而爱哭的不瘦。另外，如果宝宝吃完双侧母乳之后，还能吃完50毫升以上的牛奶，而且他的大腿很细，皮肤松弛，可以认为母乳不足。因为半个月的宝宝一般能吃80～100毫升的奶，如果吃过母奶后仍能很快吃掉50毫升牛奶，那么可以判断母乳的出奶量还缺少50毫升。

• 母亲自觉乳房不胀，乳房外观看不到“青筋”，也是母乳不足的一个表现。

## 20 增乳的方法有哪些?

最少6个月的母乳喂养，已渐渐成为现代妈妈耳熟能详的育儿常识，但是真正能达到这个目标的，根据统计却并不理想。除去因特殊原因主动放弃之外，很多新妈妈的确是没有足够的奶来喂宝宝。坚持母乳喂养的妈妈，就应该积极主动地想办法增加乳汁。

### 1 要有信心

属于自身条件不足而不能完成给宝宝纯母乳喂养的，只占不到1%的极少数。母乳喂养最大的天敌，是来自妈妈内心的沮丧、娇气或脆弱。只有妈妈的信心、无私和坚韧，才是乳汁源源不断的根源。

### 2 早接触、早吸吮

乳汁的分泌都是在宝宝吃奶的过程中逐渐增多的。在宝宝出生后半小时内即开始母乳喂养。“吸得早，产得早，吸得多，产得多”。如果宝宝吸吮不够，就会影响到妈妈的乳汁分泌，从而造成“母乳不足”的假象。

## 3 按需喂奶

什么时间喂奶是由宝宝和妈妈的感觉决定的。每当宝宝饿了，或妈妈感到乳房充满时就应该进行哺乳。如果乳头的刺激减少，母乳会随之越来越少。

## 4 正确的姿势

妈妈在喂奶时要注意让宝宝在含着乳头时将大部分的乳晕也含入口中。只有这样，宝宝的吸吮动作才能充分挤压乳窦，有效地吸到乳汁，促使乳汁分泌。

## 5 排空余奶

每次充分哺乳后应挤净或用吸奶器吸出乳房内的余奶，充分排空乳房，会有效刺激更多乳汁的分泌。如果乳汁不够通畅，除了用热毛巾热敷之外，还可以经常用木质的梳子沿着乳腺从四周向乳头方向轻轻梳理。

## 6 喝汤要讲究

宝宝刚出生的几天内，妈妈乳腺的泌乳功能没有充分开动，这时候不应该喝像猪蹄汤等稠厚的下奶补汤，而要等到奶下来了、乳管通畅了再喝汤。还有就是鸡汤，尽量选择放养的土鸡，能现宰更好。营养丰盛，卫生安全。

# 21 母乳不足时如何喂养？

尽管母亲非常希望母乳喂养，也会有母乳不足的时候。因此，不得不补喂一些牛奶来满足宝宝的需要。

当为了满足小儿生长发育，需要添加牛、羊乳或其制品，添加量和方法应根据小儿的需要量及母乳缺乏的程度，并注意对母乳供应的影响。常在下午或傍晚母乳缺乏时喂以牛、羊乳，这样使得喂哺母乳次数并未减少，仍能按时刺激乳房以利乳汁分泌。添加乳量的方法是让宝宝任意自奶瓶吸取，直至满足其食欲为止，并记录吸入的奶量。按这种方法试喂几天，观察宝宝有无消化道症状，可取其平均值作为补授奶量，以后随月龄增长而酌情增加。

当母乳充足时，即应停止加喂牛、羊乳。新生儿很容易接受奶瓶，以至于排斥母乳。最好的喂法是用一次牛奶代替一次母乳，而不能在每次喂光母乳后再添牛奶。这样，不至于影响母乳的供给。不能存有如果奶水不够可用牛奶来补充的想法，也不能每次喂完奶就急于添加牛奶，生怕饿着宝宝，这些因素加上宝宝热衷于对奶瓶的吸吮，会使奶水很快干涸。母亲应该考虑到这次添加的牛奶是作为临时的补救措施，等奶水多起来就要慢慢去掉这一次牛奶。只要有了这种想法，母亲会千方百计地去想办法增加奶水以能尽快地去掉添加的牛奶。

如果用尽办法也只能看着母乳日益减少，母亲可把乳汁留待夜间喂，以免深夜起来调冲牛奶影响睡眠。

## 22 新生儿要不要喂水?

对新生儿、小宝宝是否喂水，说法不一。有的强调在两次喂奶之间应给宝宝适量喂些白开水、葡萄糖水、果汁、菜汁，但也有医生认为不需要喂水。母亲可以大体掌握一个原则：如果母乳充足，用母乳喂养的新生儿、小宝宝可以不喂水和其他饮料；而用牛奶或混合喂养的宝宝就需要喂水。

# 新生儿常见病防治

## 1.新生儿黄疸

### 01 新生儿黄疸有哪些症状表现?

新生儿黄疸是指新生儿期由于胆红素代谢异常，而引起的血中胆红素升高出现皮肤、巩膜及黏膜黄染的现象。如用肉眼观察，成熟儿占50%左右、未成熟儿80%左右均有此症状；如测定血中胆红素浓度，则不论是未成熟儿还是成熟儿，出生后数天内均可发现胆红素浓度超过34 μmol/L。

### 02 新生儿黄疸产生原因有哪些?

新生儿黄疸分生理性和病理性两大类。其中病理性黄疸以间接胆红素升高为主，病情严重者可因脂溶性游离胆红素增加而透过血脑屏障，引起严重脑细胞损害即胆红素脑病。生理性黄疸主要是由于新生儿体内产生胆红素过多，而肝转化、排泄胆红素能力差，致使胆红素堆积于血中发生黄疸。

### 03 如何进行家庭护理?

#### 1 了解黄疸程度

❶观察皮肤，根据患儿皮肤黄染的部位和范围，估计血清胆红素，判断其发展速度。

❷光照疗法护理。

❸耐心喂养患儿，黄疸期间患儿常表现为吸吮无力，护理人员应按需调整喂养方式，如少量多次、间歇喂养等，保证奶量摄入。

## 2 严密观察

❶**观察生命体征** 像体温、脉搏、呼吸及有无出血现象，尤其在蓝光照射时，应加强监测次数、注意保暖、确保体温稳定，及时发现呼吸变化并积极处理。

❷**神经系统方面** 主要观察患儿哭声、吸吮力和肌张力，从而判断有无核黄疸情况发生。

❸**观察大小便情况** 大小便次数、排量及性质，如存在胎粪延迟排出的状况，应予灌肠处理，促进大便及胆红素排出。

❹**处理感染灶** 观察皮肤有无破损及感染灶，脐部是否有分泌物，如有异常及时处理。

❺**补液** 合理安排补液计划，及时纠正酸中毒。根据不同补液内容调节相应的速度，切忌快速输入高渗性药物，以免血脑屏障暂时开放，使已与白蛋白联结的胆红素也可进入脑组织。

# 2.新生儿窒息

## 04 新生儿窒息有哪些症状表现?

新生儿窒息是指新生儿因缺氧，发生宫内窘迫及娩出过程中引起呼吸、循环障碍。在生后1分钟内，迟迟不出现自主呼吸，但心跳仍存在。窒息是新生儿最常见的病症，也是新生儿死亡及伤残的主要原因。新生儿窒息的症状，可分为轻度窒息及重度窒息两种：

❶轻度窒息表现为呼吸浅表而不规则或无呼吸，哭声轻或经刺激时才有哭声，皮肤青紫、患儿无力，但肌肉张力尚能保持，刺激反应较差，心率正常或稍慢，每分钟80～100次。

❷重度窒息表现为无呼吸，或偶尔有呼吸，皮肤呈苍白色或灰紫，肌肉极度松弛，肌体软弱，刺激无反应，心率为每分钟60次以下，甚至听不清心率。

❸如胎儿在子宫内缺氧，称宫内窘迫或宫内窒息，多半在母亲分娩前数天或数小时

出现。开始时，母亲感到胎动增加，胎心加快，严重缺氧时胎动减少，胎心跳动减慢。

❹有时胎儿肛门括约肌松弛，在宫内排出胎粪，使羊水变混浊，当羊膜破水时会有混浊的羊水流出，有时甚至可流出胎粪。胎儿出生后一般不会啼哭，呼吸微弱，轻者全身青紫，重者全身苍白，肌肉松弛，这就是新生儿窒息的表现。遇到这种情况，要立刻进行抢救。

## 05 新生儿窒息产生原因有哪些?

新生儿窒息的本质是缺氧。凡影响母体和胎儿血液循环和气体交换的原因都会造成胎儿的缺氧。母体与胎儿间血液气体交换障碍。分娩过程异常，呼吸道、心血管的先天畸形，新生儿溶血病、严重贫血、代谢及电解质的紊乱以及肺透明膜病、严重感染等，均可造成窒息。

## 06 如何进行家庭护理?

❶**护理应得当** 因家长护理不当，健康的新生儿，有时也会突然脸色青紫，哭不出声，甚至呼吸受阻而发生窒息。这种现象往往使家长手足无措，如果抢救不及时，还会造成严重后果。

❷**独自睡觉** 其实预防宝宝窒息并不难，平时最好让宝宝养成独自睡觉的习惯，不要含着奶头睡觉。如和妈妈睡在一个被窝里，晚上宝宝饿了，妈妈还可以喂奶，但喂奶时，如果妈妈独自睡着后，充盈的乳房会堵住宝宝的口鼻，枕头和棉被也会阻碍宝宝的呼吸，从而造成窒息。

❸**喂奶的姿势要正确** 最好抱起喂，使头部略抬高，不致使奶溢入气管。奶瓶的橡皮奶头孔不宜过大，喂奶时奶瓶的倾斜度以吸不进空气为宜。喂完后应将宝宝竖抱起，轻拍其背部，待宝宝打嗝后再放回床上，并让宝宝向右侧卧睡，以免溢奶时乳液吸入气管。

# 3.缺氧缺血性脑病

## 07 新生儿缺氧缺血性脑病有哪些症状表现?

新生儿缺氧缺血性脑病是指由于围生期窒息、缺氧所导致的脑缺氧缺血性损害，临床出现一系列神经系统异常的表现。常见于严重窒息的足月新生儿，是围生期脑损伤的最重要原因。症状大多在出生后3天内出现，症状轻重不一，主要表现有以下几方面：

**意识障碍** 如过度兴奋、反应迟钝、嗜睡及昏迷等。

**肌张力改变** 早期肌张力可增加，后期及严重者肌张力减弱或松软。

**原始反射异常** 拥抱反射活跃、减弱或消失，吸吮反射减弱或消失。

**惊厥** 中度以上通常有惊厥现象出现，常在出生后12～24小时出现，最迟72～96小时出现。可以是明显的肢体抽动或只是面部肌肉抽搐、吸吮动作异常、眼球凝视或出现呼吸暂停。

**颅内压增高** 通常在出生后4～12小时逐渐明显，严重病例在出生后即可有颅内压增高的表现，如前囟隆起、张力增加。

**脑干功能障碍** 重症者出现瞳孔改变、眼球震颤和呼吸节律不整、呼吸暂停等。

## 08 新生儿缺氧缺血性脑病产生原因有哪些?

主要是围生期窒息、缺氧所致。宫内窘迫和分娩过程中或出生时的窒息是主要的病因。脑部病变依窒息时间和缺氧缺血程度而定。

严重者可死于新生儿早期，幸存者多留有神经系统损伤后遗症，如智力低下、脑瘫、癫痫、共济失调等。

## 09 如何进行家庭护理?

❶ 保持呼吸道通畅。呼吸道通畅是气体交换的保障。因此，对于出生后的新生儿，应首先观察呼吸道是否通畅。

❷ 如果呼吸道有分泌物，用适宜的导管将其吸出，我们采用旋转式快速低压吸引，以减少对呼吸道黏膜的刺激。

# 4.新生儿破伤风

## 10 新生儿破伤风有哪些症状表现?

新生儿破伤风是由破伤风杆菌引起的一种急性感染疾病。

诊断本病较容易，在出生后7天内如遇有吮乳困难或肌张力（包括腹肌）增高，应考虑患本病的可能。潜伏期一般为4～12天，突然发病。牙关紧闭、苦笑面容、抽搐或窒息发作，再结合不洁的分娩史或脐部的感染表现，即可诊断本病。有少数早期病例无牙关紧闭，但下压下颌时，往往有反射性牙关紧闭。

## 11 新生儿破伤风产生原因有哪些?

破伤风杆菌是一种厌氧菌，多存在于人和动物肠道内，随粪便而进入土壤和尘埃，可随尘土飞扬，故传播较广。破伤风杆菌有芽胞，芽胞对外界环境的抵抗力很强，存在于土壤中数年仍有传染性。煮沸1小时，或在高压蒸气中5分钟；或在1%汞溶液中2～3小时，或在5%石碳酸溶液中10～12小时，才能把它杀死。

新生儿主要是通过脐部感染本病，大多数是由于用老办法接生所致；也有的虽是新法接生，但由于接生时消毒不好，或由于未严格执行无菌操作，或由于出生后脐部感染，也可发病。

## 12 如何进行家庭护理?

❶喂奶时要抱起患儿取倾斜位，并应注意观察患儿面色、呼吸、吞咽情况，喂完后要抱片刻再取右侧卧位，观察10～15分钟，防止吐奶窒息。奶量和喂奶次数，可逐渐增加，直到恢复正常。

❷另外每日为患儿洗温水澡，用手按摩痉挛的肌肉，既可保持皮肤的清洁、干燥，使患儿舒适，又可降低神经系统兴奋性，减少痉挛发作。同时多抱患儿，多抚摸患儿的皮肤，可满足其“皮肤饥饿感”，促进其身心恢复。

# 5.新生儿溶血病

## 13 新生儿溶血病有哪些症状表现?

新生儿溶血性疾病包括同族免疫性溶血、红细胞先天性的缺陷（红细胞膜、红细胞酶和血红蛋白异常）以及红细胞免疫所引起的溶血。新生儿溶血病是指母婴血型不合（ABO血型不合或Rh血型不合）所引起的同族免疫性溶血。

病情轻重取决于溶血的程度，溶血的轻重取决于进入胎儿抗体的多少。因此本病临床表现差异很大。轻者进展缓慢，全身影响状况小，重者病情进展快，出现嗜睡、厌食，甚至发生胆红素脑病或死亡。

## 14 新生儿溶血病产生原因有哪些?

新生儿同族免疫性溶血，是由于母体存在与胎儿血型不兼容的血型抗体（IgG）引起。因胎儿红细胞进入母体循环，当母体缺乏胎儿红细胞所具有的抗原时，母体就会产生相应的血型抗体，此抗体通过胎盘进入胎儿循环，则引起胎儿红细胞凝集、破坏。

ABO血型不合引起的溶血，多发生于O型血产妇所生的A型或B型血的宝宝。因为O型血孕妇中的抗A、抗B抗体IgG，可通过胎盘屏障进入胎儿血循环。理论上母亲是A型血，胎儿B型或AB型血，或母亲是B型血，胎儿A型或AB型血也可能发病。

## 15 如何进行护理?

❶遇Rh阴性未免疫女性第一胎娩出Rh阳性新生儿，72小时内一次肌注300μg以中和进入母体的D抗原，在羊膜腔穿刺或流产后也需要进行注射。

❷避免不必要的输血可减少本病发生率。

❸轻型病例只需补充葡萄糖，不作特殊处理即能很快痊愈，重型病例在出生后及时治疗也能很快好转，成长后与正常儿无差别。

# 6.新生儿脐炎

## 16 新生儿脐炎有哪些症状表现?

胎儿出生以前，脐带是母亲供给胎儿营养和胎儿排泄废物的通道，出生后，在脐根部结扎，剪断。一般生后3～7天脐带残端脱落，因为脐带血管与新生儿血液相连，若保护不好，会感染而发生脐炎。甚至造成败血症危及生命，所以要精心护理。

❶脐带根部发红，或脱落后伤口不愈合，脐窝湿润、流水，这是脐带发炎的最早表现。以后脐周围皮肤发生红肿，脐窝有浆液脓性分泌物，带臭味，脐周皮肤红肿加重，或形成局部脓肿，败血症，病情危重会引起腹膜炎，并有全身中毒症状：发热、不吃奶、精神不好、烦躁不安等。慢性脐炎时易形成脐部肉芽肿，为红色肿物突出、常常流粘性分泌物，很久都不能治愈。

❷脐带轻度发炎时，仅在脱落的伤面有少量黏液或脓性分泌物，周围皮肤发红。如未得到及时有效的治疗，病情会迅速发展，出现脐部脓肿，并殃及大部分腹壁，同时可伴有发热、哭闹、呕吐、拒食等表现。

## 17 新生儿脐炎产生原因有哪些?

新生儿的脐带残段，一般约在生后3～7天即干燥脱落，在此期间脐带受到污染及尿液浸渍，或接产时对脐带消毒不严，均可使脐带被细菌感染而发炎。

## 18 如何进行家庭护理?

❶操作时注意保暖，室温在23℃～24℃，最好选择在29℃～31℃的辐射床上进行，避免脐部暴露在外的时间过长，一般在5～10分钟，操作前洗手，避免冷手直接刺激患儿皮肤。

❷改变不良卫生习惯，加强人们的卫生保健意识，脐部有污染应及时清洗消毒，保持脐部干燥、清洁。勤换尿布，避免尿液污染脐部，每次沐浴后用无菌干棉签把脐凹水吸干。重视脐部护理，一旦发现脐部有渗脓渗血，不能疏忽大意，应及时到医院就诊，以免延误病情。

# 7.新生儿疾病筛查

## 19 什么是新生儿疾病筛查？目的是什么？

新生儿疾病筛查是指，对一些危害严重的先天性、遗传性疾病在新生儿期临床症状未出现前，用实验手段进行检查和诊断。

筛查的目的是早期发现、早期治疗，以避免因病情发展而造成的患儿机体不可逆损伤及功能障碍，减少发生残疾，降低小儿死亡率以及预防某些中老年疾病。

由于该工作是一项提高人口素质的重大举措，近年在我国迅速被推广，并发挥了巨大的作用。

## 20 何时进行筛查？主要筛查项目是什么？

筛查采血部位多选择婴儿足跟内侧或外侧，应当在婴儿出生72小时并吃足6次奶后进行，最迟不宜超过出生后20天。在未哺乳、无蛋白负荷的情况下容易出现PKU筛查的假阴性。而在婴儿出生72小时后采血，可避开生理性TSH上升时期，减少了CH筛查的假阳性机会，并可防止TSH上升延迟的患儿产生减阴性。

关于筛查项目，现行国家规定：先天性甲状腺功能低下与苯丙酮尿症，其他项目由各地根据地情况开展。

# 第二章

# 8～28天

## 育儿要点

- 坚持纯母乳喂养，保证营养充足
- 保证体内水分充足
- 脐带脱落后可以洗澡，保持皮肤干燥，预防感染
- 如天气适宜，可进行适当的户外活动
- 在保暖的前提下，让宝宝四肢充分活动
- 丰富感觉训练，如看脸谱，握摇铃，听音乐
- 注意鱼肝油的补充

## 宝宝满月了

| | 体重(千克) | 身长(厘米) | 头围(厘米) | 胸围(厘米) |
|---|---|---|---|---|
| 满月时 | 男童≈4.3<br>女童≈4.0 | 男童≈54.6<br>女童≈53.5 | 男童≈38.43<br>女童≈37.56 | 男童≈37.88<br>女童≈37.00 |

# 一 月子宝宝的生活照料

## 1.衣着

### 01 选择新生儿衣服应注意什么?

新生儿的衣服要做得宽大些，这样既易于新生儿的活动，又便于穿脱。

新生儿的衣服，要求装饰少。为避免划伤新生儿娇嫩的皮肤，衣服上不要钉纽扣，更不能使用别针，同时应避免有金属纽扣或拉链，可以用带子系住衣服。

新生儿皮肤娇嫩，容易出汗，内衣应选用柔软、吸水及透气性较好的浅色纯棉布或纯棉针织品制作。新生儿穿系带斜襟式衣服最为理想，这种衣服前襟要做得长些，后身可稍短些，以避免或减少大便的污染。

宝宝内裤也应选用柔软的棉制品制作，式样为开裆系带或开裆背带，不要用松紧带。因为松紧带过紧，会影响宝宝胸部的生长发育。另外要注意宝宝贴身的衣服不要有缝头，也就是宝宝内衣应该“反穿”。

### 02 需要为新生儿准备哪些衣服?

炎热夏季，新生儿最适宜穿连衫格式的长单衣，背后系有带子，便于换尿布。

如果您的宝宝是在寒冷的冬天出生，您还应该为宝宝准备些毛衣、毛裤、棉衣、棉裤。新生儿系带斜襟式棉衣至少准备2～3件。

在某些地区的秋、冬季节，一般常使用襁褓包裹宝宝，这是一种既简便又实用的好方法，襁褓常分为适用于春秋的夹襁褓和冬季使用的棉襁褓；为新生儿更换襁褓时，要注意室温要适宜，冬季要先将襁褓烘烤一下，以驱散寒气，避免宝宝着凉。

## 03 如何让宝宝冷暖适宜？

宝宝的汗腺及血液循环系统还处于发育阶段，体温调节能力远远不及成人，所以，宝宝的体温会随环境而变化。所以，注意宝宝的冷暖是妈妈必做的功课。

- 不要给宝宝穿戴得太多，被褥也应厚薄适中，即使在冬天也不要包裹太严。
- 如果宝宝有汗湿现象，应及时用柔软的干毛巾擦拭。

# 2.睡眠

## 04 如何训练新生儿安睡？

刚出生的宝宝有的晚上不睡觉，不是哭就是闹，这既影响宝宝的正常生长发育，也影响大人休息。如果宝宝不是因为有病哭闹，就得解决宝宝夜哭问题，可以试试下面的“5个晚上训练法”：

**第1个晚上** 即在原来固定的喂奶时间喂过宝宝后，在他还醒着的时候就放在床上，让其自行安睡。在半夜，必须听到他的哭声后才走到他的床边，先检查尿布，但不要把他抱起来，只轻轻拍拍他或和他小声说话。如此过10～20分钟后，宝宝若仍不入睡，再把他抱起来。此时尽量拖延至20分钟后才喂他开水。喂完水后让他安睡。如果他还是不睡，这时再让他吃奶。

**第2个晚上** 固定喂奶时间，应比第1个晚上晚30分钟。宝宝如果半夜醒来，处理方法同前一晚上，采用拖延战术，但要比头一晚多拖延5～10分钟才把他抱起来，如果哭得很凶，也比头晚多拖15分钟再喂水。

**第3个晚上** 继续这么做，但在每一个环节上应试着再多拖延10～20分钟。

**第4个晚上** 宝宝经过3天的训练，大致已能睡到早上5～6点钟。这天晚上的步骤仍同前晚，唯一不同的是，宝宝醒来时，等上10～20分钟再去理会他。

**第5个晚上** 按前4天推，固定喂奶时间应接近半夜了，此时可视情况，开始将喂奶时间提早30分钟，调整到大人正常休息之前，并继续将宝宝第2天早上醒来后的喂奶时间延迟10～20分钟，直到宝宝被训练成在大人起床后才醒为止。

## 05 新生儿睡觉为什么总偏向一方？

这种现象较为普遍。先要检查一下新生儿颈部肌肉是否有硬块，特别是臀位出生的新生儿其可能性往往很大。对于这种硬块，以前是采用按摩方式予以化解，现在一般是采取跟踪观察而不做任何治疗，大约经过6个月的时间硬块会自行消失。如果未能自行消失，宝宝到1岁时可采用手术来治疗。

实际上，偏睡除了肌肉硬块的原因外，大多是由于睡姿癖好所造成的。

## 06 新生儿有哪些不良习惯？如何避免这些不良习惯？

新生儿的生活习惯主要包括饮食、睡眠习惯。即宝宝的饮食、睡眠有规律，吃奶后放到床上就自行入睡。新生儿的不良生活习惯主要包括：

❶吃奶每次吃一点；

❷含着奶头入睡；

❸睡眠时需又摇又哄；

❹要大人抱着睡，不肯自行躺在床上安睡。

这些不良习惯主要是由于大人过分溺爱造成的，因此家长每次喂奶要喂饱，不要宝宝一哭就喂一点。不要让宝宝含着奶头睡觉，也不要宝宝一哭就抱起来或者每次睡时抱着又摇又晃，宝宝也不要使用摇篮和摇床，要培养宝宝良好的生活习惯。

# 3.护理与清洁

## 07 新生儿留指甲有何弊端？怎样为新生儿剪指甲？

这段月龄的宝宝总是喜欢用手到处乱抓，如果指甲很长，不仅容易藏污纳垢，还很容易将自己的小脸抓破。而且，这段月龄的宝宝开始爱上吮手指了，指甲后面的污垢不易洗掉，细菌极易进入体内。因此家长别忘记经常给宝宝剪指甲。

有些家长认为小宝宝指甲不能用剪刀，剪了以后指甲会越长越硬，容易抓伤脸，而应该用手撕。其实这种方法很危险，因为用手撕指甲很难掌握深度，容易撕到指甲床而

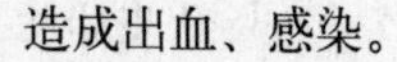

造成出血、感染。

宝宝的脚趾甲也要经常剪，如果趾甲太长，宝宝乱踢乱蹬时脚趾与裤、袜摩擦，趾甲很容易发生撕裂。宝宝指甲细小、薄嫩，选用适宜指甲剪比较重要。宝宝爱动，因此给他剪指甲要在其熟睡后。剪的时候一定要仔细，不能剪得太多，和指头平齐即可，并要修理得光滑平整。

## 08 何为新生儿头垢？怎样为新生儿清洗头垢？

头垢是由于宝宝出生时头皮上的脂肪与后来头皮分泌的皮脂粘上灰尘而形成的黄色硬痂，留着很不卫生，还会影响宝宝头皮的正常作用。

头垢很厚，跟头皮粘得也很紧，硬剥硬洗容易损伤头皮，引起细菌感染。可用煮熟冷却后的植物油轻轻擦在头垢上，使头垢变软，然后再用肥皂和温水洗净。一次洗不干净，可多洗几次。有的虽然洗得很干净，但以后又长出来，这可能是宝宝患了脂溢性皮炎，应该带宝宝到医院看皮肤科医生。

## 09 需要给宝宝剃“满月头”吗？

许多父母误以为，剃掉胎毛可以促使多长头发。所以宝宝刚刚满月，父母就给宝宝剃“满月头”。这其实只是旧习俗，并不科学。在剃“满月头”时，用锋利的剃头刀给刚满月的宝宝剃头，常常会在娇嫩的头皮上留下许许多多肉眼看不到的伤痕。由于宝宝皮肤的防御功能不够完善，剃刀又没经消毒，极易造成头皮感染。

其实宝宝的头发长得多与少、黑与黄与剃不剃胎毛毫无关系。毛发与人的体质、营养和遗传密切相关。由于宝宝满月后，在户外时间逐日增多，父母给宝宝理理发也是应该的，但给宝宝理发最好用剪子，而不应用剃刀。因此，剃“满月头”的旧俗应该根除，应树立科学文明的育婴观念。

## 10 如何让宝宝的头发长得好？

❶母亲孕期要有充足而全面的膳食营养；

❷宝宝出生后坚持母乳喂养；

❸应尽早让宝宝到户外活动，让头皮常晒到阳光并按时为宝宝添加各类辅食。

❹在宝宝出生后每周用37℃左右的清水轻轻揉洗头发1～2次，去除头皮胎垢，增加血液循环，促进头皮的新陈代谢，对小儿的生长发育及头发的生长十分有益。

## 11 给宝宝用洗护用品应注意哪些事项？

初生宝宝皮肤较薄，容易吸收外物，对于同样量的洗护用品中的化学物质，宝宝皮肤的吸收量要比成人多，同时，对过敏物质或毒性物的反应也强烈得多。所以，保护好宝宝的皮肤，妈妈在给宝宝选择和使用洗护用品一定要注意。

❶选择宝宝专用洗护用品；

❷尽量不要用成人洗护用品来替代；

❸使用时千万注意每次使用的剂量不宜过大。

## 12 如何选择合适的日用品？

宝宝的皮肤仅有成人皮肤十分之一的厚度，表皮是单层细胞，而成人是多层细胞；真皮中的胶原纤维少、缺乏弹性，不仅易被外物渗透，而且容易因摩擦导致皮肤受损。所以，为了避免宝宝的皮肤伤害，妈妈要做的就是仔细选择和宝宝皮肤经常接触的日用品。

❶选用纯棉、柔软、易吸水的贴身衣物和尿布；

❷衣物和尿布用弱碱性肥皂清洗；

❸选用细腻优质的宝宝爽身粉。

## 13 如何选择宝宝专用护肤品？

新生儿皮肤的角质层尚未发育成熟，真皮及纤维组织较薄，皮肤非常娇嫩、敏感，抵抗干燥环境的能力比较弱。所以，妈妈需要仔细给宝宝涂抹润肤露。

❶选择和使用不含香料、酒精的宝宝专用润肤品；

❷和宝宝经常接触的成人，最好与宝宝使用同样的宝宝润肤品；

❸不要随意更换品牌。

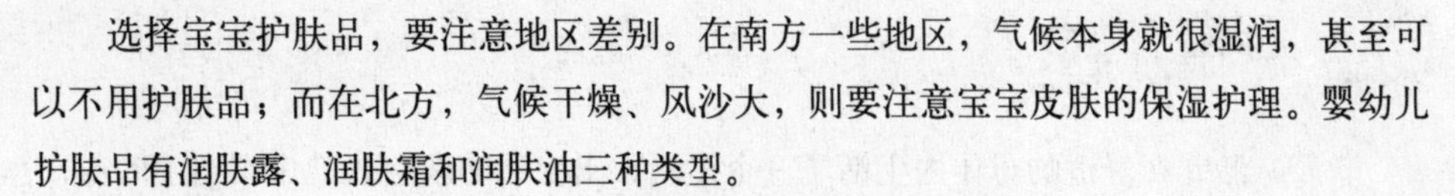

选择宝宝护肤品，要注意地区差别。在南方一些地区，气候本身就很湿润，甚至可以不用护肤品；而在北方，气候干燥、风沙大，则要注意宝宝皮肤的保湿护理。婴幼儿护肤品有润肤露、润肤霜和润肤油三种类型。

- **润肤露**　含有天然滋润成分，能有效滋润宝宝皮肤。
- **润肤霜**　含有保湿因子，是秋冬季节宝宝最常使用的护肤品。
- **润肤油**　含有天然矿物油，能够预防干裂，滋润皮肤的效果更强。

# 4.环境

## 14 新生儿室内有空调好吗？需要注意哪些问题？

当宝宝初次经历夏天时，空调是很有帮助的，不仅可以降温避暑，防止脓疱病的发生，还可使宝宝保持正常食欲。但值得注意的是空调的风向不要直接对着宝宝，特别是熟睡中的宝宝，同时要定时打开门窗通风换气，保证室内的空气新鲜。

夏天宝宝室的温度一般在26℃左右为宜。宝宝如果长期待在空调的房间，对外界冷热变化的适应能力会下降，身体对疾病的抵抗能力也会减弱，因此，每天早晚在凉爽的时候，应该积极带宝宝到户外做散步活动，同时打开窗户进行通风换气。

## 15 怎样保持正常室温？

一般新生儿居室的温度宜保持在20～22℃，湿度保持在50%左右。

对于冬季出生的小儿，要特别注意保暖，可以装上空调，这个温度容易达到。没有空调的家庭，可在居室放置取暖器或带有管道的封闭式煤炉来提高室温，为保持室内有一定的湿度，在炉子上加一壶水，开后将壶盖打开。为防止煤气外泄，注意适当开窗开门通气，防止一氧化碳中毒。用热水袋保温比较方便，要防止烫伤，最好用布包好，放在距宝宝脚20～30厘米处。

夏天出生的新生儿，衣服不能穿得过多，房间要开窗开门通气，地上可以洒些水，天气再热小儿也不能直接在电风扇下吹，可使用微风吊扇。

如果小儿出生在春秋季节，要注意开窗，又要防止冷风直接吹着宝宝。

## 16 新生儿的环境有什么要求？

胎儿在舒适的母体内生活了9个多月，出生后的新生儿就像刚出土的苗，非常娇嫩，必须细心保护好。那么新生儿应该在什么样的环境下生活最好呢？

### 1 阳光充足

冬季新生儿的住房不能过冷，一般室温在20～22℃为宜。最好选择朝南的房间作为新生儿居室，这样居室阳光充足，小儿不容易因维生素D缺乏而引起佝偻病。同时朝南房间干燥，致病菌不容易生长繁殖。

### 2 清洁、安静

新生儿大部分时间在睡觉，平均每天要睡20～22个小时，安静的环境是必要的。

### 3 保持空气新鲜

平时要经常开门开窗通风，保持室内空气新鲜。开窗时不要把风直接吹到小儿身上，可利用窗帘或屏风遮挡。如果天冷或风大时，也可以先把小儿抱到另外的房间，等通风以后再抱回来。

### 4 清洁卫生

居室要清洁，每天应打扫室内卫生，为避免空气中尘土飞扬，每天要用湿布擦拭桌、椅，并坚持扫地前洒水。

### 5 安全

不要让过多的人探望宝宝。新生儿抵抗力差，过多人进出新生儿房间，可能带来呼吸道传染病菌，而且人多嘈杂，也影响产妇和新生儿休息。新生儿房间还要防止猫、狗等小动物的进入，一则防感染，另则防抓伤。

### 6 无化学危害

新生儿绝对不能住新装修的房子。涂料中的甲醛会有致癌危险，新生儿抵抗力差，极易引起白血病。因此最好是在监测过甲醛含量后，再住进新家。

# 二 月子宝宝的喂养

## 1.母乳喂养

### 01 什么时候给宝宝喂奶？喂多少次？

这一时期宝宝的喂奶每天大约为6～8次，按需喂奶的原则仍不变。

按需哺乳并不意味着没有规律可循，一个出生体重正常(大于2500克)的小儿通常是3～4个小时吃一次奶，要是父母稍加引导，养成宝宝定时饥饿习性的倾向，那么，小儿自己会逐渐养成定时吃奶的习惯。父母可将4小时喂奶一次作一个计划，例如：早晨6点，上午10点，下午2点，下午6点，晚上10点，次日凌晨2点，一昼夜6次。若是宝宝表示饥饿时可灵活将喂奶时间提前，宝宝还有自己弥合时差的能力，这次提前吃奶后甜甜地睡上一觉，这一觉会有可能睡得时间长些超过4小时，那么与下次醒来吃奶的时间就又吻合了。当然，这4个小时一次的时间不会像钟表那样准时，一天下来前后相差几十分钟是完全可以的。

### 02 怎样避免新生儿吐奶？

这要看新生儿吐奶属于哪种情况。如果吐奶频繁且呈喷射状，吐出的除了乳块还伴有黄绿色液体及其他东西，一定不可忽视，要及时到医院检查。

对常常吐奶的宝宝要少喂一些，喂奶以后要多抱一会儿。抱的姿势是使宝宝上半身立直，趴在大人肩上，然后用手轻轻拍打宝宝背部，直到宝宝打嗝将胃内所含空气排出为止。这时轻轻把宝宝放在床上，枕部高一些，向右侧卧，这样可以减少吐奶。吐奶是生理现象，不必管它，随着年龄的增长，身体不断发育会自行缓解。

## 03 如何喂养双胞胎儿？

双胞胎儿个子往往较小，组织器官发育不够成熟，体内糖原贮备也不足，抵抗力弱，更应注意合理喂养。

母乳仍是双胎或多胎儿首要的营养品，更应重视早开奶、勤喂奶。一般来说，生双胎的母亲，其乳汁是够两个新生儿食用的，在喂养方法上应采取一个乳房喂养一个小儿。每次喂奶时，可让两个宝宝互相交换吸吮一侧乳房。由于宝宝的吸吮能力和胃口有差异，每次交换吸吮，有助于两侧乳房均匀分泌更多的乳汁。

哺乳的母亲要承担两个宝宝的奶量，就要多食用营养丰富的汤品，如鱼汤、蹄膀汤和鸡汤等，每天至少需3000毫升，才能满足宝宝的需要。若乳汁不足时，体重较轻或体质较弱的一个宝宝应以母乳喂养，另一个用牛奶或其他代乳品喂养。

## 04 如何喂养三胞胎儿？

喂养三胞胎也可按喂养双胞胎的方法交换吃母乳，但多数母亲的乳汁不能同时满足三个宝宝的要求，需不同程度地添加牛奶及代乳品。一般认为三胞胎的宝宝在每次喂奶时，最好两个宝宝喂母奶，另一个宝宝吃牛奶，每次轮换。换句话说，应该让三个宝宝都能够轮流吃上母乳，做母亲的不能因怕麻烦而忽视这一点。这样，即使吃到的母乳量不多，但母乳毕竟营养丰富，含有大量免疫物质和抗体，能够增强小儿机体抵抗力，减少疾病的发生。

## 05 挤奶有什么好处？怎样实施手工挤奶？

新妈妈总是会遇到这样或那样的原因需要将奶挤出来。学会挤奶，能给新妈妈带来方便、减少痛苦，促进乳汁的连续、正常的分泌。

挤奶前，新妈妈首先要洗净双手，取坐位或立位。挤右侧乳房以左手为主，挤左侧乳房以右手为主。如果挤出的奶是准备喂给宝宝的，接奶的杯子一定要先消毒干净，再准备一块干净的手帕以备擦手。

正确挤奶的方法是将拇指放在乳头、乳晕上方，距乳头根部约2厘米处，食指平贴在乳头、乳晕的下方，与拇指相对，其他手指托住乳房。若能摸到豆荚或花生状的乳窦，挤奶的位置就更明确了。挤时先将拇指和食指向胸部方向轻轻压，感到触及肋骨为止，再轻轻挤乳头和乳晕下面的乳窦部位，进行有节奏地挤压运动。挤压片刻后，拇指和其他手指可朝顺时针方向移动一下位置，以确保所有的乳窦都得到挤压。

这里需要强调一点，手指不要触及乳头、更不能挤乳头。刚开始挤，可能没有乳汁挤出，但挤了几下后，乳汁就开始淌下。挤压一侧乳房至少需要3~5分钟，为挤出足够的奶要持续20~30分钟。

## 06 怎样用吸奶器吸奶?

市面上最普通的吸奶器是用玻璃制成的，一头连着橡皮吸球，另一头成广口，可罩在乳房上，中间是膨出部，便于吸出的奶汁积存。用时，先挤压橡皮球内的空气，再将吸奶器的广口罩在乳房上，一定要将吸奶器紧贴在乳头周围的皮肤上，不能漏气。放松橡皮吸球，将乳头和乳晕吸进管内，挤压和放松橡皮球数次后，乳汁开始流进并积存在管子的膨出部。吸奶器只适合在乳房充盈时使用，而且不易消毒，比不上直接用手挤。

# 2.人工喂养

## 07 人工喂养有哪些卫生要求?

从厂家出来的鲜牛奶和奶粉是经过严格杀菌和消毒处理的，可以说是无菌的。母亲的责任就是要保证喂进宝宝嘴里的牛奶仍是无菌的。因此，必须堵住每一个可能混进细菌的环节。

首先，母亲在调配牛奶前要用肥皂洗手，然后用干净毛巾擦干，以免将细菌带入。

然后从消毒器具中取出奶瓶、奶嘴。注意要用消毒过的镊子，如果用手取的话，剩余的奶瓶就有可能污染。装奶嘴时，注意手只能抓住奶嘴的边缘，不要碰到奶头上，因为，奶头是要放入宝宝口中的。将调好的奶倒入奶瓶，拧紧瓶盖。

准备喂奶前，一定要试试奶汁的温度，以免烫伤宝宝。试温的办法是把奶汁滴到手背上或把奶瓶挨到脸上，不觉到烫为宜，千万别用嘴去试温，因为，成年人口腔里常有的一些细菌会趁机进入奶头。宝宝抵抗力差，吃进去后就容易得病。

## 08 适宜的代乳品有哪些？

在不能实施母乳喂养时，一些动物的乳汁如牛奶、羊奶、马奶或其他代乳品也可以喂养宝宝。尽管这些代乳品没有母乳优质、经济、方便，但如果选用得当，也是能满足宝宝营养需要的。

有如下代乳品可供选择：

### 牛奶

牛奶的蛋白质含量较高，但以酪蛋白为主，入胃后凝块较大，不易消化。牛奶的矿物质含量较高，易使胃酸下降，也可加重肾脏负荷，对肾功能较差的新生儿和早产儿不利。但如果在牛奶中加酸，制成酸牛奶，则酪蛋白凝块变小，又提高了胃内酸度，可有利于宝宝消化。如果是一个发育正常的宝宝，可直接选用牛奶。

### 羊奶

羊奶的营养价值较好，蛋白质和脂肪均较牛奶多，且脂肪球小，易消化。它的唯一缺点是含维生素$B_{12}$少，如长期饮用可引起大细胞性贫血。如自家养有母羊，可挤羊奶喂宝宝，但要添加维生素$B_{12}$和叶酸。

### 牛奶制品及其他代乳品

**全脂奶粉** 为鲜牛奶浓缩、喷雾、干燥制成。按重量1：8或容积1：4加开水即可配制成乳汁，其成分与鲜牛奶相似。由于在奶粉的制备过程中已经加热处理，所以，其蛋白质凝块细小均匀，挥发性脂肪减少，较鲜牛奶易于消化。

**蒸发乳** 用鲜牛奶蒸发浓缩至一半容量装罐密封。其蛋白质和脂肪较易消化。加开水一倍即可复原为全脂奶。

**豆浆** 大豆营养价值高，蛋白质量多质优，铁含量也高。但脂肪和糖量较低，但不如乳类容易消化吸收。

**豆代乳粉** 是以大豆粉为主，加米粉、蛋黄粉、蔗糖、骨粉及核黄素等配制而成。

## 09 喂牛奶的误区有哪些？

由于奶嘴比母亲的乳头容易吸吮，费劲小，吃起来痛快，大多数的新生儿很容易接受奶瓶。但是，用牛奶喂养宝宝时经常会遇到这样的问题：

## 1 太在乎剩余的奶

宝宝的食量不是固定不变的，往往每餐吃的量不一样，这样，奶瓶中经常会有吃不完的奶，节俭的妈妈会认为倒掉剩余的奶太可惜。没错，但是绝不能留到下顿再喂，因为热过的牛奶特别容易滋生细菌。另外，喂奶的时间最好在半小时之内，最多也不要超过一个小时。

## 2 没有完成定量可不行

哪一次宝宝吃得少了，有的妈妈采取强喂硬灌，希望哪怕再吃一口也是好的。其实，即使成人也无法每餐都吃下相同的量的。既然爱宝宝，对宝宝就要宽容些，强灌只会让宝宝感到吃奶不再是享受，而成了一种压力，逐渐宝宝就会对吃奶失去兴趣，从而使喂奶陷入困境。

## 3 不会判断宝宝的食量

在食量问题上，应该相信宝宝会根据自身的需求来调节食量，当然，不是说宝宝一停嘴就拿走奶瓶，有时候宝宝吃得累了也需要休息一下。如果，过一会再把奶头放入口里宝宝仍然没有反应，就说明宝宝已吃饱了。

## 4 羡慕别家宝宝吃的多

有的母亲认为食量大的宝宝比食量小的宝宝会长得更健康，其实，宝宝与成人一样，食量是因人而异的，食量小的，每次吃下不到100毫升的奶就够了，食量大的小儿每次要吃到120～150毫升才够，这两种情况都属于正常。

# 10 选择什么样的奶粉比较好?

大超市里的奶粉品种繁多，令妈妈们眼花缭乱，不知道选哪一种好。其实，不管哪一种奶粉，只要是由正规厂家生产的，其基本成分都是相似的，并不像广告上所宣传的那样有很大的差别，因此，家长一般就认定选用当地厂家生产的奶粉就行。这样的奶粉一般出厂时间短，价格便宜。

婴幼儿奶粉外包装上标有适用的年（月）龄段，选购时一定要看清楚。要坚持给宝宝始终喂同一种奶粉，因为，即使哪一天宝宝身体状况出现异常，首先可以排除奶粉的原因。

奶粉品牌的选择并不重要，关键是要为宝宝调配适宜的浓度。家长一定要按奶粉外包装上的说明正确地冲调奶粉，因为宝宝的消化能力有限，调配过浓会增加消化系统负担，冲得太稀满足不了生长发育所需。

## 11 如何鉴别真假奶粉？

**试手感** 用手指捏住奶粉包装袋来回摩擦，真奶粉质地细腻，会发出“吱吱”声；而假奶粉由于掺有绵白糖、葡萄糖等成分，颗粒较粗，会发出“沙沙”声。

**辨颜色** 真奶粉呈天然乳黄色；假奶粉颜色较白，细看有结晶和光泽，或呈漂白色或有其他不自然的颜色。

**闻气味** 打开包装，真奶粉有牛奶特有的乳香味；假奶粉乳香甚微，甚至没有乳香味。

**尝味道** 把少许奶粉放进嘴里品尝，真奶粉细腻发粘，易粘住牙齿、舌头和上腭部，溶解较快，且无糖的甜味；假奶粉放入口中很快溶解，不粘牙，甜味浓。

**看溶解速度** 把奶粉放入杯中用冷开水冲，真奶粉需经搅拌才能溶解或成乳白色浑浊液；假奶粉不经搅拌即能自动溶解或发生沉淀。用热开水冲时，真奶粉形成悬漂物上浮，搅拌之初会粘住调羹勺；掺假奶粉溶解迅速，没有天然乳汁的香味和颜色。其实，所谓“速溶”奶粉，都是掺有助剂的，真正速溶奶粉是没有的。

## 12 如何保存好奶粉？

奶粉的保存问题相当重要，保管不当会影响奶粉的质量。奶粉应贮存在干燥、通风、避光处，温度不宜超过15℃，市场上销售的奶粉主要有铁罐包装、塑料袋包装和玻璃瓶包装三种。其中铁罐包装最好，但常食用的还是以塑料袋包装的较为经济，由于它透气性大，不宜贮存时间过长，最好买回拆封后将奶粉换入铁盒或棕色玻璃瓶内，奶粉都应在有效期内食完。

## 13 如何计算奶粉的用量？

当完全用奶粉喂养宝宝时，应当计算奶粉的用量。在此介绍一种简单的计算方法：按宝宝体重来计算，1千克体重每月供给全脂奶粉500克，如果一个宝宝体重6千克，每月应当供给奶粉3000克，约相当于市售奶粉6袋。可以选择宝宝配方奶粉或者全脂奶粉。

每次该喂的奶量一般可以这样来计算，宝宝每日每千克体重需要热能约418～500千焦。加了5%～8%糖的牛奶，100毫升可供热量418千焦，因此，宝宝每日每千克需要吃含糖5%～8%的牛奶100～120毫升。根据这个量可以计算出宝宝一日所需牛奶的总量，再平分6～8次，就可知道每次喂牛奶的量了。这里需要注意一点，每个宝宝的食量是不同的，也不是固定不变的，父母应根据自己宝宝的具体情况，灵活掌握食量，吃饱为宜。

**牛奶喂养应用参考表**

| 年龄 | 每次喂哺牛奶量(毫升) | 喂哺次数 |
| --- | --- | --- |
| 1～3天 | 15～30 | 7～10 |
| 4～7天 | 60～70 | 7～8 |
| 2～3周 | 80～90 | 6～7 |
| 3周～1个月 | 90～120 | 6～7 |
| 1～3个月 | 120～150 | 5～6 |
| 3～6个月 | 150～210 | 4～6 |
| 6～12个月 | 210～240 | 3～4 |

# 3.奶瓶和奶嘴

## 14 如何选择奶瓶和奶嘴?

选择奶瓶和奶嘴，应根据不同的功用和宝宝的年龄大小进行选择。奶嘴有不同形状的奶嘴洞，圆洞，十字形或Y形。较小的宝宝适合用圆洞奶嘴，但也应根据宝宝的大小和吮吸能力的强弱选择有不同大小圆洞的奶嘴。十字型或Y型奶洞的奶嘴倒置时，奶不会流出，适合较大的宝宝使用。

奶瓶要选用结构简单，口大，易清洁，能煮沸消毒的奶瓶。普通常用的是玻璃奶瓶，它价格便宜，易清洗、消毒，使用方便，唯一缺点是玻璃制品易破碎，家长可以多备几个；另外一种，是价格昂贵的非玻璃奶瓶，不易摔破，但消毒是很麻烦的。不管使用哪一种奶瓶，用前一定要洗净煮沸消毒。奶瓶口大的有好处，这样，容易用匙子往里装奶粉，如果瓶口小，就要先用奶锅调配好奶再倒入奶瓶。

有的奶瓶的奶嘴没有孔，买回后先要给奶嘴开口。开口的大小一定要合适，太大时奶汁流出太快，容易呛到小儿；太小了，宝宝吃得费劲，没等吃饱就不愿吃或就睡着了。开奶孔可用烧红的缝衣针扎上两三个孔，大小以奶汁能一滴一滴地流出为宜。也可以用剪刀在奶头中央剪一个“十”字形，横直各3～5毫米，这种开口可以根据宝宝吮吸的力量大小来自动调节奶汁的流量，不易呛咳，不吮吸时，奶孔自然闭合，灰尘无法进瓶内。

**温馨提示**

完全人工喂养一般需要奶瓶6～8个，奶嘴8～10个，奶粉匙一把，镊子一把，一个能容纳6～8个奶瓶的锅。

## 15 怎样用奶瓶给新生儿喂奶?

选择舒适坐姿坐稳，一只手把新生儿抱在怀中，让新生儿上身靠在你肘弯里，你的手臂托住新生儿的臀部，新生儿整个身体约呈45°倾斜；另一只手拿奶瓶，用奶嘴轻触新生儿口唇，新生儿立即会张开嘴含住，开始吸吮。

## 16 喂奶时要注意哪些事项?

给新生儿喂奶时要注意，奶瓶的倾斜角度要适当，让奶液充满整个奶嘴，避免新生儿吸入较多空气。如果奶嘴被宝宝吸瘪，可以慢慢将奶嘴拿出来，等空气进入奶瓶，奶嘴就可恢复原样，否则可将奶嘴罩拧开，放进空气再盖紧。

注意新生儿吃奶的情况，如吞咽过急，有可能是奶嘴孔过大；如果吸了半天奶瓶中也未见减少多少奶量，则很可能是奶嘴孔过小，新生儿吸奶很费力。不要把尚不会坐的新生儿放在床上，让他独自躺着用奶瓶吃奶，而大人长时间离开，这样非常危险，新生儿可能会呛奶，甚至引起窒息。

给新生儿喂完奶后，不能立即让新生儿躺下，应该先把新生儿竖直抱起，让其头趴在成人肩头，轻拍新生儿后背，直至他打个嗝，排出胃里的空气，再让他朝右侧卧下。

## 17 消毒奶瓶需要哪些用具？怎样给奶瓶消毒?

奶瓶要消毒好才能用。消毒奶瓶的用具包括消毒用的奶锅、洗奶瓶用的毛刷、夹奶瓶用的镊子等。

喂完奶后，一定要倒出剩余的牛奶；然后反复用刷子、清水洗刷奶瓶、奶嘴，口朝下放好，准备煮沸消毒。牛奶是细菌最好的培养基，如果将吃剩下的牛奶长时间地留在里面，就容易繁殖细菌，要清除掉已经长出的细菌是很费事的。

温馨提示

消毒奶瓶时，不要用擦布去擦洗奶瓶，并且不赞成用药品去消毒。

每次用都要消毒是很麻烦的，可把当天要用的奶瓶、奶嘴放在专用锅内一起消毒。在锅内倒入大约满过奶瓶的水，盖好锅盖煮沸，煮开后再继续煮沸5～10分钟，熄火后让其自然冷却。每次用时用镊子夹出来。奶粉匙和镊子要定期煮沸消毒，放置在干净的容器里。玻璃奶瓶的奶嘴垫圈是塑料的，不宜用高温煮，每次用前拿开水烫洗一下。

如果同时消毒不同材质和不同品牌的奶瓶，事先应详细查看奶瓶包装上的说明，注意不同奶瓶在沸水中所能承受的消毒时间。玻璃奶瓶应与冷水一同放置在锅内，如将凉奶瓶直接放在沸水中易炸裂。消毒时间不宜过长，否则奶瓶易变形。

# 4.补充维生素

## 18 为什么要给宝宝补充维生素？

维生素是一种营养素，虽不能供给能量，需要量极少，却是维持人体生理功能不可或缺的重要物质。

人体缺乏了维生素会出现代谢紊乱，抵抗力降低，表现出各种症状。如缺乏维生素D会出现佝偻病，缺乏维生素A会出现眼睛角膜病变，严重的会导致失明，缺乏维生素C会出现身体各处出血，缺乏维生素B1会出现神经、心脏的病变。

一般宝宝出生15天后，每天补充一次复合维生素是比较安全的。

## 19 宝宝缺乏维生素D有何危害？如何补充？

佝偻病是一种骨骼发育不良的疾病，是由于维生素D不足引起的。如果人体接触紫外线，皮肤就会合成维生素D，但新生儿一般不晒太阳，所以接触不到紫外线。因此在新生儿3周后应每天补充400国际单位维生素D。特别是早产儿，若出生时体重在2000克左右，由于其在母体中吸收的维生素极少，更应在出生后2周开始补充维生素。

## 20 宝宝缺乏维生素C有何危害？如何补充？

坏血病是一种身体各处出血的疾病。是由于维生素C摄入不足引起的。在乳母授乳期间，只要乳母进食一定量的水果，就不会引起维生素C缺乏。在人工喂养时，因为需要用热水冲奶粉，所以也会损失一部分维生素C。因此，出生后2～3周后应每天补充25毫克维生素C（相当于50毫升橘子汁）。

## 21 宝宝缺乏B族维生素有何危害？如何补充？

B族维生素不足会引起脚气病。宝宝每天需要0.5毫克的B族维生素。如果乳母不喜欢吃麦片、面条等面食，而只吃精米面，或是以方便食品为主食，宝宝就会出现“脚气症”。所以，授乳的母亲应多吃些粗粮或面食等。由于乳母膳食中B族维生素的量无法确实，所以预防性地给予宝宝每天0.5毫克的B族维生素是比较安全的。

## 22 宝宝缺乏维生素A有何危害？需要额外补充吗？

维生素A不足时，眼角膜就会干涩，严重时可引起失明。母乳中维生素A含量较高(100毫升中含200～500国际单位），所以母乳喂养的宝宝不补充维生素A也可以。牛奶中含有维生素A，而且维生素A耐热，即使经过消毒，维生素A也不会破坏掉。所以，无论是母乳喂养还是用牛奶人工喂养的宝宝，都不特别需要补充维生素A。

## 23 为什么要补充维生素K？

维生素K是参与血液凝固的重要成分。人体的血液有一套自我保护的凝固系统，主要包括13个凝血因子，其中有4个必须在维生素K的参与下才能在肝脏内合成，因此，人体缺少维生素K就等于缺少4种凝血因子，出血自然不可避免。

# 三 月子宝宝的能力训练

## 1.能力发展

### 01 新生儿各种能力是如何发展的?

新爸爸妈妈知道吗？新生儿从出生的那一刻起，就具有理解能力，就能直接接触外界的刺激。

**第一天** 当听到爸爸或妈妈的声音就能平静下来，会变得安静和警惕，身体停止活动，全神贯注地倾听。

**第三天** 新生儿对爸妈的语言会有回应，他那凝视的目光会更加认真。

**第五天** 新生儿可以用目光追随距离自己20～25厘米范围的活动物体，并且会很有兴致地注视爸妈的嘴唇与手指的活动。

**第九天** 新生儿能够将目光投向发出声音的地方，而且已经能够区分出声音的高低并做出反应。

**第十四天** 新生儿已经能够从几个人的声音中分辨出妈妈的声音。

**第十八天** 他可以有意识地将头转向声音发出的方向。

**第二十八天** 新生儿开始用大脑学习如何表达和控制情绪，并且能够根据爸妈的语言的声调来调整自己的行为。例如，妈妈说话的语气过重或者声音过高，宝宝就会感觉不安，如果妈妈的语气和声调是舒缓的，他就会很平静。

### 02 新生儿的早期教育重要吗?

新生儿从充满羊水的子宫来到可以自己直接呼吸空气的大自然中，在其身体适应新环境的同时，身心的发育就开始了。

有的新生儿出生后，家长忙于工作，或因条件所限，没有对新生儿进行适时的早期教育，新生儿的智能发展就受到很大的影响。有的新生儿出生时早产或窒息，但家长对新生儿进行了有针对性的早期教育，新生儿的智力发展正常甚至优秀。

周岁以内的宝宝身心发展最快，也蕴含着巨大的发展潜能。1～3个月，训练重点是在充分利用先天性条件反射的同时，建立后天条件反射，且越多越好，如定时喂奶、自然入睡等。训练宝宝的感觉器官，让宝宝听各种声音，看鲜艳的物品。发展宝宝的运动功能，练习俯卧、抬头、抓握东西，做宝宝体操。

## 03 影响宝宝智力的因素有哪些?

对宝宝的智力开发应从新生儿期开始，了解影响宝宝智力的几种因素很重要。

**运动不足** 运动可以促进血液循环和新陈代谢，增强大脑的血液供应，促进大脑神经细胞的开发和思维能力的发展。

**睡眠欠佳** 良好而充足的睡眠不仅有益于宝宝的身体发育，而且对宝宝智力的发展有良好的促进作用。

**忽略早餐** 容易造成营养不足，影响智力发育。

**甜食过多** 对营养的均衡造成不利。

**大便秘结** 大便量少而便秘，致使粪便及有毒物质在肠道内停留过久，毒物被大量吸收入血液循环，损害大脑神经细胞。久之，可导致儿童记忆力下降、注意力不集中、思维迟钝等智力发育不全的现象发生。

## 04 新生儿具备听觉能力吗?

研究表明，宝宝喜欢听柔和的声音。胎儿在母亲的腹中，就能听见较大的声音。而新生儿一旦听见关门声或激昂的音乐，便会吓得胡乱摇晃手脚（摩洛反应），甚至放声大哭。如果大人以柔和的声音对他说话，或是播放柔美抒情的音乐让他聆听，宝宝的反应将会变得非常活泼。

对宝宝而言，女性柔细悦耳的声音要比男性低沉的嗓音好听。授乳时，如果让宝宝听听玩具或母亲所发出来的柔和声，他将会停止吸奶的动作，面向着发出声音的地方凝神倾听。

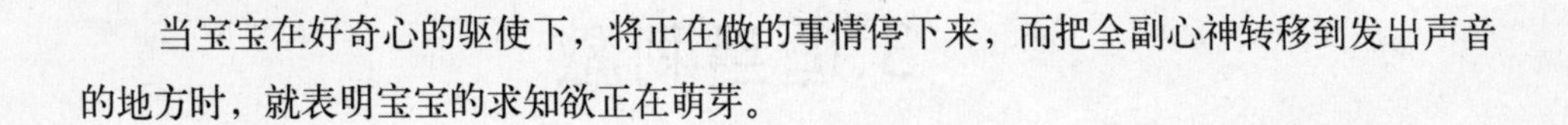

当宝宝在好奇心的驱使下，将正在做的事情停下来，而把全副心神转移到发出声音的地方时，就表明宝宝的求知欲正在萌芽。

# 2.能力训练

## 05 怎样对新生儿进行听觉训练?

训练新生儿的听觉，可在宝宝睡醒后或喂奶时和宝宝多聊聊天。比如宝宝睡醒后，妈妈温情地以柔和温馨的声音和宝宝讲话。如“宝宝睡醒了。”“宝宝在哪儿？噢，在这儿哪。”“妈妈给宝宝换尿布喽，真乖。”还可念些儿歌，如：“宝宝乖乖，把眼睁开，妈妈喂奶。”等儿歌。这样做可提早训练宝宝的听觉能力及储存语言信息，进行感情交流，哄逗宝宝。

## 06 怎样对新生儿进行视觉训练?

新生儿不只是对一定的刺激呈现反应，还能做出各种令人意想不到的事情。当新生儿正聚精会神地吸奶时，如果大人拿着有趣而会发光的玩具接近他，宝宝就会停止吸奶的动作，目不转睛地注视着玩具，忘了应该继续吃奶。人类是依赖视觉得到外界讯息的生物，家长应抓住时机，给宝宝适宜的训练。

### 1 注视烛光

以蒙红布的手电光代替烛光，以距宝宝眼睛30厘米处为半径绕方形或圆形缓缓转动，让宝宝注视，每次绕十几环，隔天一次，到3月龄为止。

此项活动有助于宝宝的视力发展。由于提前发展了眼球的活动，对大脑的发育也有促进作用。但是，注意勿让手电光直射宝宝的眼睛。

### 2 明暗刺激

自制一块白色硬塑料板（或硬白纸片），涂上一半黑颜色，让宝宝看，宝宝的眼球会在黑白两面溜来溜去。每周2～4次，每次1分钟左右。

以强烈的明暗对比让宝宝看，可活动眼球，提前刺激视觉。但要注意，刚开始宝宝可能没什么反应，慢慢诱导、循序渐进，不可急躁。

# 3.适当刺激

## 07 如何给新生儿适当的刺激？

大脑是支配新生儿日后知识能力的组织。刚出生的宝宝，在整个身体的比例上，以头部最大，重量约为成人的1/3，重达450克。但是，大脑的机能是靠神经细胞间的神经纤维互相交错而成的，新生儿神经纤维间的有效联系很微弱。这一点，使得出生未满3个月的宝宝，不得不靠中脑所产生的反射作用来维持生命。

丰富的生活经验，可促进宝宝大脑的发育。因此，父母应在适当的时机，给予宝宝启发性的刺激。

喂奶时，母亲应该轻柔地对他说话；换尿布时，母亲也必须握住他的手或脚，温柔地说话给他听，这些对宝宝的智力发展是非常重要的。

喂奶后，如果宝宝没有睡意，母亲可以轻声唱歌给他听、逗他笑，或是让他欣赏可以发出声音的玩具。这个时期的宝宝，常会不自觉地发出微笑，他非常喜欢凝视母亲的脸孔，也愿意认识崭新的世界。

## 08 多与宝宝接触有什么好处？

宝宝都喜欢肌肤接触时的亲切感。当他啼哭时，只要大人将他抱起来，放在怀中轻轻地摇晃，他就会安静下来；而在洗澡的时候，如果被较大的声音吓哭，大人就必须以较厚的布块，将他的手脚包裹起来，这样即可让他感到安心。

有些父母为了避免宝宝养成缠人的习惯，即使在他放声啼哭时，也仍然置之不理，这对他的成长是不利的。

宝宝放声大哭时，父母应该及时赶来照顾他，这样能培养宝宝对于他人的基本信任感，同时，也能增加宝宝对于周围人、事、物的兴趣。

**温馨提示**

一般而言，宝宝的啼哭除了饥饿、不安之外，还有可能是患了某种病症。如果父母对宝宝的这种讯号不加理会，宝宝将会变得呆滞木讷，甚至对刺激毫无反应。

## 09 给宝宝按摩有什么好处?

让宝宝仰卧，双臂放于体侧，大人用双手手指及掌面从肩开始向下徐徐捋顺，口念“长——长”。每日4次。

按摩能疏通宝宝全身的脉络。父母轻柔地抚摸以及语言指示，能够给予宝宝良好的心理安慰和语言刺激。但要注意，按摩时直接触摸小儿皮肤或以软布相隔，动作一定要轻缓，防止损伤皮肤。

## 10 新生儿也需要玩具吗？需要什么样的玩具?

许多家长可能会认为刚生下来的宝宝除了吃奶、大小便，就是睡觉，怎么会需要玩具呢？其实不然，新生儿生下来就具有很好的视听觉、触觉和模仿能力，出生几天的宝宝即能注视或跟踪移动的物体或光点，并能作出反应，能和妈妈眼对眼的注视。小宝宝喜欢看红颜色，喜欢看人的脸，容易注视图形复杂的区域、曲线和同心圆式的图案。小宝宝不仅能听到声音，而且对声音频率很敏感，喜欢听和谐的音乐，并表示愉快。新生儿还有惊人的模仿能力，当小宝宝注视你时，你伸出舌头，他也会伸出舌头。

给小宝宝准备的玩具主要是促进视听觉的发育，所以，可以给小宝宝准备这样一些玩具：直径15厘米的红色绒线球、黑白脸谱、黑白的条纹及同心圆图形、彩色气球、小摇铃、能发出悦耳声音的彩色旋转玩具等。

# 四 月子宝宝常见病护理

## 1.新生儿低血糖症

### 01 新生儿低血糖症有哪些症状表现？

新生儿低血糖症是指凡血糖低于2.2mmol/L（40mg/dL）的新生儿，不论足月儿或出生时低体重儿。其发病率在足月儿中为0.1%～0.3%，早产儿约为4.3%。

新生儿发生低血糖时有的出现症状，有的无症状。低血糖的临床表现为精神萎靡、嗜睡、多汗、面色苍白、无力、哭声弱、喂养困难或有饥饿感、心动过速等，继而出现烦躁、震颤、眼球异常转动、阵发性青紫、惊厥、昏迷、呼吸不规则或暂停等。临床表现可能与脑的葡萄糖供应不足有关，低血糖时间越长，对脑的影响越大。

### 02 新生儿低血糖症产生原因有哪些？

早产儿和小于胎龄儿肝糖原储备不足，是引起低血糖的主要原因，也与糖原异生功能低下、胰高血糖素反应迟钝有关。新生儿患病时易发生缺氧、酸中毒、低体温和低血压，使儿茶酚胺分泌增加，并出现无氧代谢，加速糖的消耗，使血糖降低。

### 03 如何进行家庭护理？

及时哺乳是预防发生低血糖的重要一关。对足月儿来说，一般在出生后半小时即可哺乳，如无奶需多吸吮，及时纠正并使其维持正常血糖水平。对半乳糖血症宝宝，应停止给乳类食品，给不含乳糖饮食。对亮氨酸敏感的宝宝，应限制蛋白质摄入量，对先天性果糖不耐受症的宝宝，应限制蔗糖摄入。对有糖原代谢病的宝宝，可坚持喂奶，以保证营养与能量。

# 2.新生儿颅内出血

## 04 新生儿颅内出血有哪些症状表现?

新生儿颅内出血，指发生于新生儿期的颅内任何部位的出血。

❶脑出血包括原发性小脑出血，脑室内或蛛网膜下腔出血扩散至小脑，静脉出血性梗死，及产伤引起小脑撕裂4种类型。严重者除一般神经系统症状外主要表现为脑干症状，如频繁呼吸暂停、心动过缓等，可在短时间内死亡，尤其是早产。

❷颅内压增高、呼吸不规则、中枢神经系统的兴奋和抑制症状为主要特征。本病是新生儿围产期死亡的重要原因之一。按出血部位，可分为硬膜外出血、硬膜下出血、蛛网膜下腔出血、脑实质出血、脑室内出血、混合型出血等。

❸新生儿颅内出血的表现随出血部位和出血量的多少不同而表现不一，一般来说在出生后2天内，小儿开始会出现烦躁不安、不吃奶、尖声哭叫、呕吐、抽筋、呼吸不规则、阵发性青紫、囟门饱满、双眼睁大，注视某一个方向。如果出血不止，小儿出现嗜睡或昏迷、面色灰白、呼吸变慢或呼吸暂时停止，心率减慢，全身肌肉松软，可有肢体瘫痪。

## 05 新生儿颅内出血产生原因有哪些?

❶产伤型。胎儿头部受到挤压是产伤性颅内出血的重要原因，如胎头过大、产道过小、产道阻力过大、急产、胎位异常、高位钳产等，导致颅内血管撕裂、出血。多见于第一胎足月、体重较大的婴幼儿。

❷缺氧型。窒息、缺氧缺血性脑病常导致缺氧性颅内出血，多见于早产儿。缺氧时出现代谢性酸中毒，导致血管壁通透性增加，血液外溢，多为渗血或点状出血，出血量不大而出血范围较广且分散。

❸其他情况。新生儿的出血性疾病（如维生素K依赖的凝血、血小板减少等）及颅内先天性血管畸形可引起颅内出血。快速扩容、补液渗透压过高，机械通气时吸气峰压或呼气末正压过高等医源性因素，也在一定程度上导致颅内出血的发生。

## 06 如何进行家庭护理?

❶严密观察病情。注意体征的改变，如意识形态、眼症状、囟门张力、呼吸、肌张力和瞳孔变化。定期测量头围，及时记录阳性体征并与医生取得联系。

❷合理用氧。根据缺氧程度给予用氧，注意用氧的方式。病情好转及时停用。

❸合理喂养。根据病情选择鼻饲或吮奶喂养，保证热量供给。

❹维持体温稳定。体温过高时应予以物理降温，体温过低时用远红外辐射床、暖箱或热水袋保暖。避免操作后新生儿包被松开。

❺准时用药确保疗效。到用药时间一定要按时用药，不能耽误。

# 3.新生儿肝炎

## 07 新生儿肝炎有哪些症状表现?

新生儿肝炎综合征，是指发生于新生儿期的以结合胆红素增高性黄疸，大便呈白陶土色，伴肝、脾大，以及肝功能损害为主要表现的临床综合征。本病有向慢性肝炎、肝硬化发展的趋向，故应早诊断、早治疗。

❶生理性黄疸退后又再现，或一直持续不退。

❷起病缓慢、吐奶、厌食、体重不增、腹胀，大便色泽变淡黄，重者可变灰白色，尿色深黄。

❸肝脾呈中度肿大，以肝大为主。常并发维生素A、维生素D缺乏症。

## 08 新生儿肝炎产生原因有哪些?

本病多由母亲妊娠时宫内感染风疹病毒、巨细胞病毒、单纯疱疹病毒、弓形虫等引起，由母亲直接传播给胎儿，母亲可不发病。

## 09 如何进行家庭护理?

儿童病毒性肝炎，以甲型居多，乙型次之，丙肝与混合感染也有所见。由于儿童的脾胃功能、物质代谢功能均较弱，免疫功能尚不完善，某些肝病儿童，尽管肝功能已正

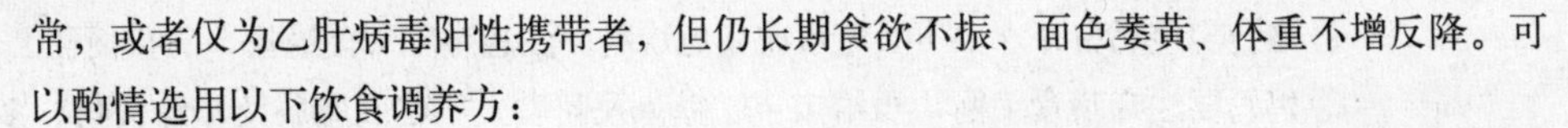

常，或者仅为乙肝病毒阳性携带者，但仍长期食欲不振、面色萎黄、体重不增反降。可以酌情选用以下饮食调养方：

❶绿豆粳米粥进行调养。有补脾和胃、清热解毒、保肝的功效。

❷勤喂一些葡萄糖水、维生素C，每次5毫克日服三次，强的松激素一次2毫克日服二次，服中药利胆汤。

❸争取喂哺母乳，注意维持体温，避免着凉，防止上呼吸道感染。经过耐心喂养和护理，需4～6周就会痊愈。

# 4.新生儿痤疮

## 10 新生儿痤疮有哪些症状表现？

痤疮俗称“青春痘”，可以分为普通痤疮和新生儿痤疮。多分布于双颊、额头，以粉刺、脓疱为主要表现，偶有痒感。大多可自然痊愈，部分患儿留有轻微凹陷性瘢痕。

## 11 新生儿痤疮产生原因有哪些？

与母体雄激素水平过高、局部皮脂分泌旺盛有关，并可能伴有多毛症。家庭中有痤疮多发情况：

❶父母中有一方或双方具有汗腺、皮脂腺发达或有痤疮瘢痕者。

❷第二性征明显及毛发分布广而浓密。

❸伴有入眠障碍。

❹痤疮严重的病例多有家族史，父母年轻时亦有较重的痤疮皮肤病。

## 12 如何进行家庭护理？

❶防止挤捏，适当治疗。若发现宝宝面部长有青春痘时千万不可用手去挤捏。可外用硫磺制剂，以促使皮脂分泌畅通。出现炎性脓疮时，点氯洁霉素痤疮水液，可减少脂酸形成，消除炎症。

❷注意宝宝皮肤卫生。每天给宝宝用温水洗脸，擦点宝宝香皂，轻轻搓洗后冲净，用洁净柔软干毛巾吸干脸上的水。然后挤点乳液涂在脸上以滋润皮肤。

❸多让宝宝喝白开水，不喂糖水或其他饮料，注意宝宝大便通畅，防止便秘。

❹妈妈要注意膳食平衡，少给宝宝吃糖果及甜食，不吃高脂肪及辛辣食物，多吃些新鲜蔬菜及水果，这样有利于增加乳汁的营养，有利进快康复。

❺调节母体的雄激素水平，注意新生儿的面部清洁。

# 5.新生儿贲门松弛

## 13 新生儿贲门松弛有哪些症状表现?

引起呕吐的其中一个原因为贲门松弛。胃有个入口，接食道，叫贲门，胃接肠道的出口叫幽门。这两个口都有环形肌肉控制而有规律地开关，使食物定时通过。当入口的贲门肌肉松弛时，胃的蠕动就可能使食物从贲门溢出，引起呕吐。

喂奶后，新生儿因身体的扭动而造成吐奶，但是吐出物没有黄色胆汁。除了会吐奶外，并不会影响食欲，粪便也一切正常。

## 14 新生儿贲门松弛产生原因有哪些?

新生儿的胃呈水平横位，胃的贲门括约肌松弛，而幽门括约肌肌力较强，也就是上口松，下口紧，使得胃的排空比较慢，吃进的奶在胃中停留的时间较长。新生儿的胃容量相对较小，而吃的奶量又较大，因此吃奶以后胃常常是撑得鼓鼓的，吃奶以后稍一活动，尤其是吃完奶将换尿布时，就易呕吐。呕吐的量多少不等，如仅是有时呕吐，宝宝的精神食欲都好，生长发育也正常，则可视为是正常现象。

## 15 如何进行家庭护理?

等待贲门肌肉发育完全，最迟也会在1周岁左右，自然痊愈。一般在出生后3个月，贲门肌肉逐渐发育成熟后，就会自然痊愈。即使最迟也会在1岁左右，自然闭锁。

❶少量多餐的方式喂食。

❷另外，喂奶后可轻拍宝宝背部，将胃中空气排出。当宝宝吐完后，不可以马上喂食，需间隔两个小时左右。

❸当体重没有增加时，必须立刻就诊。

# 第三章

# 2～3个月

## 育儿要点

- 坚持纯母乳喂养，人工喂养的宝宝要注意补充果蔬汁
- 训练规律的生活习惯，培养独自睡眠的习惯，开始把大小便
- 户外活动，坚持日光浴（弱阳光）、空气浴、水浴
- 做宝宝体操，练习俯卧抬头及翻身，家长要注意看护
- 多爱抚宝宝，关心宝宝，帮他解除焦虑；多与宝宝说话，逗引发音
- 逗引看自己小手或者抓握玩具，增加手部精细动作训练
- 给宝宝舒适的活动空间，让他自由地说、看、听、摸、玩
- 给宝宝适度的刺激，但不要过度

## 身体发育指标

| | 体重(千克) | 身长(厘米) | 头围(厘米) | 胸围(厘米) |
|---|---|---|---|---|
| 2个月 | 男童≈5.2<br>女童≈4.7 | 男童≈58.1<br>女童≈56.8 | 男童≈39.84<br>女童≈38.67 | 男童≈40.10<br>女童≈38.78 |
| 3个月 | 男童≈6.0<br>女童≈5.4 | 男童≈61.1<br>女童≈59.5 | 男童≈41.25<br>女童≈39.90 | 男童≈41.75<br>女童≈40.05 |

# 一 2～3个月 宝宝生活照料

## 1.衣着

### 01 如何根据四季给宝宝选衣服?

这段月龄的宝宝的皮肤仍然很娇嫩，衣服还是要柔软、干净宽松，样式简单、易穿易洗。

冬季衣服应保暖，轻软。棉袄式样仍可选择和尚领，腋下用带子系好，以这种式样可以根据小儿的胸围及里面衣服的多少而随意调节。棉裤最好选择腈纶棉制成的背带连脚开裆裤，以便常洗易干。为防止开裆裤透风，在腰间用带子系一个薄棉屁股帘。棉袄棉裤不宜太大、太厚，这样会影响宝宝活动。穿棉袄棉裤时里面需穿内衣、内裤，若气温再降低还可以加穿毛衣毛裤，这样有利于保暖和换洗。棉袄外面罩一件单布罩衣，以方便每天换洗。罩衣式样为无领后面开口系带子，前面还有一个小口袋。内衣仍可穿和尚领的小短衫，也可穿棉织的棉毛衫（和尚领开口衫）、棉毛开裆裤，棉毛裤选择系带子或用背带固定最好，不用松紧带。宝宝外出时可用斗篷包裹，也可准备一件斗篷式棉被。

春秋季，宝宝可穿棉织品薄绒衣裤、棉毛衫裤、棉布夹衣裤、棉制的和尚领或娃娃领长袖开襟上衣、开裆裤，还可以穿毛衣毛裤。但是，毛衣毛裤的里面一定要穿棉织内衣裤，并且要把内衣领翻到毛衣领口处，以免毛衣领口摩擦宝宝皮肤。

夏季可让宝宝穿棉、麻、丝织品制作的短袖或无袖圆领开襟上衣、开裆短裤、半长的裤子及背心等，这样凉爽透气，又可使宝宝多接触空气及阳光。夏天炎热时，也可用手帕或方形棉布缝制几个肚兜，用正方形棉布一个角折叠固定后再缝上带子，相邻两个角上分别系上带子，上面带子分别系在宝宝颈部和腹部，使用这种肚兜，既凉快方便，又保护宝宝胸部、腹部不至于受凉。

冬、春、秋季可给宝宝戴上布制或毛绒织的小帽子，有湿疹的宝宝，最好戴布制的帽子。这一时期的宝宝冬天可不穿鞋子，只穿连脚裤即可。春、秋季可穿棉线织的小袜，再穿上软底软帮的布鞋或毛线编织的小软鞋。夏季宝宝只穿一双小袜就可以了，不需穿鞋子。

## 02 宝宝何时可以穿睡衣？穿睡衣有什么好处？

现在2～3个月的宝宝穿睡衣裤的逐渐增多，这种睡衣裤不仅手脚活动方便，而且只穿1件就够了，比其他衣服轻便舒服，宝宝到了2～3个月时每天可以换穿这种睡衣裤。

## 03 宝宝穿连脚衣好吗？

外出时穿连脚衣确实很方便，可以防止肚子灌风又不担心袜子掉。但连脚衣不透气，在家里穿也许感觉过热。并且活动受拘束不自由，在家里还是穿便于活动的上下分体式衣服为宜。

## 04 宝宝感冒时应多加衣服吗？

宝宝感冒时，新妈妈往往习惯性的给宝宝添加衣服，似乎是理所当然的，其实，感冒并不会因多加1件衣服而马上好转，最好是房间温暖穿衣要少。这时，应将室内温度提高1～2℃，并注意门缝等处不要漏风。感冒时多加衣服不如给宝宝勤换内衣为好。

## 05 宝宝需要哪几种袜子？

**防滑袜** 袜的脚底有软胶图形，可以防止在宝宝跑跳时摔倒。要注意防滑袜是外穿袜，尽量不要穿在鞋内。

**薄棉袜** 适合宝宝夏季穿，颜色最好不要太深。不能选用不透气的尼龙袜以及用药物止汗除味的袜子。

**纯棉袜** 适合春秋穿。最好选用100%的纯棉质地袜。

**羊毛袜** 适合冬季穿，袜子要有一定弹性，主要成分应是毛和棉。不要选择不透气的高弹腈纶袜。

# 2.睡眠

## 06 宝宝穿袜子睡觉好吗？宝宝手脚冰凉怎么办？

宝宝穿袜子睡觉会很不舒服，影响宝宝的睡眠。

宝宝手脚有些冰凉不是什么大问题，若感到不放心，可用热水袋预热一下被子，注意不要让宝宝的脚直接放在热水袋上睡觉。

## 07 宝宝的睡眠有何重要意义？睡眠时间是多少？

小儿睡眠与小儿的生长发育有着密切关系。小儿大脑容易疲劳，只有在适当的、足够的睡眠以后，大脑才能得到完全休息而解除疲劳，这样宝宝才能吃好、玩好。

这一时期的小儿一天要睡16～18小时左右。一般白天喂奶后能醒一阵子，夜晚睡眠时间相对要长一些。白天大约要睡4～5次，每次1.5～2小时，晚上可睡10个小时。

## 08 何为睡倒觉？宝宝睡倒觉怎么办？

也有些宝宝每天睡眠的时间不少，白天睡得很沉，但到了晚上9～10点钟以后宝宝就兴奋了，开始不睡觉，一直要到凌晨2～3点钟才开始入睡，也就是老人们常说的睡倒觉，面对这样的宝宝怎么办呢？

家长早晨或下午应尽量让宝宝醒着，特别是到下午5～6点钟以后不要让宝宝睡觉，白天房间光线不要太黑，醒来后多逗他玩一会儿，晚上7～8点钟给宝宝洗个澡，喂1次奶，这时候宝宝疲劳极了，就会入睡，慢慢就能把睡眠时间调整过来。

## 09 抱着哄宝宝睡觉有何弊端？

很多父母都是习惯哄抱着宝宝睡觉，等待他睡熟了，再放在床上。这样做不仅会使宝宝睡得不深，身体不能舒展，影响睡眠质量，也不利于宝宝呼吸换气，影响宝宝新陈代谢，而且很容易使宝宝养成抱睡的习惯，也严重影响了大人的休息。所以最好是能够让宝宝在吃饱了奶之后，舒舒服服地躺在床上自然入睡。

## 10 什么样的睡姿适合宝宝？

对于睡姿的讨论由来已久，虽无定论，但大致的看法也不外乎这样几个：

仰卧，利于宝宝的面部五官长得比较端正、匀称，但呛奶容易呛到气管或流入耳朵；

右侧睡，是通常大人也提倡的睡姿，利于肌体放松，对器官压迫不严重，但对于小短胳膊小短腿的宝宝来说却是不易保持的姿势；

俯卧，有利于头部面部轮廓的塑形，欧美人认为还有益于大脑的发展，但很容易造成窒息的危险。

从以上的睡姿分析中，可见各有长短。那宝宝应该怎么睡呢？针对一岁以内的宝宝建议3种姿势交替睡。当旁边没人照顾时最好选仰睡，有人照料时选俯卧，宝宝生病时还选仰睡，因为这时候她的肌肉和体力会相对柔弱。

## 11 宝宝入睡后打鼾要紧吗？增殖体肥大有何危害？

有些小儿入睡后会发出微弱的鼾声，如果这是偶然现象，可不用担心。

如果小儿每天入睡后都打鼾，而且鼾声较大，就必须引起家长重视，应该尽早带宝宝到医院五官科检查。小儿打鼾很可能是某种疾病发出的信号，最常见的原因有增殖体肥大等。家长千万不可忽视。倘若这些病不及时治疗，对宝宝的生长与智力发育均会造成极大的影响。

增殖体是位于鼻腔后鼻咽腔后壁的一块较大的淋巴组织。增殖体过于肥大，堵塞后鼻孔，不但鼻腔分泌物引流受阻，而且使空气出入鼻腔受阻，宝宝入睡后，从气管中呼出的气体被迫从口中呼出。由于睡眠时全身肌肉松弛，舌头也松弛地向咽腔坠落，使咽腔变得狭窄而不畅通。严重时会影响身体和大脑发育，使其智力下降、反应迟钝、表情呆滞，外貌上可见鼻唇沟消失、上唇变厚而上翘、上切牙突出外露、下颌骨下垂、硬腭高拱等，形成特殊的"增殖体面容"。

对于增殖体肥大，经耳鼻喉科医生检查后如果没有其他特殊情况，原则上需要手术切除。

## 12 宝宝张着嘴睡觉怎么回事?

婴儿正常睡觉的方式是闭着嘴用鼻子呼吸，宝宝用嘴呼吸并喘着大气则表明鼻出现了异常，有可能是患了鼻炎，或是喉咙出现红肿，这时应及时到医院进行诊治。

# 3.清洁

## 13 宝宝何时理发为好?给宝宝理发需要注意什么?

小儿的神经系统的发育尚不完善，调节汗腺的功能比较差，出汗多，容易形成乳痂、乳垢，引起细菌的繁殖，若小儿的胎发油腻浓密，头垢就不容易清除，小儿的头部皮肤很容易发生感染。这样，及时理发对保持小儿头部的清洁卫生非常重要。

这个时期不赞成给宝宝刮剃光头，因为，这一时期小宝宝的颅内较软，囟门还没长好，头皮稚嫩，理发时宝宝也不懂得配合，稍有不慎极易擦伤头皮。头皮受伤后，由于宝宝对外界抵抗力低，头皮的自卫能力、解毒能力不强，常常使细菌侵入头皮，使头皮发炎或形成毛囊炎，反而影响头发的生长。因此宝宝最好在3个月以后再理发。如果在夏季，小儿头发较长，为避免头上长痱子，可适当提前理发。

为宝宝理发要用剪刀而不要用剃头刀，最好先用75%酒精消毒。为防止宝宝不配合，可在其熟睡时进行。

## 14 为什么要经常给宝宝洗头?怎样给宝宝洗头?

宝宝的新陈代谢旺盛，头部分泌物多，易出汗，所以，需要经常给他洗头。

在宝宝不会坐之前，洗头洗澡可以一次完成。这时，洗头是采用仰卧的姿势，先用清水将头发打湿，再用一点点宝宝洗发露轻轻地揉搓揉搓（大人不能有长指甲）。洗囟门时动作稍微轻一点，以洗干净为原则，不要害怕会弄伤宝宝，囟门上那一层皮膜具有天生的保护作用，只要动作轻点就不会有问题。

为宝宝洗头要轻揉，因为宝宝头发非常细软，比粗壮的头发更容易蓬乱或缠结。

## 15 宝宝洗头时哭闹怎么办?

小儿害怕洗头，这种现象与小儿在被洗头时缺乏安全感有关。

洗头时，小儿的躯体往往被悬空横放，仿佛摇摇欲坠，改变了原本安全稳定的姿势而使小儿产生恐惧心理，因而在洗头时哭闹不休。不妨在洗头时让宝宝的身体尽量靠近妈妈的胸部，与妈妈的上身接触，小孩的头部也不要过分倒悬，稍微倾斜一点便可以了。洗头时，妈妈可一边洗一边唱儿歌或与他讲话，分散他的注意力，短短几分钟很快就过去了。

哭闹的另一些原因，如水的温度以及洗发剂的使用是否得当有关系。一般使用温和的水及宝宝专用洗发剂，可防止小儿因为不适而哭闹。

## 16 怎样给宝宝洗手脸?

这一时期的宝宝，生长发育迅速，特别容易出汗。手的动作逐渐灵活，喜欢到处乱抓，还常常把手放到嘴里，因此从这一时期开始需经常给宝宝洗手脸。

给宝宝洗手脸的一般顺序是先洗脸，再洗手。1～3个月宝宝洗脸不需用肥皂，洗手时可适当抹一些宝宝肥皂。另外小宝宝喜欢握紧拳头，因此洗手时要先轻轻扒开，手心手背都要洗，洗干净后再用毛巾擦干。

给小宝宝洗脸时，大人可用左臂把宝宝抱在怀里，或直接让宝宝平卧在床上，也可让他坐在大人的腿上，但头要靠在大人的左臂上，右手用小毛巾蘸水轻轻擦洗，先洗眼睛，以拧干的洗毛巾一角由眼睛内侧往外侧擦拭，再取毛巾的另一角以相同的方式擦另一眼，再轻拭鼻与耳廓。注意不要把水弄到宝宝眼、耳、鼻、口中，洗完后要用洗脸巾轻轻沾去宝宝脸上的水，不能用力擦。

给宝宝洗手脸时，动作要轻柔，因为宝宝皮肤细嫩，皮下血管丰富，容易受损伤并发炎。

宝宝要有专用的洗手脸的布(纱布或小毛巾)及盆，并要定期用开水烫一下，洗脸巾可放到太阳下晒干，洗脸的水温不要太高，和体温相近就行。

## 17 宝宝为什么会眼屎多？怎样为宝宝清洗眼屎？

宝宝在2～3个月期间分泌物很多，很容易长眼屎、流鼻涕等，而且由于生理上的原因，许多宝宝会倒长睫毛。如果倒长睫毛，因受刺激眼屎会更多。

洗完澡后或眼屎多时，用脱脂棉花沾一点水，由内眼角往眼梢方向轻轻擦，但千万别划着了眼膜、眼球。如果眼屎太多，怎么擦也擦不干净，或出现眼白充血等异常情况时，就应到医院检查，看有无异常情况。

# 4. 眼、耳、口、鼻

## 18 怎样保护宝宝的眼睛？

宝宝的眼睛十分娇嫩、敏感，极易受到各种物质侵袭，因此需小心保护。

讲究眼部清洁，防止疾患感染。每次洗脸时，可先擦洗眼睛。宝宝的毛巾洗后要放在太阳下晒干，不要随意用他人的毛巾或手帕擦拭宝宝眼睛。宝宝的手要经常保持清洁，不要让宝宝用手去揉眼睛，发现儿患眼病，要及时治疗，按时点眼药。

防止强烈阳光或灯光直射宝宝眼睛。宝宝室内的灯光不宜过亮，到室外晒太阳时，要戴遮阳帽以免阳光直射眼睛。平时还要注意不带宝宝到有电焊或气焊的地方，免得刺伤眼睛，引起炫目。

防止锐利物刺伤眼睛及异物入眼。宝宝的玩具要没有尖锐棱角的，不能给宝宝小棍类或带长把的玩具。要预防尘沙、小虫等进入眼睛。一旦发生异物入眼，别用手揉，可滴几滴眼药水刺激眼流泪，将异物冲出来。

成人患急性结膜炎时，要避免接触宝宝。有病期间不要带宝宝去公共场所，以免感染。如果父母患上眼病，那么应及早为宝宝预防。

## 19 保护宝宝的耳朵有何重要性？应从哪些方面保护？

听觉功能，是语言发展前提。如果耳朵听不到声音，就无法模仿语音，因而也就无法学会语言，这就会成为聋子，这对宝宝的智力发育极为不利。因此，保护好宝宝的耳

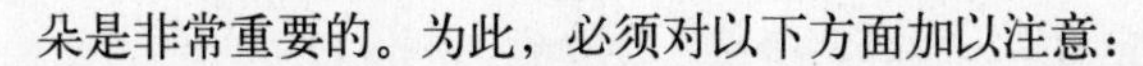

朵是非常重要的。为此，必须对以下方面加以注意：

❶慎用链霉素、青霉素、卡那霉素、庆大霉素等能够引起听神经中毒的抗生素，这些药物可以导致耳聋，即使非用不可，也应少用。

❷防止疾病发生。麻疹、流脑、乙脑、中耳炎等疾病都可能损伤宝宝的听觉器官，造成听力障碍。因此，要按时接种预防这些传染病的疫苗，积极治疗急性呼吸道疾病。

❸避免噪声。宝宝听觉器官发育还没有完善，外耳道短、窄，耳膜很薄，不宜接受过强的声音刺激。各种噪声对宝宝不利，会损伤宝宝柔嫩的听觉器官，降低听力，甚至引起噪声性耳聋。

❹不要给宝宝挖耳朵，不要让宝宝耳朵进水，以免引起耳部疾患。

❺防止宝宝将细小物品如豆类、小珠子等塞入耳朵，这些异物容易造成外耳道黏膜的损伤，如果出现此类问题，应该去医院诊治，千万别随便掏挖，以免损伤耳膜，引起感染。

## 20 什么是“地图舌”？为什么会出现“地图舌”？

让宝宝坐着，用匙子喂粥、鸡蛋时，母亲就有机会看到宝宝的舌头。当某一天突然发现宝宝舌头上长出“地图”模样的东西时，母亲就会大吃一惊。那是因为在白舌苔似的大陆上出现了类似湖泊海湾样的红舌肉。

妈妈担心是不是舌头出了毛病，就带去看医生。医生一看，便诊断是“地图舌”。尽管医生说没有必要治疗，随它去好了。但是，当母亲的发现“地图”2～3天后又像大陆移动那样改变了形状时，就放心不下了。这是舌头表面组织在频繁地“更衣”，不是病。这种现象，每个宝宝是不同的，既有能明显看出的，也有完全看不出的。

如果细心地时时观察宝宝的舌头，并不是没有干净的时候，只是会发现舌头某个地方有个白色的小岛。有的宝宝即使上小学后，这种现象还很明显。其原因至今不明，但并不能说明有“地图舌”的宝宝身体就弱。

“地图舌”一般有两种情况，一种是“先天性”的，小儿精神食欲正常，不需特殊处理；另一种小儿有精神委靡、食欲欠佳、发稀色黄等症状，应考虑“缺锌”的可能，可带往医院做进一步检查。

## 21 怎样减少宝宝鼻塞？宝宝鼻塞了怎么办？

宝宝2～3个月，鼻涕分泌较多，由于宝宝鼻孔很小，往往造成鼻塞，呼吸困难，这样宝宝就会不好好吃奶，同时情绪变坏。

经常把宝宝抱到室外进行空气浴和日光浴，宝宝的皮肤和鼻腔黏膜会得到锻炼。鼻塞现象就会减少，只要呼吸趋于正常，自然鼻塞就少了。

如果宝宝鼻子堵塞厉害，可用棉签轻轻弄掉。倘若鼻子堵塞得妨碍呼吸，用棉签又不弄出来的话，可用吸引器吸掉。2～3个月的宝宝不能滥用滴鼻药，实在非用不可时，一天最多只能滴1～2次。

# 5.日常护理

## 22 何时可背着宝宝？

背着宝宝至少要到3个月左右，因为宝宝到了3个月时，一般头颈可以挺立了，头部也能稍微自由转动了，加上背带的支撑，这时背着宝宝是较为安全的，即使宝宝睡着了头部也不会向后仰。

但对于头颈还不能挺立的宝宝来说，背着还是不安全的。

## 23 能否长时间背着宝宝？

除了外出购物外，平时最好不要背着。当母亲很忙宝宝哭得厉害时，可以背一背，但时间不宜过长。一般背着宝宝大约有30分钟他就会睡着了，这时应马上放下来。另外，在授乳后和患病时不要背宝宝，如果必须要长时间背着时，中间要放下几次，让宝宝休息放松一下。一般背上30分钟问题不大。

## 24 宝宝适量晒太阳有何好处？怎样进行日光浴？

宝宝适量地晒太阳可帮助机体获得维生素D，促进吸收钙和磷，预防佝偻病。

宝宝日光浴的顺序是从下往上来进行。开始时从脚腕部位照射阳光5分钟左右，5～6天后照射时间可延长到15分钟。之后再从膝盖部位开始。适应后，解开尿布让腹部以下部位接受阳光，最后是脖颈以下的全身部位及背部。宝宝日光浴实际就是晒晒太阳，因此一定要适度，不能使皮肤晒发红了。

宝宝日光浴最好在初秋到春季这段时间，夏季不宜。

## 25 为什么要做好宝宝防晒？如何做好宝宝防晒？

宝宝皮肤黑色素生成很少，因而色素层比较薄，很容易被阳光中的紫外线灼伤。所以，妈妈可能需要改变观念：防晒的主要目的不仅是为了美容，而是为了保护皮肤，对宝宝尤其是这样。

首先，强烈的紫外线会损伤宝宝肌肤中的天然组织，不能让宝宝过度暴露在阳光下。其次，宝宝外出时，需要给宝宝涂抹宝宝专用的防晒剂。

## 26 宝宝为什么会便秘？怎样通过饮食缓解便秘？

由于宝宝膳食种类较局限，常吃的食物中纤维素少而蛋白质成分较高，因此很容易发生便秘。宝宝便秘时，主要表现为每次排便时啼哭不休，甚至发生肛裂。肛裂的发生使宝宝对大便产生恐惧心理，造成恶性循环，时间久了，可引起腹胀、食欲减退和睡眠不宁等症状。因此，应及时缓解宝宝便秘。

对宝宝便秘首先要寻找原因，再采取食物疗法是最理想的。若是母乳喂养，母乳量不足所致的便秘，常有体重不增，食后啼哭等。对于这种便秘，只要增加乳量，便秘的症状随即缓解。

牛奶喂养的宝宝更易发生便秘，这多半是因牛奶中酪蛋白含量过多，因而使大便干燥坚硬。这种情况可减少奶量，增加糖量，即把牛奶的含糖量由原来的5%～8%增加到10%～12%，并适当增加果汁。

宝宝便秘经以上饮食调整效果仍不佳者，可给宝宝饮服蜂蜜水，即常服蜂蜜水或将蜂蜜放入牛奶中喂养，效果较好。也可吃点香蕉，短期内即能发挥润肠通便的作用。此外，蓖麻油亦是通便佳品，宝宝便秘时可食用，每次5～10毫升，通便效果显著。也可用豆油替代，但需熬开冷却后再食用，每次5～10毫升即可。

## 27 宝宝便秘能服用泻药吗？缓解便秘还有哪些方法？

没有医生允许，一般宝宝不要随意服用泻药。

如果宝宝大便排不出来而哭闹，父母可用一段小肥皂条刺激宝宝肛门口，也可使用小儿开塞露，但是这些方法对小儿都有刺激性，不能经常使用。经以上方法处理仍不见效的，可以采用开塞露通便。开塞露主要含有甘油和山梨醇，能刺激肠子起到通便作用。使用时要注意，开塞露注入肛门内以后，家长应用手将两侧臀部夹紧，让开塞露液体在肠子里保留一会儿，再让宝宝排便，效果更好，在家庭中也可用肥皂头塞入小儿肛门内，同样具有通便作用。

## 28 良好的生活规律对宝宝有何好处？应如何培养？

进入这一时期，父母应着手培养宝宝良好的生活规律，使宝宝能按时睡眠、玩耍、吃奶。宝宝的睡眠香甜安稳，玩耍情绪饱满，吃奶食欲旺盛，不但可以促进其身体健康发育，同时还可推动其神经心理的发育。

宝宝生活规律的培养可以利用宝宝最初条件反射形成的规律，比如开始喂奶前，要让小儿感受到妈妈喂奶的姿势和语言，可以和宝宝说：“宝宝肚子饿了吗？我们来吃奶。”以促进其口腔和胃的准备工作，分泌消化液，经过多次反复，建立起神经系统和消化系统的暂时联系。吃完奶后，妈妈可以和宝宝玩耍一会儿，再让宝宝睡觉。睡觉前给宝宝脱掉外衣、鞋袜，换好尿布。大人拉上窗帘，说话的声音也要相应压低，让宝宝意识到该睡觉了。一般情况下父母都能按照这种**睡眠—吃奶—玩耍**的规律来安排宝宝的生活。

## 29 宝宝为什么会打嗝？造成打嗝的原因有哪些？

幼儿与成人不同的是，幼儿是以腹式呼吸为主，膈肌还是婴幼儿呼吸肌的一部分。某些因素可引起植物神经受到刺激，从而使膈肌发生突然收缩，引起迅速吸气并产生有节律的打嗝声。

以下原因会造成小儿打嗝：

❶ 由于父母护理不当，使宝宝吸入凉气，刺激了膈肌。

❷ 喂养不当，过量进食致消化不良或喂了冷牛奶。

❸一些药物刺激了膈肌诱发打嗝。

❹进食过多、惊哭之后立即进食或进食时哽咽，也可诱发打嗝。

❺患了脑炎、脑肿瘤、先天性脑积水、脑膜炎、脑血管意外等神经性病变均可诱发打嗝。当打嗝持续不断时，可能胃、横膈、心脏、肝脏出了问题。

## 30 如何预防宝宝打嗝？

❶妈妈应避免在宝宝啼哭、气郁时给宝宝喂奶。

❷要避免进食过快，在母乳喂养时，如果母乳很充足，哺乳时应按压住乳头以避免乳汁流出过快；若人工喂养时要注意奶嘴也不能过大。

❸食物不要过冷，从冰箱拿出的食物要温一下再喂给孩子。

❹天气寒冷时，喂完奶后不要立即到室外吹冷风。

## 31 怎样阻止宝宝打嗝？

❶当小儿打嗝时，先将孩子抱起来，轻轻地拍其背，喂些温开水。

❷将孩子抱起，用一只手的食指尖在孩子嘴边或耳边轻轻地挠痒，这是因为嘴边神经比较敏感，挠痒可以使神经放松，打嗝也就消失了。

❸将孩子抱起，刺激其足底使其啼哭，终止膈肌的突然收缩。

❹当孩子打嗝时，用玩具逗逗他，或者让他听一些轻柔的音乐，也可以用其他办法转移注意力，减轻打嗝。

# 二 2～3个月宝宝喂养

## 1.母乳喂养

### 01 2～3个月如何进行母乳喂养?

前一阶段母乳充足的母亲，这一阶段她的奶一定会很好；不少月子里母乳相对不足的人，经过一个月的喂哺，奶水会日益增多，宝宝也逐渐适应了母亲的奶头。

这一时期还是主张按需哺乳，只要宝宝想吃，就可以喂；如果母亲奶涨，宝宝肯吃，也可以喂。这样做，既可以使乳汁及时排空，又能通过频繁的吸吮刺激脑下垂体分泌更多的催乳素，使分泌的奶量不断增多。母亲还应顺其自然，不要因为到了喂奶时间就叫醒熟睡的宝宝，如果宝宝不太清醒，他会很不合作地马马虎虎吃上几口就又睡去，反而不利于弄清楚宝宝吃得怎样。宝宝大多了解自己的需要，奶供过于求，他会拒而不受，奶供不应求，则会提前醒来，母亲大可不必担心。

这个月龄段的宝宝，大多数夜间还要吃奶，只有少部分宝宝能自动停止夜间吃奶或减少夜间吃奶的次数。如果宝宝长得很好，父母为了保证睡眠可设法引导宝宝断掉凌晨两点左右的那顿奶。母亲不能一见宝宝动弹就急忙抱起喂奶，可以先看看他的表现，等他闹上一阵子，看他能否重新入睡，如果宝宝大有吃不到奶不睡的势头，可给他喂些温开水试试，说不定能使他重新入睡，再不行那就只好喂奶了。

从营养角度看，白天奶水吃得很足的宝宝，并无夜间吃奶的需要。为了能顺利地断掉凌晨这顿奶，父母应该调整一下临睡前的一顿奶，如果方便，可把晚上临睡前的奶放到11～12点。那么，这样就可避免午夜12点至凌晨4点之间喂奶的可能，可能宝宝会在次日凌晨5～6点醒来，这时，父母已基本上安安稳稳睡上5～6个钟头了。

## 02 如何判断宝宝吃饱了？

许多父母担心宝宝吃不饱，又不知怎样衡量宝宝是不是吃饱了。注意以下几个方面，就可以保证宝宝吃饱。

**体重增长** 宝宝一周体重增长125克以上。

**小便** 每天至少有6次尿。

**大便** 每天大便1～2次或更多，颜色质地均匀而稠，有点微微的酸味。也有的宝宝要1～2天大便一次，但大便性状正常就可放心。宝宝饥饿时大便量小，颜色发绿，混有黏液。

## 03 如何判断母乳不足？母乳不足如何喂养？

如果宝宝吃不饱，可以见到以下表现：

❶在正常情况下，体重长时间增长缓慢。

❷哺乳时长时间不愿放开乳房，哺乳后不久又哭着想吃。

❸宝宝吸吮很用力，但不久就不愿再吸而睡着，不到2小时又醒来哭闹。

这时，母亲要考虑添加牛奶。每次喂牛奶的量，可根据自己宝宝的食量而定，这个年龄的宝宝一般每顿可喂牛奶100～150毫升不等，宝宝吃饱了就会变得安静，夜间啼哭减少，这样喂一周后称体重，若体重增加了150克以上，就可以继续这样喂下去，不然，说明母乳很少，应再增加喂牛奶的量和次数。

## 04 如何提高母乳质量？

作为乳母，要喂养好宝宝，首先要保证自己摄入足够的热量和优质蛋白质。其次，宝宝的食量有限，为防止乳汁过稀，乳母在哺乳期间要尽量避免大量喝水，以免乳汁含水量过高。

注意营养齐全。乳母吃的主食应粗细粮搭配，以增加乳汁中的维生素$B_{12}$，每天喝上一定量的牛奶，无论对下奶或是提高奶的质量都有莫大的好处。宝宝的生长发育，需要足够的矿物质和维生素。维生素D有调节钙、磷代谢作用，对宝宝十分重要；锌是50多种酶的组成部分，缺乏可影响宝宝大脑神经系统的正常发育。母亲在哺乳期应摄入维生素$B_1$5倍的需要量，才能保证乳汁内的含量。维生素$B_2$、维生素$B_{12}$及维生素C、维生素E

等，都应增大摄入量。乳母可在医生指导下服用维生素和微量元素制剂。

乳母应多吃菜，多吃含蛋白质、钙、磷、铁含量多的食品，比如：鸡蛋、瘦肉、鱼、豆制品等；多吃含维生素丰富的各种蔬菜，比如：青菜、菠菜、胡萝卜等；另外，多喝些菜汤，如：鸡汤、鱼汤、排骨汤等，使乳汁量多营养又好。饮食中要排除那些带刺激性的食物，如辛辣、酸麻等食物。此外还应讲究卫生质量，食用了农药污染的蔬菜、瓜果，经常使用化学洗涤剂、清洁剂或使用含有铅、汞、氢醌等有毒性作用的染发剂、唇膏等化妆品的乳母，都有可能致自身乳汁污染。哺乳期间，乳母如患有感染性疾病和病毒性感冒、肝炎等，其乳汁就不宜喂养宝宝。

乳母在饮食丰富的前提下，为了保证乳汁的分泌还需要有规律的生活，睡眠要充足，情绪要饱满，心情要愉快。

# 2.混合喂养

## 05 如何正确地实施混合喂养?

当母乳不足时，必须添加奶粉。混合喂养的方式大致分为两种：第1种方法是先喂宝宝母乳，不足的部分用奶粉补充。这种方法可使每天的母乳喂养次数保持不变，防止母乳分泌减少，当母乳分泌能力增强后，就可以只给宝宝喂母乳。在一天的时间中，母乳的分泌量是不同的，当出乳状况稍差时，下午补充1～2次奶粉即可。

当宝宝2～3个月时，宝宝的触觉和味觉开始发达，这种方法就不一定十分奏效了，开始讨厌奶粉而往往不喝了。这是因为他们可以识别出母乳的乳房与橡胶奶嘴有着很大差异，这时可以采用另外一种代授的方法。

第2种方法即代授式方法。这种方法的奶粉补充不是与母乳授乳同时进行，而是单独时间单独进行的，即这次哺乳若是母乳，下次哺乳则是奶粉。这种做法，首先下午4～6点时补充1次，调制奶粉为150毫升。如果母乳还是不足，在下次授乳时间晚上8～10点时再补充1次也可以。以此类推，奶粉的补充次数可增至3～4次。但是，在夜间尽量以授母乳为宜。

## 06 宝宝喝多少牛奶为宜？如何避免宝宝过食？

2～3个月的小儿一般喂牛奶的标准在120～150毫升，最好不要超过150毫升。宝宝期平均每千克体重每天需要418～460焦耳热量，如果每千克体重每天摄取热量超过500焦耳以上就会导致肥胖，母亲可以根据自己宝宝的体重，牛奶产生的热量（一般100毫升含糖牛奶产生418焦耳）来计算出宝宝一天所需要牛奶的量。奶瓶上都有刻度，冲牛奶时母亲对量心中要有数，不要超过宝宝的需要量，不然，宝宝吧嗒吧嗒全吸光就容易过量。要是没吃完的话，母亲看到剩余的奶，又会担心宝宝没吃饱，所以，为了稳妥起见，宁可冲少点再添，也不要冲得太多。

宝宝是最不能忍受饿的，只要一感到饿就会表现出索食的要求，而对过量的反应不那么剧烈，不像饥饿时那样引起大人的注意。

因此，做父母的要当心小儿过食，长期过食会导致肥胖或厌食牛奶。

父母也不要嫌牛奶太稀，小便多，而不科学地去增加牛奶的浓度，或者加进过多的奶糕、米粉等食品，这样容易增加小儿消化器官的负担，也容易发展成肥胖儿。

## 07 宝宝为什么会厌食牛奶？应如何调整喂养方法？

有些宝宝在3个月左右会忽然不爱吃奶了（牛奶或配方奶），妈妈往往找不出原因。如果宝宝只是不爱喝奶粉，但喝水、吃母乳正常（许多宝宝此时为混合喂养或仍有少量母乳），而且宝宝的脸上经常挂着笑（这一点很重要，有疾病或不舒服的宝宝是不会面带微笑的），此时就不要太着急。这也许是给宝宝一个自我调整的好机会。研究表明，此种情况可能与宝宝的肝肾功能发育相对不成熟有关。3个月左右的宝宝，对奶中蛋白质的吸收会较以前增加，但肝肾功能相对不足。长期超量工作，会使肝肾“疲劳”，需要适当地“休息”与“调整”。因而，就出现了进食牛奶减少的情况。

实际上，厌食牛奶不是一种病，而是小儿自身为了防止肥胖而采取的自卫措施，也

可算是对父母发出的警告。所以，即使小儿厌食牛奶，父母也不要太着急，不要担心宝宝不吃牛奶会饿坏，更不能硬灌。

父母要调整一下喂养方法，把牛奶冲稀些或换用一下奶粉的品种，多喂些糖水和果汁，只要宝宝平均一次能吃下100～200毫升的牛奶，父母就不用担心会饿坏了宝宝，因为宝宝体内有充分的贮备，经过8～10天的调整，宝宝就有可能慢慢恢复到从前喝牛奶的量了，等宝宝恢复了，父母千万不要让宝宝过食了。

## 08 可以用乳酸奶代替牛奶喂宝宝吗?

有的宝宝不喝牛奶，家长就用乳酸奶代替牛奶喂宝宝，认为这种饮料含有牛奶，营养丰富。其实这种做法是不妥的，从营养价值上看，牛奶和乳酸奶相差悬殊。乳酸奶的种类很多，它们都含有少量牛奶，易于消化吸收，很适合小儿的口味，宝宝都喜欢饮用。牛奶中营养素的含量比乳酸奶饮料高得多，其中蛋白质、脂肪、铁和维生素的含量均是乳酸奶饮料的3倍以上。乳酸奶饮料含牛奶不足30%，其营养含量比牛奶低，即喝10瓶乳酸奶饮料还不如1瓶牛奶。

因此，以乳酸奶饮料喂宝宝而不喂牛奶的做法是不对的。为了宝宝的健康生长发育，不能让宝宝只喝乳酸奶，而应以喂牛奶为主，偶尔喂点乳酸奶。

## 09 炼乳可以作为宝宝主食吗？为什么?

炼乳是由奶制成的，是加入了15%～16%的蔗糖并浓缩到原体积的40%的奶制品。炼乳中的糖含量可达45%左右，因此炼乳非常甜，必须经水稀释后方能食用。而稀释后的炼乳其蛋白质与脂肪的含量必将下降，甚至比全奶还低，不能满足宝宝生长发育的需要。体内的抗体都是来自蛋白质的，没有蛋白质的及时补充，抗体水平自然下降，宝宝经常感冒、发热便是必然的结果。如果为了取得较高浓度的蛋白质和脂肪而对炼乳只加少量的水，那么进食高甜度的炼乳又会经常引起腹泻，这是因为对糖吸收不良造成的。

由此看来，炼乳不能作为宝宝的主要食品，只能作为较大宝宝的辅食，或者与其他的代乳品混合食用。

## 10 哪些食物不宜作为代乳品?

市场上销售的乳儿糕（奶糕）一般用米粉或面粉制作，蛋白质含量很低，长期给宝宝作主食会引起营养缺乏，只能作为辅食添加，不宜作代乳品。

麦乳精只属甜饮料也不适合作代乳品。

## 11 怎样自制脱脂奶？

将牛奶中的脂肪(就是油)去掉，即为脱脂奶。

**制作脱脂奶最简单的方法是：**牛奶经煮沸消毒后，让自然冷却，待牛奶冷却后，去除牛奶面上的奶皮、反复作几次即成。脱脂奶的特点是脂肪少，易于消化。主要用于一些腹泻病儿，但是不可长期食用，否则会导致宝宝营养不良。

## 12 怎样自制酸牛奶？

将牛奶发酵之后，牛奶成酸味，即为酸牛奶。

**酸牛奶的家庭制作方法是：**煮沸后的牛奶，让其慢慢冷却至60℃左右，加入食用乳酸杆菌以发酵。或者，加入5%～8%的乳酸（或枸橼酸）5～8毫升搅拌而成。

酸牛奶所形成的乳凝块小、易于消化；酸牛奶中的酸可以帮助消化，酸还有抑制细菌生长的作用；酸牛奶适合于消化功能较差的宝宝食用。

## 13 需要控制宝宝脂肪摄入吗？为什么？

小儿如不吃母乳，应多吃肉食及适当吃蛋类，以保证脂肪的摄入。但有的家长也认为，宝宝饮食也应像大人一样控制脂肪摄入，这是不妥的，不利于宝宝的生长发育。

因为宝宝的生长对脂肪的需求量比一生中其他任何时候都多，一般宝宝每千克体重每日约需脂肪4克。人体内所需热量主要来自脂肪。宝宝出生后头24个月是生长最快的时期，也是需要热量最多的时候。人体内每一个细胞的生长都需要胆固醇，同时，宝宝的中枢神经系统的发育也需要脂肪。

## 14 什么是强化食品？可以给宝宝吃强化食品吗？

强化食品是在食品原料中添加所必需的特殊营养素，如各种维生素、矿物质、氨基酸等，这些又称为强化剂。需要添加营养强化剂的食品叫媒体食品，如牛奶、代乳粉、饼干、饮料、果酱等。强化剂加媒体食品就是强化食品。

强化食品使得宝宝能方便地从中获得所需要的额外营养素，以满足生长发育的需要，所以可以适量地给宝宝吃些强化食品。

## 15 哪些宝宝需要吃强化食品?

当宝宝胃肠通道患了病，消化功能受到影响；宝宝生长发育过快，一般饮食不能满足需要；有挑食、偏食习惯的宝宝，其食谱狭窄，容易出现营养缺乏情况；人工喂养的宝宝需要近似人奶的配方奶。以上几种情况家长宜合理给予强化食品。

## 16 怎样正确选择强化食品?

选择强化食品要“对号入座”：要针对宝宝的需要加以选择，如母乳喂养的宝宝可选择铁强化食品，以防贫血。牛奶喂养的宝宝选用强化维生素A、维生素D的牛奶，可有效地预防佝偻病。平时不爱吃蔬菜、水果的宝宝可选择维生素C强化食品。只吃细粮，不爱吃杂粮的宝宝可选择含有维生素$B_1$的强化食品。少吃牛奶和豆制品的宝宝宜选择钙强化食品。

对不同年龄宝宝要“区别对待”：婴幼儿的强化食品以各种乳类制品、代乳品、宝宝配方食品为主；两岁以上宝宝可以给予饼干、面条、饮料等强化食品。

食用强化食品剂量要有“分寸”：强化食品摄入过少不能起到补充营养的作用如果摄入过量会适得其反，引起营养素中毒。如吃了强化铁的奶粉，又加服强化铁米粉会引起铁中毒。食用强化维生素A、维生素D的食品，又补充维生素A、维生素D制剂会引起中毒，所以营养强化剂的量不要超过生理需要量。一般在强化食品包装上都注明了强化剂的量，家长可以参考。

# 3.喂果汁、菜汁

## 17 给宝宝喂果汁有什么好处?

宝宝两个多月后就可以喂果汁了，不要担心果汁的味道，宝宝天性就喜欢果汁的酸甜味。果汁的最大作用就是补充维生素C，同时水果对宝宝的大便有独特的作用。

如果宝宝有轻微腹泻，可喂一些西红柿或苹果汁，这两种水果有使大便变硬的功能；如果宝宝有些便秘，可喂一些柑、橘、西瓜、桃子等果汁，因这些水果有使大便变软的功能。给宝宝喂果汁，可使他（她）习惯各种口味，习惯用匙子吃东西。

## 18 怎样制作果汁?

首先，将手、水果及各种工具洗干净，将苹果、梨、桃之类捣碎，葡萄、草莓、樱桃保持原样，西红柿、西瓜等切成小块，柑橘之类可切成圈圈，或捣或挤压，最后将果汁过滤出来。其中，柑桔、草莓、西红柿等含有大量的维生素C。

## 19 怎样给宝宝喂果汁?

刚开始喂时应将果汁用凉开水稀释一倍，第一天每次只喂一汤匙，第二天每次二汤匙，可逐渐增加，一天喂三次，每次30～50毫升。要在洗澡、日光浴、户外活动以后喂。如果宝宝不愿意吃或吃进去就吐，可过一段时间再尝试喂。如果实在不吃，也不要勉强宝宝。

## 20 喂果汁有哪些注意事项?

宝宝腹泻时可中止喂果汁，或者因果汁而引起腹泻的亦应停止；喂果汁以后大便发绿或发黑，只要宝宝情绪精神好，就是正常现象。因为果汁能使大便变成酸性，故而发绿；吃了苹果汁后大便会发黑，不要误以为发病。如果喂果汁而引起不好好吃奶，应酌情减少果汁量，必要时可停止。

水果汁大多是酸性的，如果在喂奶后不久就喂的话，在胃内能够使牛奶中的蛋白质凝固成块，不易吸收。因此，果汁最好在喂完奶后1小时再喂，也就是要选在两顿奶之间，才有利于营养的吸收。

另外，还有研究认为完全由母乳喂养的宝宝在4个月之前不需要加喂水果汁。母乳的营养成分最适合宝宝的生长发育，而且无论在热量或水分上都足以满足6个月以内宝宝体内的需要。所以，宝宝喂养还是要以母乳为主，不要大量添加果汁，以免造成宝宝不爱喝奶，影响生长发育。

**温馨提示**

榨汁机容易将果蔬的纤维打断，容易破坏维生素C，在此意义上讲，榨汁器更适于果汁的制作。

## 21 宝宝可以饮用果子露吗?

不要给宝宝饮用果子露，市场上销售的色泽鲜艳的各种果子露，如苹果露、柠檬露、橘子露、杨梅露等，它们都是用白糖和水再加上人工合成的色素、香精、糖精等配制而成带有水果味的甜饮料，不仅无营养价值，相反，添加的一些化学物质对人体是有害的。

## 22 喂果汁可缓解宝宝便秘吗?

果汁中的糖分对治疗便秘有一定的效果。越甜的果汁其效果越明显，一般的水果都含有大量的果糖和葡萄糖，像柑橘类、西红柿、草莓、苹果等都可以。

## 23 刚榨好的果汁可以喂宝宝吗?

刚榨好的果汁是可以给宝宝喂饮的。不过，刚榨好的果汁往往需要稀释或加糖才可以喂饮。如果宝宝不喜欢凉果汁，可以先将果汁加热再喂饮。一般4～5月前的宝宝大都喜欢温热的食物。

## 24 宝宝多喝果汁行吗?

如果宝宝果汁喝得多不会有什么问题，但日常食用的奶量不能因此而减少。只要能保证正常的奶量，多喝一些果汁是可以的。需要注意的是，含糖量较高的果汁若饮用过量有可能会引发腹泻，同时，果汁饮用过多往往会影响宝宝正常吃奶。

## 25 宝宝喝成人饮料有哪些危害?

**兴奋剂饮料** 如咖啡、可乐等，其中含有咖啡碱，对小儿的中枢神经系统有兴奋作用，影响脑的发育。

**酒精饮料** 酒精刺激小儿胃黏膜、肠黏膜，可造成损伤，影响正常的消化过程。酒精对肝细胞有损害作用，严重时可有转氨酶增高。

**汽水** 内含小苏打，可中和胃酸，不利于消化。胃酸减少，易患胃肠道感染。汽水还含磷酸盐，影响铁的吸收，也容易造成贫血。

## 26 什么样的菜叶适合制作菜汁？怎样制作菜汁？

有些家长担心蔬菜里的农药会对宝宝有害，因此，可以选择有机种植的蔬菜。

3个月后，可以给宝宝适当喂些菜汁了，家长要选用新鲜嫩绿的菜叶而不是选用嫩菜心来煮水喂宝宝。据现代营养研究分析，蔬菜的营养价值以翠绿色为最高，黄色次之，白色较差，同一种蔬菜也是色深的营养价值高。因此从营养价值角度上看，嫩菜心要比外部的深绿色菜叶差得多。做菜汁时，就要选用新鲜、深色的外部菜叶子，洗净、切碎，放入干净的碗中，再放入盛有一定量开水的锅内蒸开，取出后将菜汁滤出，可加少许盐喂给宝宝。

有一些能压出汁的蔬菜如番茄，可直接做，不用蒸煮。选用新鲜成熟的番茄，洗净再用开水烫洗去皮、去籽，放入一定量的白糖，用汤匙搅碎，再用匙背将汁压出，滤出汁水，稍加温开水即可喂给宝宝。

# 4.喂水

## 27 给宝宝科学补水有何重要性？

水是维持人体生命不可缺少的营养物质之一。小儿处于生长发育旺盛时期，新陈代谢较快，肾的浓缩功能较差，尿排泄量较多，活动后易出汗，对水的需求更为突出，年龄越小，水需求量相对也越大，所以家长一定要注意及时给宝宝科学补水。

## 28 给宝宝喝什么样的水比较好？

白开水是宝宝最好的饮料，白开水所含各种元素丰富程度与比例也最接近自然状态，因此是最安全的，也是最容易吸收的。特别是凉白开被现在科学证明是最接近体液的生命之水。

如果水质不好，建议将烧开的水放进一个大一点高一点的透明玻璃容器，最好是直筒型的，这样晾凉后可沉淀不少杂质，水倒入宝宝水瓶时，动作缓和些，透明的瓶子易观察，沉淀的杂质翻上来的机会小些。

多喝白开水，去火。宝宝喝白开水也不必担心有蛀牙、肥胖、糖尿病，和对某种饮料产生依赖性。

## 29 宝宝健康喝水应注意哪些方面？

**不能用饮料代替白开水。**宝宝口渴了，最好让他喝白开水，如果偶尔品尝饮料，最好用白开水冲淡再喝。不给宝宝喝冷饮或冰水，以免胃黏膜血管收缩，影响消化，刺激胃肠，导致腹痛、腹泻。

**不要让宝宝喝存放时间长的水。**在室温下存放超过3天的饮用水，尤其是保温瓶中的开水，易被细菌污染，并可产生具有毒性的亚硝酸盐。

**要让宝宝养成良好的喝水习惯。**喝水不要太快，不要喝得太多，以免引起急性胃扩张，出现上腹不适。不要喝生水，以防患胃肠道传染病。此外，家长不要强迫宝宝多喝水。

## 30 给宝宝喂多少水好？

对足月新生儿，在出生24小时内每天每千克需水20毫升左右，如果有足够的母乳，一般不用喂水；1～3个月宝宝，每天喂水3～4次，每次30～50毫升；4个月以上宝宝，每天喂水3～4次，每次50～100毫升。

如宝宝以牛奶和粥为主食，饮水量要比吃饭少些。当天气寒冷、活动量少时，饮水量就会减少。天气炎热或发热时，出汗加多时，饮水量要增加。

# 2～3个月 宝宝智能开发

## 1.能力发展

### 01 宝宝感觉器官的发育有何规律?

2～3个月的宝宝最喜欢吃，不管好吃不好吃，能吃不能吃，拿过来就往嘴里塞，先吃吃看，用嘴辨别一下就懂了。原来，他是用嘴的尝试来识别各种事物，嘴成为认识工具。这个阶段发育速度仍很快，一个月一个样。

宝宝喜欢看美的东西。不仅能盯住进入眼帘的东西，还会主动追随物体移动的去向，东张西望地寻找周围好看的东西。开始学会用眼睛涉猎周围的信息。

3个月找人，以后寻找成人手里摇动着的玩具，再长大些便会积极寻求周围各种活动的、发亮的、色彩鲜艳的有趣味的东西。很会欣赏，看到以后情绪欢快，有时手舞足蹈，表达内心的感受。学会自己哄自己。

### 02 宝宝的视觉发育有何规律?

最初只能用眼睛追随在他面前按左右方向移动的东西，东西移动的速度不能太快。而后才能追视向各种方向移动的东西。

能注视某个物体的时间很短，距离很近。如把烛光放在距离2～3步远的地方，能够注视，再远些就看不见了。2～3个月能够注视在房间里较远的地方走动着的人，注视时间可达2～3分钟。

对不同形状的东西，注视时间也不同。有人做过这样一个实验，让宝宝看三个不同的头像，第一个是人脸的画像，第二个是把人脸的五官胡乱颠倒，第三个只是类似人脸的外部轮廓，顶端涂上黑色。出生4天至6个月的宝宝，注视第一个图形——人脸，看的时间最长，而对乱七八糟的头像注视时间最短，可见，小家伙真会看，还能看出好坏。此项试验说明，宝宝期的视觉能力很强，且出现明显的选择性。

## 03 宝宝的听觉发育有何规律?

些阶段的宝宝对语音反应更为积极。每当听到说话声或摇铃声，就要积极扭头寻找声源，当他正在哭闹时，只要妈妈大声同他说说话，他很快就会安静下来，成人忙着给他准备尿布、奶瓶时，常常可先同他说话哄他。3~4个月，逐渐能够分辨不同的语音；和蔼可亲的，还是训斥的；妈妈的，还是生人的；都能辨别。高兴时喜欢用自己的声音游戏，不断发出一些喉声，好像在唱歌。

# 2.能力训练

## 04 怎样对宝宝进行视觉训练?

两个多月的宝宝对周围的环境更有兴趣了，他喜欢用目光追随移动的、颜色鲜艳明亮的玩具，特别是红色。对暗淡的颜色冷漠、不感兴趣，更喜欢立体感强的物体。

两个多月宝宝的视觉与听觉比以前灵敏了许多，此时，可以在宝宝床的上方25~50厘米处，悬挂色彩鲜艳的玩具，如各种彩色气球，彩色布球具、灯笼、哗啦棒、花手帕等，但注意不要总将这些玩具挂在一起，要经常变换位置，以免引起宝宝斜视。逗宝宝玩时，可将玩具上下左右摇动，使宝宝的目光随着玩具移动的方向移动，左右可达45°。这样做是促进宝宝视觉发育的好方法，但应注意不要让强光直射宝宝的眼睛。

宝宝的视、听能力发展，对认识能力的发展起着重要的作用。因此，根据宝宝视、听能力的发展，创造良好条件，精心引导宝宝多看，多听，及早进行视、听能力训练，为说话、观察等能力的发展打好基础。

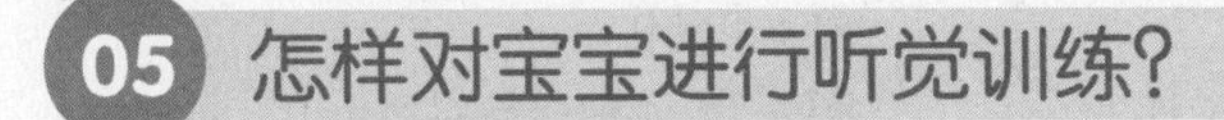

## 05 怎样对宝宝进行听觉训练?

为了促进宝宝的听觉发育，可以让宝宝多听音乐。妈妈也可以给宝宝多哼唱一些歌曲，也可以用各种声响玩具逗宝宝。声音要柔和、欢快，不要离宝宝太近，也不要太响，以免刺激宝宝引起惊吓。剧烈的响声，会对宝宝产生不良刺激，而轻快悦耳的音乐，可使宝宝精神愉快并得到安慰。每天给宝宝做操时，可以给宝宝播放适宜的乐曲，优美的旋律对宝宝的智力发育十分有利。

## 06 怎样对宝宝进行动作训练?

每个宝宝发育的情况不同，可请医生为宝宝设计适合于宝宝的训练方案，以下是专家为3个月大的宝宝设计的动作训练方案：

❶当宝宝要某个东西时，妈妈用话语和动作鼓励他自己去抓，并将东西放在适合宝宝的距离之内。

❷当宝宝随意碰到某个玩具时，妈妈指示他去抓它。

❸用语言提示宝宝注意某一物体，并引逗他去抓。

❹宝宝抓住玩具后妈妈要表扬和鼓励。

❺妈妈反复教宝宝用手指抓东西的动作。

❻鼓励宝宝用双手。

❼帮助宝宝结合爬练习抓握。

在宝宝6个月前，要给他足够的动作训练，这对他今后的生活有全面的影响。

## 07 怎样和宝宝做宝宝操?

准备活动：宝宝仰卧在床上，妈妈一边轻轻抚摩宝宝，一边轻柔地跟宝宝讲话，使宝宝很愉快，很放松，就像做游戏一样。

第一节至第五节，每次每节做 4 个四拍。

### 第一节　伸展运动

预备姿势：妈妈双手握住宝宝腕部，拇指放在宝宝手心里，让宝宝握住，宝宝两臂放在身体两侧。

方法

❶妈妈拉宝宝两臂到胸前平举，拳心相对。

❷妈妈轻拉宝宝两臂斜上举，手背贴床。

❸复原❶的动作。

❹复原成预备姿势。

❺重复以上动作。

提醒 宝宝两臂前平举时，两臂距离与两肩同宽。妈妈动作要轻柔，斜上举时要轻轻使宝宝两臂逐渐伸直。

## 第二节 扩胸运动

预备姿势：同第一节。

方法

❶妈妈轻拉宝宝两臂，向身体两侧放平，拳心向上，手背贴床。

❷两臂胸前交叉，并轻压胸部。

❸同❶的动作。

❹还原成预备姿势。

❺重复以上动作。

## 第三节 上肢屈伸运动

预备姿势：同第一节。

方法

❶妈妈将宝宝左臂向上弯曲，宝宝的手触肩。

❷还原成预备姿势。

❸妈妈将宝宝左臂向上弯曲，宝宝的手触肩。

❹还原成预备姿势。

❺重复动作。

提醒 屈肘时妈妈稍用力，宝宝的上臂不离床，臂伸直时要轻。

## 第四节 双屈腿运动

预备姿势：宝宝仰卧，两腿伸直，家长两手握住宝宝脚腕。

方法

❶妈妈将宝宝两腿屈至腹部。

❷还原成预备姿势。

❸同❶的动作。

❹还原成预备姿势。

❺重复动作。

提醒 宝宝屈腿时两膝不分开，屈腿时可稍稍用力，使宝宝的腿对腹部有压力，有助于肠蠕动，屈、伸都不能用力过大，以免损伤宝宝的关节和韧带。

## 第五节 翻身运动

预备姿势：宝宝仰卧，妈妈将宝宝四肢摆正。

方法

❶妈妈一手握住宝宝的两脚腕，另一手轻托宝宝背部，然后稍用力，帮助宝宝从身体右侧翻身，成为俯卧位，同时将宝宝的两臂移至前方，使宝宝的头和肩抬起片刻。

❷再将宝宝两臂放回体侧，妈妈一只手握住宝宝两脚腕，另一手插到宝宝的胸腹下，帮助宝宝从俯卧位翻回仰卧位。

❸同❶动作，但宝宝身体从左侧翻身。

❹同❷动作。

❺重复动作。

提醒 妈妈帮宝宝作操时要轻柔、缓慢，翻身或俯卧时逗引宝宝练习抬头。

## 08 如何训练宝宝翻身?

### 转身法

先让宝宝仰卧，然后爸爸妈妈可分别站在宝宝两侧，用色彩鲜艳或有响声的玩具逗引宝宝，让宝宝从仰卧翻至侧卧位。如果宝宝自己翻身还有困难，也可以在宝宝平躺的情况下，用一只手撑着宝宝的肩膀，慢慢将他的肩膀抬高，帮宝宝做翻身动作。只是在宝宝的身体转到一半时，就让宝宝恢复平躺的姿势，这样左右交替训练几次，宝宝就可以进一步练习真正的翻身了。

### 摇晃法

这种方法可以让宝宝在保持身体平衡中锻炼背部和胸部肌肉的力量，为下一步的翻身训练做准备。

训练时，先让宝宝躺在摇床里或床垫上，然后爸爸妈妈摇晃摇床或席垫。当宝宝被摇到半空身体倾斜时，为了保持身体平衡，自然会努力挺起胸，挺直腰，把身体往后仰。

采用摇晃法时，一定要慢慢加大摇动的幅度，摇晃的频率不要太快，随时注意宝宝的反应。如宝宝出现惊恐的样子就马上停止，不要急于求成，以免发生危险。

### 转脚法

按这种方法操作时，宝宝必须会以侧卧姿势睡眠。训练时，先让宝宝侧卧，在宝宝的左侧和右侧放一个色彩鲜艳或有响声的玩具或镜子，然后爸爸或妈妈抓住宝宝的脚踝，让右脚横越过左脚，并碰触到床面。

搬动宝宝脚的时候，动作一定要轻柔，并注意宝宝的身体是不是也跟着脚翻转，如果不跟着转，可以轻轻地在宝宝背后推一把。如果宝宝的身体跟着脚翻转，就会自己翻过去，变成趴着的姿势。只要宝宝在爸爸妈妈的帮助下完成这个动作，就可以提前翻身了。转脚法的训练一般每天可以训练2～3次，每次训练2～3分钟。

# 四 2～3个月 宝宝常见病护理

## 1.小儿疝气

### 01 小儿疝气有哪些症状表现?

人们平时所说的小儿疝气，从医学上讲，主要是指先天性斜疝。

小儿疝气是小儿外科常见疾病之一，主要临床表现为幼儿出生后不久，在腹股沟部位有可复性肿块，多数在2～3个月时出现，也有迟至1～2岁才发生。通常在小孩哭闹、剧烈运动、大便干结时，在腹股沟处会有一突起块状肿物，有时会延伸至阴囊或阴唇部位；在平躺或用手按压时会自行消失。一旦疝块发生嵌顿（疝气包块无法回纳）则会出现腹痛、恶心、呕吐、发热、厌食或哭闹、烦躁不安。

### 02 小儿疝气产生原因有哪些?

腹股沟疝气好发于1岁以下的幼儿，如果发作时，在腹股沟会有鼓起的肿块，稍有警觉就很容易发现。不明原因的哭闹不止需考虑患小儿疝气并伴有嵌顿的可能。一定要仔细探查有无腹股沟疝气，当然也要请医师检查有无其他的疾病。

### 03 如何进行家庭护理?

小儿疝气患者应尽量避免和减少哭闹、咳嗽、便秘、生气、剧烈运动等，多休息。疝气坠下时，用手轻轻将疝气推回腹腔。少跑与久站久蹲，适时注意平躺休息。

❶疝气患者应适当增加营养，平时可吃一些具有补气功效的食物如扁豆、山药、鸡、蛋、鱼、肉等。

❷稍大一些的幼儿疝气患者，应适当进行锻炼，以增强体质。除少数宝宝疝气外，大部分腹股沟疝气不能自愈。随着病情的拖延，疝气包块逐渐增大，会给治疗带来难度，并且，腹股沟疝气容易发生嵌顿和绞窄，甚至危机病人的生命安全。因此，除少数特殊情况外，小儿疝气均应尽早接受彻底的治疗。

## 2.小儿腹股沟疝气

### 04 小儿腹股沟疝气有哪些症状表现?

通常在宝宝出生后不久，腹股沟就会封闭。然而假如宝宝出生后腹股沟仍未封闭，因而造成一小段肠子经由这个通道进入腹股沟或阴囊，就会发生腹股沟疝气。

腹股沟疝气会造成腹股沟褶缝上方或阴囊出现柔软的胀肿。疝气的特点通常会在清晨消失，但是稍后可能会再出现，假如患儿啼哭，可能会变大。

### 05 小儿腹股沟疝气产生原因有哪些?

男孩的睾丸最早是在腹部，生后稍微向前移动，逐渐由腹部进入阴囊。睾丸进入阴囊的这条通道，生后一般都关闭了，但也有不能很好闭合的。宝宝到了两三个月，就会因大声哭闹或便秘用力，使腹内的肠子顺着这条通道掉下来，通过腹股沟而进入阴囊，这就是腹股沟疝气。

### 06 如何进行家庭护理?

对有些患腹股沟疝气的宝宝，可在皮带上系个铁制弹篗，用胶端的橡皮部位顶住腹股沟部，肠子就掉不下来。但对这个月龄的宝宝却不能使用，因为用较硬的弹簧不能完全顶住腹股沟部时，就会影响通向睾丸的血液循环，使睾丸缺乏营养，也有的人用毛线拧成一根“丁”字形的带子给宝宝系上，但最好不用为好。

# 3.维生素K缺乏症

## 07 维生素K缺乏症有哪些症状表现？

维生素K缺乏症，是由于缺乏维生素K引起的凝血障碍性疾病。临床主要见于新生儿期及宝宝期，发生于前者称新生儿出血症，发生于后者称为晚发性维生素K缺乏症。本病为宝宝期较常见疾病，主要表现为广泛出血倾向，常合并急性颅内出血，若贻误治疗，常导致死亡或神经系统后遗症。

多见于3个月以内的宝宝，人乳喂养者占多数，病前多有腹泻、服用广谱抗生素或磺胺类药的病史。

常突然出现自发性出血，如皮肤出血点、瘀斑、皮下血肿，特别以受压部位如背部、腰骶部、臀部多见。常见注射部位出血不止、鼻衄、消化道出血等。

严重者会发生颅内出血，多见蛛网膜下腔、硬膜下出血，脑室、脑实质出血少见。颅内出血可不伴有其他部位出血而单独发生。可出现脑膜刺激征、急性颅内压增高症及血肿压迫脑组织所致神经定位症状。甚至出现脑疝、呼吸衰竭死亡。其他临床症状可有贫血、肝肿大、发热等。

## 08 维生素K缺乏症产生原因有哪些？

❶乳类含维生素K较少，人乳中维生素K含量仅为牛乳中含量的1/4，且母乳喂养宝宝肠道内细菌合成维生素K较少。因此，单纯母乳喂养未添加辅食的宝宝易患本病。

❷患肝、胆、胰腺疾病如阻塞性黄疸等，及任何原因引起的慢性腹泻，均可影响脂溶性维生素K在肠道内吸收。

❸病毒感染等原因损害肝功能，造成维生素K依赖因子合成障碍。

❹长期口服广谱抗生素或磺胺类药物，因抑制肠道内细菌，致使维生素K合成减少。

## 09 如何进行家庭护理？

对慢性腹泻而长期口服抗生素的患儿，以及3个月内单纯母乳喂养儿，应及时补充维生素K。患阻塞性黄疸或宝宝肝炎者，应预防性给予维生素K。对接受大剂量水杨酸盐治疗、完全胃肠道外营养患儿，应给予维生素K。

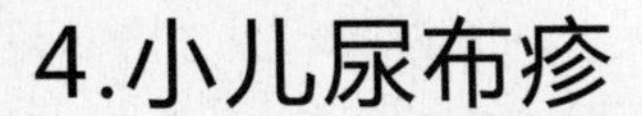

# 4.小儿尿布疹

## 10 小儿尿布疹有哪些症状表现?

宝宝的臀部出现一块红红的斑块，这就是宝宝尿布疹。

轻度的尿布疹也叫臀红，即在会阴部、肛门周围及臀部，大腿外侧，皮肤的血管充血，发红，继续发展则出现渗出液，表皮脱落，浅表的溃疡。

## 11 小儿尿布疹产生原因有哪些?

它是宝宝大便中的氨产生的细菌引起的。

## 12 如何进行家庭护理?

❶勤换尿布。宝宝尿布最好是用旧棉布作，既柔软又吸水，化纤布不吸水又有刺激。尿布一般应有两块，一块叠成长方形，另一块叠成三角形垫在臀部。

❷尿布下最好垫一块棉的或较厚的尿垫，尿垫下再放油布或塑料布，尽量不要让塑料布或油布直接接触皮肤，因为它们都密不透气，影响水分的吸收及蒸发，是造成尿布皮炎的主要因素。

❸每次大小便后要用清温水冲洗外阴及肛门部，然后擦干，多撒爽身粉，保持局部清洁。

❹污染大小便的尿布。首先要清除大便，然后用清水洗一遍，再用开水烫一下、接着打肥皂搓洗，用肥皂洗过后一定要多用清水冲几遍，以去掉肥皂的碱性痕迹，如果尿布洗不净，碱性物对皮肤有刺激。

❺洗净的尿布一定要晒干，潮湿的尿布也会沤出尿布疹。也可用一次性尿布，但尿湿后要及时更换。

# 宝宝拍照注意事项

成长是跳动的无数个瞬间，这些瞬间串起了我们生命的轨迹。婴儿期，正是人生轨迹中最纯净和美丽的一段。如何将这短暂的美丽永久留存？拍摄是最直接的表现形式，为小宝宝拍照都有哪些注意事项呢？

**1.在家中拍摄注意事项**

（1）选择宝宝精神愉快的时候拍摄比较适宜，建议拍摄前家长将宝宝喂饱，拍嗝哄睡，睡眠时间不易较长，待宝宝睡醒后便是宝宝精神状态最好的时候。

（2）拍摄前要为宝宝换上干爽的尿不湿，以免宝宝尿湿哭闹。拍摄时室温尽量保持在22℃～28℃，家长需根据拍摄时宝宝所穿衣服多少控制室温。

（3）婴儿的眼球发育尚未成熟，因此，承受不了电子闪光灯的强光直射，为宝宝在家中拍摄一般不具备影楼专业灯光处理能力，家中相机的闪光灯就在相机机体上，而拍摄过程中家长为了保证拍摄质量恰恰需要在镜头前对宝宝进行逗引，而此时闪光灯正对宝宝眼球，将会对宝宝眼睛进行强光刺激，所以家中拍摄不建议开相机闪光灯，可选择阳光明媚的地方为宝宝进行生活点滴记录拍摄。

**2.宝宝影楼拍摄注意事项**

（1）应选择离家较近的影楼拍摄，这样比较方便，可以在宝宝睡醒后就直接抱到影楼，以保证拍摄时宝宝愉快的心情，如果家中有车，也可选择较远影楼，但拍摄前要保证宝宝睡眠充足，这样拍摄时宝宝体力才会充沛，不会影响拍摄表情。

（2）拍摄时要选择阳光充沛、色彩鲜艳的拍摄环境，小宝宝每到一个陌生的环境，对于他来说，都是一次挑战、一次学习的机会，所以选择一个温馨的拍摄环境。

（3）影楼拍摄和家里比起来，干净卫生是值得家长注意的地方，另外，在宝宝拍摄前影楼是否为宝宝准备的衣服进行消毒，需要家长细心监督。

（4）影楼的闪光灯和家里的不一样，如果正确使用对宝宝的眼睛是不会造成伤害的，影楼的闪光灯不是在相机本身上，拍摄过程中经过引导姐姐逗引，宝宝不会直视灯箱，但满月的宝宝即使在影楼也不建议使用闪光灯和使用持续光源无闪光灯，从家长看来虽然是没有了闪光的过程，但宝宝的瞳孔一直保持着打开的状态，这样对宝宝的眼睛其实是持续的刺激。

（5）百天后的宝宝若在使用闪光灯时，家长要观察，影楼的闪光灯是否采取了反射光拍摄，或者经过柔光处理，通俗一点儿也就是您看到的闪光灯是否罩上了一个布箱子，如果能正确使用闪光灯，这样即能保护宝宝眼睛又可获得理想的照片。

（6）家长带宝宝去影楼拍摄要准备好尿不湿和奶粉等食品，小宝宝拍摄有不确定性，影响情绪的因素比较多，但每次拍摄建议不要超过两个小时，因为时间过长，小宝宝从情绪和体力上都会吃不消。

# 第四章

# 4～6个月

## 育儿要点

- 主食仍然是母乳；注意饮食适量，避免肥胖
- 预防贫血，及时添加辅食；补充维生素A、维生素D，预防佝偻病
- 宝宝的衣服要宽松舒适保暖；注意开窗睡眠
- 延长户外活动时间，满足宝宝对外界的兴趣
- 练习翻身及坐，注意做好安全防护
- 丰富视听训练内容，如儿歌、童谣、音乐、母子舞蹈等
- 让宝宝尽情地多看、多听、多摸、多运动、多闻、多尝
- 教认人、认物及身体五官部位；培养良好情绪，注意心理卫生

## 身体发育指标

| | 体重(千克) | 身长(厘米) | 头围(厘米) | 胸围(厘米) |
|---|---|---|---|---|
| 4个月 | 男童≈6.7<br>女童≈6.0 | 男童≈63.7<br>女童≈62.0 | 男童≈42.30<br>女童≈41.20 | 男童≈42.68<br>女童≈41.60 |
| 5个月 | 男童≈7.3<br>女童≈6.7 | 男童≈65.9<br>女童≈64.1 | 男童≈43.10<br>女童≈41.90 | 男童≈43.40<br>女童≈42.05 |
| 6个月 | 男童≈7.8<br>女童≈7.2 | 男童≈67.8<br>女童≈65.9 | 男童≈44.32<br>女童≈43.20 | 男童≈44.06<br>女童≈42.86 |

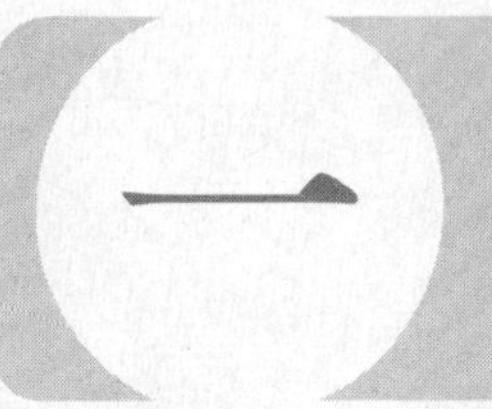


# 4～6个月 宝宝生活照料

## 1.衣着

### 01 这一时期宝宝衣着有何要求?

❶这一时期小儿的衣服仍要求宽松、舒适，式样简单，便于常洗易干。

❷这个时期的宝宝的生长发育比较迅速，活动量也比以前大，如果衣服过紧会妨碍宝宝的活动和呼吸。但注意衣袖不能过长，以免影响宝宝手的活动。

❸衣服质地应柔软，以透气性能好、吸水性强的棉织品为宜。

❹衣服式样应简单，这样穿脱比较方便。

### 02 如何为宝宝选择衣服?

夏天宝宝穿背心或短衣短裤即可。

春秋天可选择棉的单衣单裤。为更换尿布方便，可穿开裆裤，但不要用带子或松紧带束腰，以免影响宝宝胸部发育，造成胸廓畸形。最好穿背带裤，背带长一些，以利于随着宝宝生长发育适当调整背带长度。

冬季棉裤也应选择背带开裆裤。

这时候宝宝内衣可穿有小翻领的，翻在罩褂外面，使颈部保暖，而且美观；外面应有罩衣，罩衣以款式为小圆领、背后开口系带的宝宝衫为宜，这种衣服便于穿脱和清洗；还应给宝宝穿鞋袜，鞋要宽松，帮底应软。冬天外出时要给宝宝带上帽子、手套，穿上毛线袜及棉鞋，注意头颈部和手脚的保暖。帽子、手套、袜子要勤洗，手套袜子的套口处不能太紧。

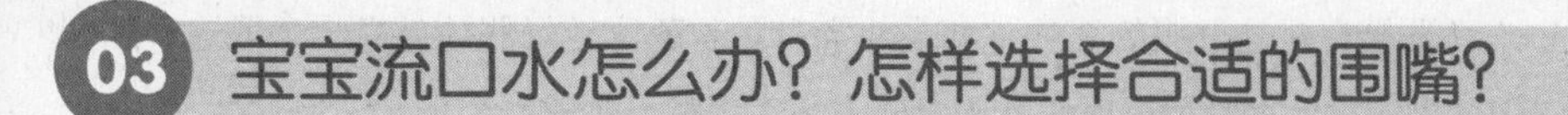

## 03 宝宝流口水怎么办？怎样选择合适的围嘴？

这个月龄的宝宝流口水是一种生理现象，不需要特殊处理。但为了保护颈部与胸部不被唾液弄湿，可给宝宝围上围嘴，并记住不要用硬手巾给宝宝擦嘴，以免擦伤嘴角而诱发口角炎。

围嘴可用吸水性强的棉布、薄绒布或毛巾布制作，不要用塑料及橡胶制作。围嘴要勤换洗，换下的围嘴每次清洗后要用开水烫一下，并在太阳下晒干备用。

# 2.睡眠

## 04 宝宝睡眠时间是多少？如何遵循宝宝的睡眠规律？

这个时期的宝宝，白天醒着的时间比以前多了；晚上睡得比较香甜、沉稳，一般只醒一次，有的小儿能够一觉睡到天亮。一般小儿每天需睡15～16小时左右，上午睡1～2小时，下午睡2～3小时。

宝宝的睡眠时间及睡眠方式应由宝宝的睡眠状况来决定，家长不应强求。如果宝宝白天醒着的时间比较长，家长在这一时间就应多逗宝宝玩，让他快乐，这样宝宝晚上就会睡得比较香，时间比较长。但晚上入睡前不要逗引宝宝，以免使宝宝过度兴奋，难以入睡，且入睡后容易惊醒。家长应遵循宝宝睡眠的自然规律。

## 05 宝宝会选择舒服的睡眠姿势吗？

3个月以前宝宝还不会翻身，睡眠姿势是由家长决定的。3个月以后，有些宝宝刚开始是仰卧睡的，过了一会儿，家长发现宝宝已经侧着睡或趴着睡了，感到非常吃惊，又很担心万一趴着睡把鼻子、嘴巴堵住了怎么办？

其实这种担心是没有必要的，因为3个月后，宝宝学会了翻身，他就能自己选择睡眠的姿势了，

**温馨提示**

如果宝宝睡眠的时间较长，可以帮助小儿变换一下姿势，这样睡得比较舒服，也可使小儿睡得深沉、香甜。

一般宝宝总选择自己最舒服的姿势，如果他觉得趴着睡比较舒服他就总会采取这种睡眠姿势，因此到宝宝会翻身后，家长就不必强求宝宝用哪一种睡眠姿势。

## 06 宝宝为什么会哭？强行制止宝宝哭有什么危害？

哭可以使宝宝内心的不良情绪发泄出来，通过哭能调和人体七情，所以哭是有益于宝宝健康的。宝宝大脑发育还不够完善，当受到惊吓、委屈或不满足时，就会哭。

有的家长在孩子哭时强行制止或进行恐吓，叫孩子把哭憋回去。这样做会使孩子精神受到压抑，心胸憋闷，长期下去会导致精神不振，影响健康。当孩子哭时，家长要顺其自然，等孩子哭后就能情绪稳定，嬉笑如常了。

## 07 何为“夜啼郎”？宝宝夜啼的原因有哪些？

到5～6个月时，有的小儿每天晚上都哭闹不止，父母又哄又抱又喂奶，好不容易把他哄睡着，但过不了多久，又开始哭闹，一些老人把这种小孩称为“夜啼郎”。出现这种情况，原因不外乎有以下几种：

❶白天受惊吓和害怕，在夜里可能又梦见到这些东西，开始大哭起来。

❷由于母乳不足，家长没有及时添加牛奶和辅食，宝宝晚上肚子饿了而“夜啼”，对于这种宝宝，家长只要调整好宝宝的饮食量和时间，如在临睡前除了吃母乳外再添加一些牛奶或米粉，或者在半夜再喂一次奶，宝宝吃饱了“夜啼”就会自然好。

❸室温过高、太闷、被子盖得太厚，蚊虫叮咬也会影响宝宝睡眠，引起啼哭，父母应排除以上这些干扰因素。

❹疾病原因，如佝偻病等都会引起宝宝啼哭，应找医生及时治疗。

## 08 宝宝睡眠易醒怎么回事？

如果小宝宝睡着后，听到一点声音就很快醒来，甚至还惊哭，每次睡眠时间很短，不足1小时，并且睡着后天气不热，头发、衣服、枕头照样汗湿，这可能是缺钙的表现，家长应带宝宝到医院检查，在医生指导下给宝宝服用维生素D制剂，不可在家自行服用。因为维生素D制剂服用过量会引起维生素D中毒，影响宝宝的健康。同时家长应每天抱宝宝到户外晒太阳1～2小时。

## 09 宝宝何时可以用枕头？宝宝的枕头有哪些要求？

对还无法用手支撑身体的宝宝来说，最好不要使用枕头。因为宝宝容易猛转头或翻身，将脸埋在枕头上，造成窒息。一般3～4个月时可让宝宝使用枕头。

**枕头高度要合适。**一般以3厘米左右为宜，随着宝宝长大，可适当提高。如果枕头过低，使胃的位置相对高，容易引起宝宝吐奶；枕头过高，不利于宝宝脊柱颈部弯曲的形成。

**枕头中填充物的选择很重要。**有些家长喜欢用大米或绿豆作为填充物，认为枕这种枕头睡，宝宝头形好看。其实这种枕头不适合小宝宝，因为用米、豆作为填充物的枕头很硬，宝宝长时间睡在上面，出汗后来回摩擦，容易擦伤皮肤或引起枕骨后面一圈秃发，也容易使宝宝头睡得扁平。选择木棉做枕芯较好，木棉透气性能好，易散热。

**枕套要选用柔软的棉布制作，忌用化纤布。**因为化纤布透气性能差，夏天易引起痱子、疖肿等皮肤病，还能引起宝宝湿疹。

# 3.异常情况

## 10 宝宝突然哭闹怎么回事？宝宝哭闹怎么办？

如果哭闹不厉害，面色、体温都正常，只要通过喂水、喂奶换尿布等护理后，宝宝很快就会不哭了。

如果宝宝突然大哭大闹，多半是因为腹痛，引起腹痛的原因除了肠痉挛外，千万不要忘记肠套叠这个病。所谓肠套叠，就是一段肠子套进另一段肠子里，使肠管不通畅，肠管就反复剧烈蠕动，引起腹部阵阵剧痛。宝宝表现为突然哭闹不安，两腿蜷缩到肚子上，脸色苍白，不肯吃奶，哄也哄不好，3～4分钟后，突然安静下来，吃奶、玩耍都和平常一样。刚过4～5分钟，又突然哭闹起来，如此不断反复，时间长了，宝宝精神渐差、嗜睡、面色苍白，有的腹痛发作后不久即呕吐，把刚吃进去的奶全吐出来，晚期呕吐

肠套叠早期通过灌肠复位可治愈。如病程超过1～2日，出现脱水或休克时，需要手术复位或将肠子切除一部分，患者死亡极高。

物中含有肠汁或粪便样液体。肠套叠的另一个特征是开始宝宝不发热，但随着时间的推移，引起腹膜炎后就会发热。

如果发现宝宝有不明原因的哭闹，哭闹呈阵发性，并伴有阵发性面色苍白，怀疑有肠套叠，就应赶快抱到医院外科请医生检查，告诉医生宝宝可能得了肠套叠，以免延误诊治。

## 11 宝宝为什么会流口水？宝宝流口水正常吗？

这个月龄的宝宝很容易流口水，流口水也称流涎。这是因为出牙对三叉神经的刺激，引起唾液即口水分泌量的增加，但小儿还没有吞咽大量唾液的习惯，口腔又小又浅，因而，唾液就流到口腔外面来，形成所谓的“生理性流涎”。这种现象随着月龄的增长而自然消失，家长不必担心。

如果宝宝2～3岁以上还经常流口水，则是一种病态现象，应去医院看病。爸爸妈妈还应注意，口腔发炎时如牙龈炎、疱疹性龈口炎也容易流口水，患儿往往伴有烦躁、拒食、发热等全身症状，后者还常常有与疱疹患者的接触史。所以，遇到这种突然性口水增多时，应及时到医院检查和治疗。

## 12 宝宝上火的原因有哪些？

秋季天气干燥，小儿体内水分流失较多，小儿脾胃功能尚不健全，而小儿生长发育迅速，所需的营养较多，加之饮食不会节制，故容易伤食上火，导致口角起疱、口腔溃疡、便秘、口臭等症状。

## 13 宝宝上火的常见症状有哪些？

**心肺有火** 起病时有热，以后口腔内出现小泡疹，破溃后成小溃疡。宝宝烦躁不安，口腔疼痛，不愿吃饭，甚至于不愿喝水。有时唇干裂，眼睛充血。

**脾胃有火** 腹部胀饱不适，嗳气反胃，进食减少，口臭或有腹痛、呕吐等症状。

**胃肠有火** 表现大便秘结，排便困难，每隔数日解便一次。小便少而黄，混浊有味。

## 14 如何防止宝宝上火?

宝宝出生后最好给予母乳喂养并保证足够的母乳量。母乳含有低聚糖和丰富的营养，不会让宝宝上火。

配方奶组成最好越接近母乳越好。宝宝到了3个月后，在奶中加些奶糕，并多喂些果汁。如有便秘，可将奶粉冲稀些，同时增加糖量，每100毫升牛奶加10克糖。到了6个月后，应加入含有纤维素多的蔬菜水果类食品，可煮些胡萝卜粥、菜粥给宝宝吃，要多饮水。

自幼培养宝宝良好的进食习惯。定时排便，多选择在饭后排便较好，每日让宝宝坐马桶，即使没有大便也要坐十来分钟，以便建立起大便的条件反射。

## 15 怎样给宝宝喂液剂药?应避免哪些错误的方法?

喂小宝宝吃药往往是件很困难的事，要掌握一些技巧，首先将液剂药按规定用量倒入小匙内，一只手把宝宝面朝前的抱坐在膝盖上，拿小匙靠近宝宝的嘴边，当宝宝一张嘴时适时地把药送入嘴里。

液剂药也可装入奶瓶，在宝宝肚子饿时让他吸食，不过，这种方法有可能会使宝宝对奶瓶产生反感，导致不好好吃奶。有的父母用蜂蜜沾上粉剂药涂在宝宝舌面上的喂服方法，但1岁前的宝宝尽量不要使用蜂蜜，因为蜂蜜中含有肉毒杆菌而引发疾病。有的母亲采取捏鼻子灌药的方法，这种方法弄不好有误入气管的危险，故应避免采用。

## 16 怎样给宝宝喂片剂药?

片剂药原则上不要给幼儿服用，4～5岁以下的幼儿服用起来比较困难，易于发生危险，即使要服用的话，也要碾成粉末来喂服。

## 17 可以给宝宝吃小中药吗?

一些家长常在宝宝看完病后，要求大夫加开一点小中药，如至宝锭、妙灵丹等，理由是怕宝宝生病，常给宝宝吃点小中药预防着。其实这种做法是不科学的。

这是因为，人体食入的任何药物都要在肝脏中解毒，由肾脏排泄。小儿的身体处在成长发育过程，许多脏器功能尚未成熟，肝脏解毒功能差，肾脏排泄的功能不完全，应尽量少用药，更不要随便经常滥用药。

# 4.环境

## 18 如何为宝宝营造良好环境?

美的环境可以陶冶宝宝的性情，给宝宝美的享受，家长应尽量把宝宝的生活环境布置得安静整洁、舒适、丰富多彩。

宝宝居室应该经常打扫，家具应经常擦拭，保持清洁卫生；居室应保持空气流通，夏季应保持室内凉爽，但不要把宝宝置于对流风处。冬季室内应保持适宜的温度（18~22℃）和湿度，使宝宝呼吸道不致过于干燥。

室内应保持安静，避免噪声和成人的大声喧哗。如果宝宝经常处于嘈杂和吵闹的环境中，情绪会变坏，严重的会影响食欲和睡眠。

这一时期的宝宝已不满足于整天躺在床上，想要起来玩，喜欢主动地环视周围环境，触摸和抓握玩具。因此，父母可将宝宝周围的环境布置得丰富多彩些，如在墙上贴一些图案简洁、色彩鲜艳的图片，挂一些小动物玩具，床头上可悬挂一些色彩鲜艳的（如红色）玩具，玩具如能发出悦耳的声音或能够活动就更能引起宝宝注意，他不仅会注视、还会去触摸和抓握这些玩具。

## 19 香烟烟雾对宝宝有何危害?

若宝宝在进食时家长在室内吸烟，烟雾在空气中缭绕，宝宝往往发出阵发性尖声啼哭，同时双拳紧握，双膝屈曲，颜面发红等。这些症状是胃肠道痉挛引起的。

统计结果发现，如宝宝双亲每人每日吸1～10支烟，宝宝发生腹绞痛者占45%；双亲每人每日吸11～20支烟，宝宝发生腹绞痛者为69%；双亲每人每日吸烟达20支以上时，宝宝患腹绞痛可达90%。

宝宝的嗅觉、味觉都比成人敏感，在宝宝进食时，香烟烟雾的异味可刺激宝宝的迷走神经，导致宝宝胃肠道发生痉挛性收缩，使宝宝产生剧痛，发出尖声啼哭。为了宝宝的身心健康，父母及家人请不要吸烟。

## 20 可以让宝宝坐护椅吗?

一般宝宝在生后5个月左右，腰部稍微支撑一下就可以坐立起来；6个月左右，弓着背双手扶地可以坐立几秒钟，到了7个月，不要任何支撑就可以坐立了；但这种坐立时间不会太长，也不会转动身体去拿旁边的东西。达到完全自如的程度是在8个月左右。

总之，宝宝在6～8个月可以独自坐立就算是正常的。对宝宝进行坐立的训练和培养一般在头颈挺立之后较为适宜，宝宝已经5个月了，让她坐护椅来喂食是完全可行的。

## 21 让宝宝坐儿童车有什么好处？儿童车有哪些式样?

这个时期，小儿既好动又不能自由活动，手还喜欢到处乱抓东西往嘴里放，若没有专人照料，容易发生危险。而现在的许多家庭，照料宝宝、处理家务常常落在一个人身上，这时儿童车就可以派上大用场。

可以把宝宝放在儿童车里，这样可给他一些玩具让他自己玩耍。既能练坐，家长还可以放心地去干其他事，不必寸步不离地守在宝宝旁。

儿童车式样比较多，有的儿童车可以坐，放斜了可以半卧，放平了可以躺着，使用很方便。还可以将宝宝放在儿童车里，或坐或躺，父母推着小车到户外去晒太阳，呼吸新鲜空气，让宝宝接触和观察大自然，促进宝宝的身心发育。

## 22 为什么不能让宝宝长时间坐儿童车?

父母注意，不能长时间让宝宝坐在儿童车里，任何一种姿势，时间长了，造成宝宝发育中的肌肉负荷过重。另外，让宝宝整天单独坐在车子里，就会缺少与父母的交流，时间长了，影响宝宝的心理发育。正确的方法应该让宝宝坐一会儿，然后父母抱一会儿，交替进行。

# 5.口腔

## 23 宝宝什么时候出牙?

通常宝宝的出牙时间是在6～7个月。早一点或晚一点都是正常的。即使比平均时间早上3个月或晚上3个月都是正常的。很多人认为只要宝宝成长发育良好就会早出牙，事实上并不完全这样。相反，未成熟儿也有出牙早的。当宝宝身体发育良好，而又一直不出牙时，应向牙科或小儿科医生予以咨询。

## 24 宝宝牙出齐需要多长时间?

多数宝宝在1岁时有6～8颗门牙，1岁半时有12～14颗，除了8颗门牙还有4颗前磨牙，有些宝宝会萌出两颗尖牙；两岁时会有16颗牙，即4颗尖牙都会萌出，到两岁半时再萌出4颗后磨牙，以致所有20颗乳牙全部出齐。

## 25 宝宝出牙前有哪些征兆?

一般情况，宝宝出牙前两个月左右开始会出现流口水，吮手指的现象，当宝宝吃奶时喜欢咬奶头，还伴随哭闹、烦躁不安；轻度体温升高的现象时，有经验的父母马上就能感觉到，宝宝要出牙了。仔细查看宝宝的口腔，可以看到局部牙龈发白或稍有充血红肿，触摸牙龈时有牙尖样硬物感。

牙齿萌出是正常的生理现象，多数宝宝没有特别的不适，即使出现上述暂时的现象，也不必为此担心，在牙齿萌出后就会好转或消失。

## 26 如何做好出牙期口腔卫生?

宝宝从开始长第一颗乳牙到乳牙全部出齐，大约需要两年的时间，在这期间要特别注意宝宝的口腔卫生。

牙齿萌出期间，在每次哺乳或喂食物后或者每天晚上，由母亲将纱布缠在手指上给宝宝擦洗牙龈和刚刚露出的小牙，使其适应清洁口腔。牙齿萌出后，可继续用这种方法对萌出的乳牙从唇面（牙齿的外侧）到舌面（牙齿的里面）轻轻擦洗揉搓，对牙龈进行轻轻按摩。

同时，父母应注意每次进食后都要给宝宝喂点温开水，以起到冲洗口腔的作用，还可以在每天晚餐后用2%的苏打水，轻轻沾擦小儿的牙龈。注意不要在一个地方来回擦，以免引起牙龈黏膜损伤而造成感染。

如果小儿牙龈出现发红、微肿的现象，可在红肿部位涂些1%龙胆紫药液，预防感染。

**温馨提示**

宝宝出牙时体内的抵抗力会有所下降，容易患病和出现一些异常状况，但这也不是说宝宝的感冒、发烧、腹泻都是由出牙引起。如果宝宝出牙期间体温超过38℃，必须立即去医院就诊。

## 27 出牙期有哪些注意事项？

小儿出牙期间，可给小儿吃些较硬的食物，如梨、苹果、面包干、磨牙棒等，还可以给小儿准备一个能咬、有韧性的玩具，让宝宝咬啃以便刺激牙龈，使牙齿便于迅速萌出。

牙齿萌出期间，小儿的玩具等物品要保持清洗干净，小儿的小手勤用肥皂清洗、勤剪指甲，以免引起牙龈发炎。另外，刚萌出的乳牙表面矿化尚未完全，牙根还没有发育完全，很容易发生龋病（虫牙），因此，在牙齿开始萌出后就应做好龋病等的预防工作。

## 28 导致宝宝牙齿变黄的原因有哪些？

人的牙齿在生长发育期是最容易受到影响的，正常发育形成的乳牙是白色的，恒牙是淡黄色的。存在下面几种异常情况时牙齿会变黄。

### 四环素牙

广泛地使用四环素类药物，会使过量的药物在牙本质（牙齿内层硬组织）内沉积，致使牙齿变黄。牙齿变黄的轻重程度与服药的剂量及时间有关，所以，孕妇和8岁以内的儿童都必须禁用四环素类药物。

### 氟牙症

氟牙症是因为在饮水中氟的含量过高而损害牙釉质（牙齿表层硬组织），使牙齿表面呈白垩状或黄褐色斑块，严重的全口牙均为黄褐色。由于胎盘的屏障作用和母乳中氟含量较少，所以乳牙的氟牙症很少见，多发生在恒牙。氟牙症的彻底预防是改良高氟地区水源，降低饮水中氟的含量。

## 营养障碍性黄牙

在小儿牙齿发育钙化时期如患有严重的全身疾病、营养障碍等，均会影响牙齿的发育，轻者牙釉质失去光泽、变黄，重者整个牙面呈蜂窝状，甚至无釉质覆盖，左右对称，由这种原因造成的黄牙，医学上称之为釉质发育不全和钙化不良。

而营养障碍性黄牙，再补充钙、磷和维生素对治疗黄牙已无意义。已发生釉质不全的牙齿早期应注意保护。

除此以外，一些局部外来因素也可以使牙齿表面染色变黄，如吃某种中药、饮浓茶等。

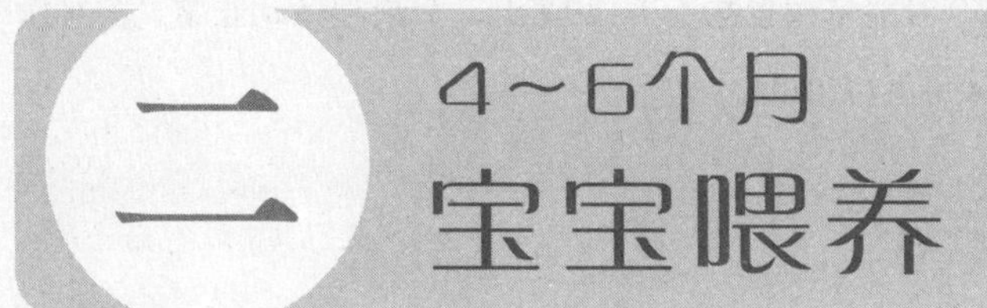


## 1.添加辅食

### 01 4～6个月母乳喂养有何特点？何时添加辅食？

按照常理来讲，如果母亲的乳汁丰富，这个月龄仍然可以母乳喂养。但是，即使母亲乳汁多，宝宝吃得饱，体重长得好，也要给宝宝添加母乳以外的食物。

因为，随着宝宝月龄的逐渐增加，母乳中的无机盐和维生素含量已不能完全满足宝宝生长发育之需。因此，不论是母乳喂养或其他方式喂养的宝宝，均应及时添加必要的无机盐和维生素。

宝宝出生4个月内，从母体中获得的铁还有储备，但宝宝满了5个月后，身体中储备的铁逐渐不够用了。特别是那些出生体重低的小儿，如果体内的储备铁用光了，就会发生贫血。因此，母乳喂养的小儿到这个月龄应该添加辅食。

### 02 如何掌握喂牛奶的量？

这个时期能吃的宝宝无论给多少牛奶总显得不够，但不能无限制地增加奶量，因为这容易使宝宝成为肥胖儿。因此，能喝牛奶的宝宝必须每10天测一次体重。

正常宝宝在这个时期每10天增重150～200克。如果增重200克以上，就必须加以控制。超过300克就有成为巨型儿的倾向。这时父母可在喂奶之前或喝完奶后适当给些果汁或浓度小的酸奶。一般在3个月时每天吃到900毫升的宝宝，在这个月龄最多每天吃到1000毫升，量不需要增加多少了，从这个时期起应该开始用断乳食品对宝宝的食量进行调节，逐渐过渡到断奶。食欲特别强的宝宝可适当用米粥代替牛奶。

食量小的宝宝可能到了这个月龄每次也吃不下180毫升，只要他活动正常，精神愉快，睡眠好，体重逐月增加，父母就不用担心。

## 03 添加宝宝辅食应遵循哪些原则?

添加的每一种辅食对宝宝来说都是一种新的食物，他要慢慢地习惯。添加不好会引起宝宝消化功能的紊乱，出现腹泻、呕吐。因此，添加辅食要遵循一定的原则。

### 1 一种到多种

最初给宝宝添加的泥糊状食物可选用米粉或自制的稀米粥。从加喂第一种食物的第一天起，就应仔细观察宝宝的神态、大便和皮肤。如果宝宝精神、食欲正常，无腹泻、便秘和皮疹，可在3～5天后添加第二种食物，以此类推。

### 2 少量到多量

由于宝宝的营养需求量和消化吸收能力不断增加，食物添加宜从少到多。

### 3 从稀到稠

食物先从流质开始到半流质，再到固体食物逐渐增加稠度。

### 4 从细到粗

以青菜为例，从青菜汁到菜泥再到碎菜，以逐渐适应宝宝的吞咽和咀嚼能力。

### 5 少盐少糖

小宝宝肾脏的稀释和浓缩功能较差，过多的盐摄入可增加肾负担，因此小于8个月的宝宝，食物中应少加盐。此外，宝宝的食物中宜少加糖。

### 6 忌油炸食物

因为高温会破坏营养素，且油炸后形成的高脂食物不易消化，有较强的饱腹感，对宝宝的进食会产生不良影响。

## 04 什么样的辅食适合宝宝？应如何添加？

宝宝能够接受的食物大概有各种谷类食品如米糊、营养米粉、烂粥、豆腐、菜泥、水果泥、蛋黄、动物血、鱼泥等。那么如何给宝宝添加呢？

❶超市里出售的奶糕、各种米粉等，一般冲调即可喂食，非常方便。但是，这个时期的宝宝还是应该以奶为主，不能过多喂食各类食品。因为谷类食品缺乏宝宝生长所需要的优质脂肪、蛋白质以及其他营养物质。冲调奶糕、米粉时可适当调入蛋黄、鱼泥、菜泥等，提高它的营养价值，也省去单喂的麻烦。

❷这个时期的宝宝适合吃菜泥，要选用深色新鲜蔬菜，菜泥里可适当加入几滴素油。

❸给宝宝添加水果，可将选好的水果洗净后挤汁或用匙子刮成泥来喂。这个时期，每天喂水果的次数不超过2次，多在下午2点和6点。

❹蛋黄是这个时期宝宝的最理想的供铁食物。可单独喂食，也可混入米粉，奶糕中喂食。开始添加时，蛋黄先从1/4个吃起，慢慢增至1/2直至全蛋黄。蛋白易使宝宝过敏，父母不要太早给宝宝喂蛋白，一般到7个月左右再开始喂全蛋。

❺动物血如鸡、鸭、猪血中含有较多的铁质和蛋白质，易于消化，是制作宝宝辅食的很好选择。可将动物血隔水蒸熟，切末，与煮烂的粥混匀，或是调入奶糕中喂。

❻鱼也是宝宝的理想食物，不仅营养丰富、易于消化，而且不需要特地制作。家里人吃的蒸鱼、炖鱼、烧鱼都可喂宝宝吃。

## 05 添加辅食应按什么顺序？

### 首先应添加谷类食物

给宝宝首先添加的食物应是粮谷类食物——第一种应是大米粉。一般添加米粉两周后，宝宝就能学会吞咽。米粉或面包这类粮谷类食物可以提供碳水化合物和B族维生素。添加米粉后，如果宝宝没有不良反应，就可以给宝宝添加蛋黄，将蛋黄压成泥状喂给宝宝。

**温馨提示**

添加辅食是一个循序渐进的过程，这时候大多数的宝宝还未长牙，咀嚼能力差，添加的辅食一定要少而烂，适合宝宝的消化能力。

### 添加蔬菜汁(泥)或水果汁（泥）

添加粮谷类食物一两周后，可以给宝宝在上午时喂些水果汁（泥）。一个星期后，可以在午餐时给宝宝喂些蔬菜泥。

可以添加的水果有：苹果、梨、香蕉、桃和杏等。在众多的蔬菜品种中，玉米难消化，豌豆和各种干豆易引起过敏反应，而胡萝卜、土豆、南瓜和其他瓜类既易消化而又不致产生过敏反应。

### 添加肉类食物

在给宝宝添加蔬菜水果一段时间后，在午餐时可以给宝宝吃点肉类食品。宝宝生长发育需要蛋白质和铁，而畜肉、禽肉、鱼和动物血都是蛋白质和铁的优良来源。

添加肉类时，可以先喂鸡肉和羊肉，再喂牛肉，最后喂猪肉和动物肝脏。宝宝也可以吃些肥肉，肥肉不含纤维，比较滑嫩，宝宝很容易接受。注意不要给宝宝吃含有亚硝胺盐的肉类如腌肉、熏肉和午餐肉等。

# 2.辅食制作

## 06 怎样自制奶糊？

奶糊是牛奶与米糊的混合物。在米粉或奶糕的制作中加入牛奶，即成奶糊。一般以100毫升牛奶加入5克左右米粉为宜。奶糊适合喂养4个月后的宝宝。

## 07 给宝宝吃水果有哪些好处？如何合理选择水果？

给宝宝制作水果辅食时，最重要的是合理地选择水果。水果种类繁多，它不仅有很高的营养价值，有的水果还有防病、治病的作用，然而吃得不当也会致病。尤其对宝宝来说，消化系统的功能不够成熟，吃水果尤其要注意。

宝宝常吃的水果有苹果、梨、香蕉、橘子、西瓜等，如苹果能收敛止泻，梨能清热润肺，香蕉能润肠通便，橘子能开胃，西瓜能解暑止渴。宝宝情况正常时，父母每天可以选择1～2种水果喂给宝宝；宝宝身体出现不适时，可以根据宝宝的情况合理选择水果，不仅可以补充营养而且还可以起到辅助治疗的作用。如宝宝大便稀薄时，可用苹果炖成苹果泥，有涩肠止泻的作用。但芒果和柠檬易引起宝宝过敏反应，因此，1岁以内的宝宝不宜食用。

由于宝宝特偏爱水果，所以，给宝宝添加水果辅食是最不费劲的了。父母看到宝宝能吃往往会失去控制，但是过食水果也会引起不适的。因此，父母要记住美味不可多食，喂用水果要适可而止。

## 08 宝宝吃香蕉会坏肚子吗?

香蕉味道芳香，便于嚼咽，是宝宝喜好的水果之一。如果喂食香蕉后第2天宝宝便中出现黑丝，这大概是香蕉中的膳食纤维，香蕉中的纤维不太好消化，常常是随大便一起排出体外，不会造成不良影响。香蕉具有通便作用，尤其是便秘的宝宝食用香蕉很有益处。香蕉有时会导致大便稀软，但只要宝宝精神良好无其他异常反应就大可不必担心。如果出现了浸入尿布那样的水样痢疾便时，应暂时中断喂食为妥。

## 09 可以用水果代替蔬菜吗?

蔬菜能供给人体不可缺少的矿物质和维生素。矿物质包含许多元素，如钙、磷、铁、铜、碘等，它们对人体各部分的构成和机能具有重要作用。

因此，对于不爱吃蔬菜的宝宝，父母用水果来代替是不科学的。虽然，水果中的维生素量不少，但是钠、钙、钾、铁等矿物质的含量少，远不及蔬菜。

## 10 怎样给宝宝喂鸡蛋?

如果宝宝对鸡蛋不过敏，从5个月时就可以开始喂食，首先要从蛋黄喂起。半熟的鸡蛋易于消化，也容易入口吞咽，但煮熟的蛋黄比半熟的鸡蛋要安全些，不易引起过敏。蛋黄开始只吃1/4个，3～4天无不良反应后可增至1/2个，再逐渐增至1个。

## 11 为什么不能给宝宝吃鸡蛋清?

小宝宝消化系统发育尚不完全，肠壁很薄，通透性很高，而鸡蛋清中的蛋白为白蛋白，分子小，可以直接透过肠壁进入小宝宝的血液中。这种异体蛋白为抗原，可使小宝宝体内产生抗体，再次接触这种异体蛋白时，则出现一系列过敏反应与变态反应性疾病，如湿疹、荨麻疹、喘息性支气管炎等。

所以，小宝宝只宜喂蛋黄，不宜喂蛋清。

## 12 动物肝脏有何营养？添加时应注意什么？

动物肝脏铁分含量很多，在断奶期间是防止宝宝出现贫血的最佳食品之一，并且蛋白质和维生素也很丰富，作为宝宝的断奶食品是不可欠缺的。唯一值得一提的是肝脏比较容易腐坏，必须注意它的质量和新鲜度。开始喂食时可先喂较为柔软的鸡肝，之后再逐步喂牛、猪等肝脏。

## 13 怎样做动物肝脏给宝宝吃？

先将肝脏放入水中浸泡，待水浑浊后进行换水，同时用手搓洗，之后再放入较淡盐水或牛奶中浸泡30分钟，这样可以去除腥臭味。

鸡肝煮熟后用匙子捣碎后即可喂食。做牛肝和猪肝时事先要将筋剔除后放入锅内加火煮，煮熟后取出用擂钵碾碎再放入锅内，适当加入汤汁、盐、酱油、砂糖等调料，进行搅拌，作为一种肝酱来食用。在土豆泥中放入些，或与蔬菜相拌做酱炖都是很好吃的。另外也可使用宝宝食用肝脏罐头，有纯肝脏的，也有与蔬菜相拌的，注意瓶盖打开后需在2天内用完，开始时使用肝脏拌蔬菜的瓶装罐头比较适宜。

## 14 怎样做豆腐给宝宝吃？

豆腐细腻光滑口感好，易于消化，是断奶初期的最佳食品之一。开始时大多是用汤汁淡味煮熟来喂食。下面是适于6个月宝宝食用的其他两种吃法：

**勾芡豆腐** 豆腐切碎煮软后，与蔬菜泥（胡萝卜、白萝卜等）一起用油烹炒，加入砂糖、酱油等作料，最后用淀粉勾芡。

**炖豆腐** 与炖肉做法相同，不过是将肉换成豆腐，注意味道要清淡。

## 15 宝宝适合吃什么样的鱼？

**选购新鲜鱼** 海鱼的鱼肉一定要有弹性，翻开鱼鳃要呈淡红或鲜红色，眼球微凸色黑白清晰，鱼鳞外观完整，没有鳞片脱落，无难闻的腥臭味。最好选用活鱼。

**适合宝宝吃的鱼** 没有小刺的鱼，如银鳕鱼、三文鱼、青鱼、黄鱼、鲳鱼、比目鱼、马面鱼、带鱼等。另外，像鲈鱼、鲢鱼、武昌鱼、胖头鱼、鲫鱼、鲤鱼等这种有刺鱼的腹部也可以给宝宝吃。

**适当吃鱼松** 不少家长喜欢给宝宝吃鱼松，因为鱼松营养好，食用方便，没有小刺。但是鱼松中含有较高的氟化物，当氟化物超过安全值时，就会在体内蓄积，使宝宝中毒。鱼松不是不能吃，但量不能过大，不能长期给宝宝吃。

## 16 为什么不能把食物嚼碎后喂宝宝？有哪些弊端？

有些老人认为把食物嚼碎后再用手指抹给或嘴对嘴地喂宝宝，使食物好消化，有利于宝宝健康成长。实际上这是一种不正确的喂养方法。其危害有以下几点。

❶食物经嚼后，香味和部分营养成分已受损失。嚼碎的食糜，小儿囫囵吞下，未经自己的唾液充分搅拌，加重了胃肠负担，使宝宝营养缺乏及消化功能紊乱。

❷影响宝宝口腔消化液分泌功能，使咀嚼肌得不到良好的发育。如果让宝宝自己咀嚼可以反射性地引起胃内消化液的分泌，以帮助消化，提高食欲。

❸可使宝宝感染某些呼吸道传染的疾病，如流感、流脑、肺结核等。

❹可使宝宝患消化道传染病。如肝炎、痢疾、肠寄生虫病。即使是健康人，体内及口腔中也常常带有一些病菌，病菌可以通过食物，由大人口腔传染给宝宝。

## 17 调味品宝宝怎么吃？

### 1 食盐——1岁内最好别加盐

2008年发布《中国孕妇乳母及0–6岁儿童膳食指南》中就指出1周岁内的宝宝饮食不用专门添加盐。据说，宝宝1周岁内对钠的需求量远不足1g，而这些完全可以从奶类和其他辅食中摄入。1岁以后宝宝可以开始适当的在宝宝食物中添加少量的盐，帮助调味，但注意摄入的盐应该控制在2g以内。

### 2 糖——6个月后少糖

首先注意少糖并不代表少加糖，而且在选择食物时尽量选择含糖量较低的食物。糖只是提供热量，并不能帮宝宝补充任何其他的营养素，除了调味对于宝宝并无太多的好处，因此在宝宝辅食中要尽量不加糖。

### 3 油——6个月后每餐可添加一两滴植物油

据中国营养学会关于婴幼儿膳食营养的要求，6个月后宝宝辅食中可以考虑添加少量的植物油，一般每餐1-2滴即可。脂肪能够提供宝宝成长所需的热量，6个月前宝宝从母乳或者配方奶中摄入的脂肪已足够。随着婴儿对脂肪需求量的增大，可以在6个月后在宝宝辅食中添加少量的植物油，以补充宝宝成长所需的脂肪，特别提醒最好不要加动物油，不仅不利于消化还可能引起消化性腹泻。

### 4 醋——最好在2岁以后食用

醋属于刺激性较强的调味品，最好在宝宝2岁以后再添加。过早在宝宝饮食中添加醋往往容易降低宝宝的味觉敏感度，造成宝宝越来越重口味。如果在宝宝某些特定食物中需要添加醋，偶尔少量调味还是可以起到积极调剂作用的，不过记住少许即可。

### 5 酱油——最好1岁以后添加

酱油可改善食物的色、香、味，一定情况下能促进宝宝食欲。但注意酱油中的盐分也较高，由此过早摄入酱油也容易导致钠离子摄入过度，从而造成肾脏负担，此外也会影响宝宝味觉的正常发育。因此酱油也最好在1岁以后再添加，且每次1-2滴即可。由于酱油是由黄豆发酵而成，因此初次食用后要注意观察宝宝是否出现过敏状况。

除了以上多种常见调味品可以逐步添加外，像葱、姜、蒜等常见的天然调味食品刺激性较强，也要尽量等宝宝肠胃发育比较完善时再添加。而像辛、麻、辣等刺激性超强的调味6岁前要坚决杜绝添加，这些对于宝宝的消化系统伤害性极大，严重者可至宝宝口腔、肠道、胃等部位出现水肿、充血甚至糜烂，溃疡等症状。

## 18 宝宝不爱淡口味怎么办?

1岁前宝宝调味品除了植物油外，其余的最好都不要添加，那若是宝宝又不爱进食淡口味辅食怎么办呢？

其实，方法很简单，将多种食物合理搭配即可改善口感，比如增加甜味，白粥中加瘦肉就有甜味了，此外，像青菜、红枣、番薯等食物都可给白粥增加甜味。宝宝口感具有可塑性，他们最终都是最爱吃妈妈做的东西，妈妈们尽管发挥自己的能力吧。

# 3.异常情况

## 19 宝宝达到什么程度才算胖？

如果自出生到了3个月，宝宝的体重增加了3千克（平均每天30克）或超出同龄宝宝平均值的20%以上就算是胖了。用母乳喂养的宝宝70%不会发胖。而用牛奶或米粉喂养的宝宝大约70%是胖的。因此在用牛奶或米糊喂养时，一定不要过量。

## 20 宝宝太胖有哪些不好？

胖宝宝一般容易感冒，也爱长湿疹。胖宝宝动作缓慢、不爱活动，而越不爱活动就会长得越胖。胖宝宝由于体重较重，因此不要让其早站立，不要过早学走路，因为太重会影响到腿的发育。但应让宝宝多运动，特别是腿部要多做运动，以帮助宝宝消耗掉一部分热能。

## 21 怎样帮助宝宝多运动？

❶让宝宝仰卧，逗他（她）做踢腿的动作和游戏。

❷扶着宝宝腋下让其站在父母膝上做跳跃运动以锻炼双腿。

❸要经常帮助宝宝练习翻身动作。

❹再大一点的宝宝，要多练习爬。由于肚子胖，宝宝可能不喜欢爬，但父母应做多种游戏帮助宝宝。

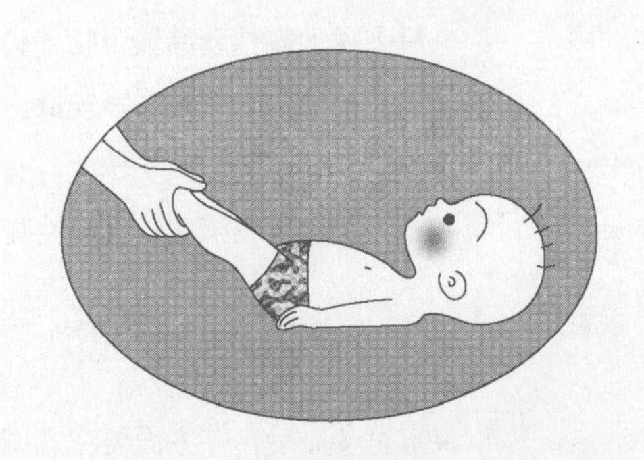

注意，活动的时候尽量不要给宝宝包尿布，那样会让宝宝感到不舒服。做运动时要让宝宝感到轻松，从而更喜欢游戏和锻炼。

## 22 如何预防小儿贫血？

对缺铁性贫血主要在于预防，在小儿喂养上要注意以下几点：

❶人工喂养的小宝宝要及时添加辅食：由于奶中含铁量较低，远不能满足婴幼儿生长发育的需要，而从母体中获取的铁到6个月时都已用尽，因此必须及时补充。

❷选择含铁丰富、铁吸收率高的食物给宝宝吃：下表列举了一些食物的含铁量，父母可选择一些食物给宝宝作辅食。表中的单位是每100克食物所含铁的毫克数。

**不同食物(100克)含铁量(毫克)**

| 食品名称 | 含铁量(毫克) | 食品名称 | 含铁量(毫克) | 食品名称 | 含铁(毫克) |
| --- | --- | --- | --- | --- | --- |
| 黑木耳 | 185.0 | 海带 | 158.0 | 紫菜 | 320 |
| 猪肝 | 250 | 香菇 | 230 | 黄豆 | 110 |
| 芹菜 | 8.5 | 蚕豆 | 7.0 | 蛋黄 | 7.0 |
| 小米 | 4.7 | 油菜 | 3.4 | 铁牛肉 | 3.2 |
| 羊肉 | 3.0 | 菠菜 | 2.5 | 瘦猪肉 | 2.4 |
| 胡萝卜 | 1.9 | 白萝 | 1.9 | 菜花 | 1.8 |
| 鸡肉 | 1.5 | 大米 | 0.7~1.8 | 牛乳 | 0.1 |
| 人乳 | 0.1 | | | | |

一般来说动物性食品铁吸收率较高，大约为20%；植物性食物铁吸收率较低，约在10%以下；鸡蛋中的铁吸收率较低，所以父母不能满足于给宝宝喂鸡蛋。大豆中的铁吸收率较高，可给宝宝适量食用。

❸积极治疗胃肠疾病：对慢性腹泻要彻底治愈，以免铁吸收不良。

## 23 如何治疗小儿贫血?

宝宝患贫血后，一方面要注意调理好宝宝的饮食，另一方面应在医生指导下，服食铁剂，多吃含铁量高的食物，防止宝宝感染其他疾病。一般经过治疗，血红蛋白可恢复正常值。

# 4~6个月 宝宝智能开发

## 1.能力发展

### 01 宝宝社交能力有何发展?

#### 会对人笑

4~6个月以后宝宝很好玩，会逗人，很喜欢让人抱。有时一面吃奶，一面盯住妈妈的脸，有时还要放开奶头笑起来，逗得妈妈非常高兴。有时也转向周围的人，设法逗引旁人或观看旁人的活动，竟忘记吃奶。

宝宝吃饱睡足，可自由地挥动手脚，或把小脚丫搬进嘴里啃起来，玩得真够快乐。如果成人逗引他，同他说话，不仅微笑，还要咯咯地大笑起来。初生时只会哭，现在学会笑。

#### 会看脸色

5~6个月的宝宝，会看脸色，逐渐能分辨出温和还是严肃的表情，亲切的声音还是训斥的怪腔。对温柔而亲切的态度就做出微笑或高兴反应，对严肃的态度就要惊恐、躲避或大哭。

### 02 宝宝味觉和嗅觉有何发展?

这个月龄段的婴儿已能比较稳定的区别好地气味和不好的气味，能比较明确而精细地区别酸、甜、苦、辣等各种不同的味道，对食物的任何变化都会表现出非常敏锐的反应，例如，吃惯了母乳的婴儿在刚刚换吃牛奶的时候往往会加以拒绝。

这个时期也是婴儿舌头上起味道感觉作用的味蕾的发育和功能完善最迅速的时期，对食物味道的任何变化都会表现出非常敏锐的反应并留下“记忆”。因此，在此期间给婴儿添加各种味道的辅食，均可被婴儿接受。

## 03 宝宝听觉有何发展?

这个时期的孩子开始能集中注意力倾听音乐了，并且对悦耳动听的音乐表示出愉快的情绪，而对强烈的声音表示出不快。听到声音能较快转头，还能分辨不同人的声音，尤其是能区分爸爸、妈妈的声音。听见妈妈说话的声音就高兴起来，并且开始发出一些声音，似乎是对成人的回应。听到叫他的名字已有应答的表示。能欣赏玩具中发出的声音。

## 04 宝宝视觉有何发展?

这个时期婴儿的视觉功能已经比较完善，开始能够辨别不同的颜色，对红、橙、黄等暖色较偏爱，特别是红色的物品最能引起婴儿的兴奋。大约在5~6个月时，婴儿就开始对镜子中的自己感兴趣了，还可以注视远距离的物体，如飞机、月亮、车辆、街上的行人等，并且开始形成视觉条件反射，比如看见奶瓶会伸手要，会玩自己的小手等。

## 05 适合宝宝的玩具有哪些?

适合宝宝的玩具应符合以下特点：

❶色彩要鲜艳，色块大，不乱。

❷无毒无污染。

❸玩具上尽量少有小装饰物，如果有眼睛，应是不易摘下来的那种。

❹易于清洗消毒。

玩具是宝宝的玩具，要宝宝喜欢玩才行。宝宝的智力发育、性格、兴趣爱好不同，喜爱的玩具也不同。以下仅供参考。

- **4个月**：用手捏便会叫的塑胶玩具。
- **5个月**：能让宝宝用手抓住的玩具。

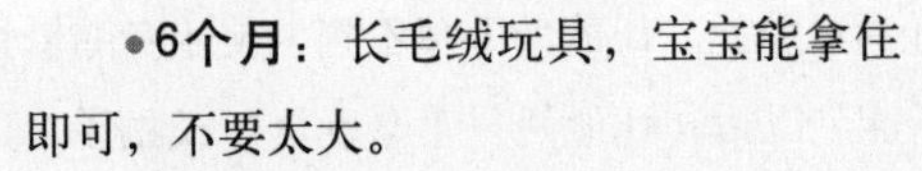

- **6个月**：长毛绒玩具，宝宝能拿住即可，不要太大。
- **8个月**：图片。
- **10个月**：积木，简单的插接玩具。
- **12个月**：拖拉玩具。
- **13个月**：汽车，球。
- **24个月**：玩水和沙土的玩具，画画用的文具。

# 2.能力训练

## 06 怎样对宝宝进行看图训练?

当宝宝视觉发展以后，彩色图片对他有足够的吸引力，妈妈可以通过图片教他认识事物。开始时可将宝宝抱在怀里给他看一些简单的画。这些画色彩简单明快，画中的物体要大而清楚，比如画上只是一只猫、一条鱼、一个杯子。在看图片时，妈妈要告诉宝宝图片上东西的名称，告诉他图片上主要的颜色，并可就图片的内容编个儿歌、小故事说给宝宝听。如果是小动物，就学着动物的声音叫几声“小猫咪咪咪”、“小狗汪汪汪”、“小鸭嘎嘎嘎”。增加游戏的乐趣。也可讲解图片：“小猴吃桃，猴子最爱吃水果。小猴淘气，爱上树。”等等。不要担心宝宝听不懂，慢慢他会明白的。

## 07 如何训练宝宝坐着玩?

宝宝5个月时可让他靠在妈妈身上，或背坐在大沙发上玩，开始时，他坐不了多一会儿就会倒下，慢慢的坐地时间长了，能放手稳坐10分钟左右，就可以训练他自己独坐着玩了。当然，如果独坐在沙发上要有人在旁边看着，宝宝歪倒时给他扶好，注意不要摔下来。坐得再稳当些以后，可以将宝宝放在地毯上，让他拉着妈妈的手起坐，注意妈妈不要用力拉他，小心拉得宝宝关节脱臼。

宝宝靠坐在妈妈怀里，可用新鲜玩具逗引他，让他伸手拿不到，使上身随着抬高，不再靠在妈妈身上，然后把玩具给他，能坐以后，让他两只手拿玩具，或拍手，训练坐的平衡。还要训练他点头、摇头，这样可逐渐帮他坐稳。

这个游戏，可训练宝宝的躯体肌肉，使背胸、腰肌发育，支撑整个上身。人要学会坐，必须保持体位平衡，这要有中枢神经系统的调节才能做到，宝宝能独坐后才能使两手活动更加自由，从而促进手的进一步发育和手眼协调的发展。

## 08 为什么要让宝宝多接触陌生人？有什么好处？

宝宝喜欢和自己熟悉的人待在一起，但家长要多给他接触陌生人的机会。比如妈妈在与别人谈话时抱着他，让他听，并向他介绍："这是阿姨。""这是叔叔。"

家长要让宝宝有见陌生人、听陌生人声音、与他人接触、一同玩耍的乐趣，使他感觉到与他人接触的愉悦，另外，在与陌生人的交往中，宝宝知道了有许许多多没见过的人，知道其他人对他也很友善。这样对宝宝随年龄增大逐渐不依恋父母很有好处。他从小接触社会，就不会对陌生人产生恐惧心理，有利于培养开朗、喜欢交往的人格。

## 09 怎样刺激宝宝说话的欲望？

家长与宝宝的交流是十分必要的，不要以为对这么小的宝宝说话是"对牛弹琴"。这个时期的宝宝虽然不会说话，但却有着惊人的接受语言的能力。

实际上，宝宝在听话的过程中，通过潜意识的作用，能够接受大量的语言信息；同时，大量的语言刺激能促使宝宝的听觉和发音器官的发展和健全，使宝宝早说话。相反，如果宝宝接受的语言信息很少，那么宝宝就根本不会说话或说话很晚，并且说得也不好，这样就影响宝宝智力水平的发展。

所以父母应尽早地利用一切机会多和宝宝说话，并且把动作和语言联系起来。比如，在喂奶和护理时，教他认识奶瓶、小被子、衣服、手绢等，开灯时教他认识灯，坐车时教他认识车，和宝宝一起玩时教他认识各种玩具等。成人最好能指着各种物品用清晰缓慢的语言对宝宝说"这是什么？""那是什么？"要像对已经懂事会说话的宝宝那样给他讲各种各样的事情，让他感觉、让他看、让他听。

另外，要让宝宝大脑贮存更多的信息，家长还应常为宝宝创造良好的语言环境，如朗诵儿歌、富有情节的短文给他听，以听、读、唱的方法，丰富他的语言知识。

# 4～6个月 宝宝常见病护理

## 1.宝宝肝炎

### 01 宝宝肝炎有哪些症状表现?

通过母婴垂直传播感染乙肝病毒的宝宝占40%～70%，可成为乙肝病毒长期携带者，3岁以前占20%～30%。这些乙肝病毒携带者，受乙肝病毒感染的机会较多，并使肝病加重，促进肝硬变、肝癌转化。

临床上宝宝急性肝炎以黄疸型为主，持续时间较短，消化道症状明显，起病以发热、腹痛者多见。6个月以内的肝炎患儿重型较多，病情危重，病死率高、高热、重度黄疸、肝脏缩小、出血、烦躁、抽搐、肝臭是严重肝功能障碍的早期特征。

### 02 宝宝肝炎产生原因有哪些?

与成人相比，小儿肝脏相对较大，血供丰富，肝细胞再生能力强，但免疫系统不成熟，对入侵的肝炎病毒容易产生免疫耐受。因此，婴幼儿感染乙型、丙型肝炎后容易成为慢性携带者。

### 03 如何进行家庭护理?

休息和营养是小儿肝炎治疗的关键。用易消化吸收、富含营养和色香味的半流食提高小儿食欲。当食欲恢复时要控制进食量，以免伤及脾胃，影响肝脏康复。

# 2.肝炎综合征

## 04 肝炎综合征有哪些症状表现？

宝宝肝炎综合征是指1岁以内宝宝（包括新生儿）由不同病因引起，主要以黄疸、肝功能损害、肝或脾大的一组症状。

黄疸是新生儿肝炎综合征突出的表现，起病缓慢，常在出生后数天至数周内出现，黄疸较严重并持续不退。伴有吃奶不好、恶心、呕吐、消化不良、腹胀、体重不增、大便浅黄或灰白色，检查常可发现肝脾肿大、肝功能损害等。

## 05 肝炎综合征产生原因有哪些？

引起宝宝肝炎综合征的病因有：感染性，有病毒性感染，先天性代谢异常性疾病；肝内或肝外胆道异常。

## 06 如何进行家庭护理？

宝宝肝炎综合征病程较长，患儿喂养难度大，护理工作要耐心。房间要保持空气新鲜，阳光充足。

# 3.维生素C缺乏症

## 07 维生素C缺乏症有哪些症状表现？

维生素C缺乏症又称坏血病，多见于6个月至两岁的婴幼儿，母孕期摄入足量维生素C，则生后2～3个月宝宝体内储存的维生素C可供生理需要，若孕妇本身维生素C缺乏，则新生儿出生后即出现症状。

### 一般症状

维生素C缺乏约需3～4个月方出现症状。早期表现易激惹、厌食、体重不增、面色苍白、倦怠无力，可伴低热、呕吐、腹泻等，易感染或伤口小易愈合。

### 出血症状

常见长骨骨膜下、皮肤及黏膜出血，齿龈肿胀、出血，继发感染局部可坏死。亦可有鼻衄、眼眶骨膜下出血，可引起眼球突出。可见消化道出血，血尿、关节腔内出血、甚至颅内出血。

### 骨骼症状

长骨骨膜下出血或骨干骺端脱位可引起患肢疼痛，尤其当抱起患儿或换尿布时大声哭叫。因肢痛可致假性瘫痪，患肢呈固定位置，呈“蛙腿”状。患肢沿长骨干肿胀、压痛明显，微热而不发红，也绝不延及关节。

## 08 维生素C缺乏症产生原因有哪些?

❶乳母膳食长期缺乏维生素C，以牛乳或单纯谷类食物长期人工喂养，而未添加富含维生素C辅食的宝宝，则易患本病。

❷吸收障碍。慢性消化功能紊乱，长期腹泻等可致吸收减少。

❸需要量增加。宝宝和早产儿生长发育快，需要量增多；患感染性疾病，严重创伤等消耗增多，需要量亦增加，若不及时补充，易引起缺乏。

## 09 如何进行家庭护理?

孕妇及乳母应多食富含维生素C的食物，如新鲜水果、蔬菜。提倡母乳喂养，生后2～3个月需添加含维生素C丰富的食物。

# 4.异位性皮肤炎

## 10 异位性皮肤炎有哪些症状表现?

异位性皮炎是一种好发于婴幼儿、儿童及青少年时期、且容易复发的慢性病，幼儿时期的异位性疾病，包括异位性皮炎、气喘和过敏性鼻炎、结膜炎，这些都与个人体质及家族特殊敏感病史有密切关系。所以异位性皮炎与气喘或过敏性鼻炎往往是“三位一体”，只要有其中一种症状，另外两种也会随之出现。

不同年龄的患者常会有不同的临床表现及病灶分布，宝宝型的异性皮肤炎，常在出生后两个月至1岁左右发病。双侧脸颊是多发部位，开始时会有红疹，严重时会有类似情形。大部分的幼儿会在两岁左右好转，当然也有可能持续进行，发展成宝宝型甚至成人型的异位性皮肤炎。

## 11 异位性皮肤炎产生原因有哪些？

遗传性过敏体质格外惹人注意，患者本人及其家族中成员对某些体内外物质的敏感性往往高于正常人。

本病的原因以食物，特别是蛋白质食品尤为常见。另外，通过呼吸道吸入的各种物质，如屋尘、花粉、动物之毛及皮屑等亦不能忽视。通常认为宝宝期似乎是以食物过敏为主，而儿童期后却对吸入物过敏居多。

除上述以外，季节气候变化、精神紧张、强烈搔抓刺激、出汗等均易使本病病情加剧。异位性皮炎发病机制既可以是变态反应，也有非变态性的反应。

## 12 如何进行家庭护理？

❶坚持母乳喂养。

❷减少环境过敏原。因此家中最好不要用地毯，保持环境清洁，以减少灰尘。

❸起居室内湿度不要太高。让宝宝远离绒毛玩具、家中宠物、二手烟，同时清洁剂、洗衣粉、洗洁精、消毒水等化学物质，也不可直接接触幼儿皮肤。

❹让宝宝用温水洗澡，越快洗完越好。洗澡后立刻涂抹保湿性强的乳液或乳霜，才能锁住水分，使水分不至于流失。尽可能减少肥皂的使用，不可用毛巾、刷子或海绵搓洗皮肤。

❺宝宝衣物应为全棉材质。衣物的选择最好是宽松、柔软的棉质的衣物，甚至连寝具、家具装饰等都要尽量避免对皮肤刺激的因素。

# 第五章

# 7～9个月

## 育儿要点

- 逐渐增加辅食品种，注意消化不良；预防宝宝便秘
- 学坐便盆；培养良好的卫生习惯、预防传染病
- 注意宝宝的口腔卫生，预防龋齿
- 培养好的用眼习惯，及时矫治视力异常
- 练习指拨玩具，增加手的操作游戏，培养宝宝自己拿东西吃
- 多出门，增加与人交往，增加户外活动时间；注意宝宝的礼仪教育
- 爬行是全方位的脑力开发，增加匍行拿物的练习
- 进行色彩感觉训练；注意宝宝生活、活动空间的安全，杜绝意外伤害

## 身体发育指标

| | 体重（千克） | 身长（厘米） | 头围（厘米） | 胸围（厘米） |
|---|---|---|---|---|
| 7个月 | 男童≈8.3<br>女童≈7.7 | 男童≈69.5<br>女童≈67.6 | 男童≈45.00<br>女童≈43.70 | 男童≈44.60<br>女童≈43.50 |
| 8个月 | 男童≈8.8<br>女童≈8.2 | 男童≈71.0<br>女童≈69.1 | 男童≈45.74<br>女童≈44.65 | 男童≈45.13<br>女童≈43.98 |
| 9个月 | 男童≈9.2<br>女童≈8.6 | 男童≈72.3<br>女童≈70.4 | 男童≈46.00<br>女童≈45.20 | 男童≈45.60<br>女童≈44.50 |

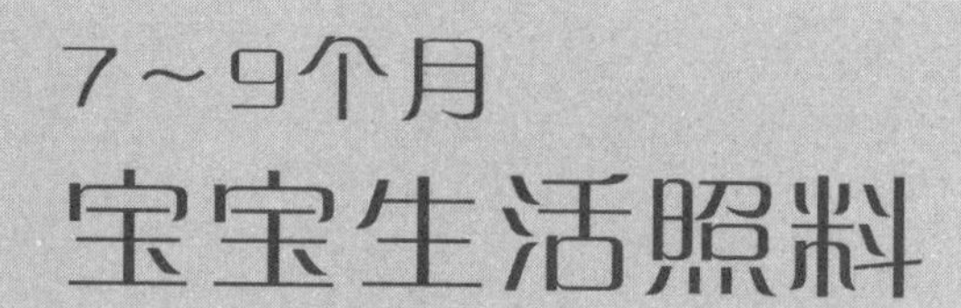

# 一 7～9个月 宝宝生活照料

## 1.日常护理

### 01 怎样为宝宝选一双合适的鞋?

宝宝会坐、会翻身后，渐渐开始能扶着栏杆站起来，甚至迈上几步，有时也喜欢站在大人腿上又蹦又跳，因此，为这一时期的宝宝选择一双合适的鞋尤为重要。鞋子最好选择软底布鞋或用粗毛线编织的，大小一定要合适。

如果太大了，宝宝活动时会感觉不方便；太小了，又容易挤压宝宝的脚。因为人站立时比坐着的时候脚在鞋里占据的面积大，所以，给宝宝试鞋时，一定要让宝宝穿上鞋后站起来，再判断鞋子的大小是否合适。一般宝宝站着的时候脚尖前有半个拇指大小的空余为宜。

**温馨提示**

宝宝的脚长得比较快，两个月左右就需更换鞋子一次，父母应经常给宝宝量一量脚的大小，以便及时更换鞋子，保证宝宝穿得舒适、活动方便。

### 02 如何让宝宝睡得安稳?

一般小儿玩两个小时左右就会感到疲倦而自己慢慢入睡，成人不必抱着宝宝连拍带摇，又唱又走地哄。虽然这样也能使小儿入睡，但往往睡不踏实，容易惊醒，而且还容易使小儿养成依附大人、缺乏自立的不良习惯。也不能让小儿含着奶头或吸吮自己的手指头入睡，这样不仅睡不踏实，而且夜间如果不这样就会哭闹。

如果小儿暂时没有睡意，成人不要强求，让他自己躺在床上，保持安静，不要逗他，也不要抱起来，过一会儿，他就会自己入睡。同时宝宝睡觉前应避免剧烈活动或玩得太兴奋，以免妨碍他入睡。

## 03 宝宝用的体温计有何特点？

如果家里有大人用的体温计，是完全可以给宝宝用的，测量时应采用腋下测量法。宝宝用体温计的水银头比较粗短浑圆，这主要是为了便于肛门测温，肛门测温的优点是体温计不易偏离，测量数值准确，一般医院和产院均采用此种方法。但普通的体温计若进行肛门测温有可能会发生折断的危险，应严格禁止。

## 04 怎样给宝宝量体温？如果宝宝发热怎么办？

当宝宝不活泼、不爱玩或吃饭不香时，别忘了给他测体温，看他是否发热了。

给宝宝测量的体温计不能放在口里，因为他可能会把体温计弄破，割破口、舌或咽下水银，这是很危险的。给宝宝测体温只能在腋下或肛门处测量。在量体温时体温计要紧贴小儿皮肤，不要隔着衣服。由家长扶着小儿的手臂约3～5分钟，取出观察体温计上的度数。

小儿正常体温是36℃～37℃（腋下）。如果宝宝发热，应让他卧床休息，多喝开水，体温太高时以物理降温，如酒精擦浴、冷毛巾湿敷等，也可服退热药片。

家长还要观察一下宝宝其他的症状，如是否呕吐、腹泻、咳嗽、气喘等，以便带他去医院看病时给医生详细地介绍，协助医生作出正确的诊断。看病之后，就要按医嘱吃药，只要没有出现特殊情况，就不要接连不断地去医院。

## 05 怎样给宝宝进行擦浴？何时可进行水浴？

在同样温度下，水对体温的调节影响比空气更大。水浴开始前有二周干擦的准备阶段，即用柔软的厚毛巾，轻轻摩擦全身到发红为止，这叫擦浴。

擦浴时手法要柔软，防止擦伤皮肤。7～8个月的宝宝擦浴的水温开始可在34～35℃，以后每隔2～3天降低1℃，逐渐降低到25～26℃。宝宝躺在大毛巾上，擦浴者用毛巾蘸水，轮流擦左右上下肢及胸腹背部等部位，做向心性擦抹，每擦一次均用另一条毛巾吸干，直到干擦皮肤发红。总时间约6分钟，室温保持在26～28℃。经过二遍擦洗的准备阶段以后，可把宝宝放在水中进行水浴10～20分钟。水浴时头脸应露出水面，不要让水进入、眼、耳、鼻、口腔。水浴完毕后擦干。

# 2.大小便

## 06 怎样培养宝宝定时大小便？有何好处？

这个时期，宝宝的生活比较有规律，基本上定时饮食，定时睡眠，大小便也比较有规律。大便一天1～2次，小便间隔时间也比较长，大人可开始定时把尿了。

一般在宝宝睡觉前及睡醒后要及时把尿，把尿时妈妈抱起宝宝，把他双脚分开，嘴里发出“嘘嘘”的声音，使声音和把尿动作建立联系，经过反复多次训练，宝宝就会形成条件反射，只要妈妈一把这个姿势，宝宝一听到这个声音就会小便。把尿成功后要及时对宝宝进行鼓励，让他知道自己做得对，逐渐愿意和习惯配合。

这种生活自理要求的建立，不仅可减少大人洗尿布的辛劳，更重要的是培养宝宝建立与父母沟通的方式，促进宝宝对更多的要求都能作出不同的表示。

宝宝能坐稳以后，可以让宝宝坐盆大小便而不再需要父母把持，但父母要蹲在旁边扶持。

## 07 宝宝的排尿量正常吗？

**正常** 宝宝在不同年龄，尿量不会相同。刚出生的宝宝在头几天时，由于进食量少，尿量可以很少，约80毫升以内；3～4天尿量为30～300毫升；10天到2个月尿量约400～500毫升；1～3岁尿量约500～600毫升。由于受到个体差异、每日饮水量、气温高低等因素影响，尿量可以有较大的差异。

**异常** 如果一日内宝宝的尿量多于3000毫升/每平方米体表面积，便为多尿，此时宝宝同时多吃、多喝，体重反而逐减，那么可能患了糖尿病；若同时口渴多饮，可能患了尿崩症。如果一日内尿量少于250毫升/每平方米体表面积，便为少尿，若同时伴有腹泻、口渴、唇干、无泪，提示体内失水；若伴有浮肿、高血压，可能患了肾脏病。

## 08 宝宝的排尿次数正常吗？

**正常** 刚出生的几天内宝宝每日尿4～5次；6个月内的宝宝每日尿20～25次；6个月至1岁的宝宝，随着半流质辅食品增加及肾功能逐渐完善，每日排尿次数减少为15～16

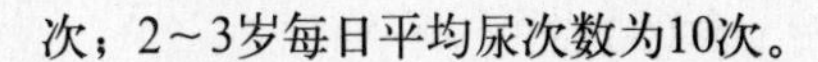

次；2～3岁每日平均尿次数为10次。

**异常** 宝宝尿次数明显增多伴有尿急、尿痛，很可能患了尿路感染；宝宝受到了家长训斥或看到恐怖电视，听了恐怖的故事，就会尿频，这是一种神经性尿频症。

## 09 宝宝的尿味正常吗？

**正常** 婴幼儿刚排出的尿带有一种淡淡的芳香，在放置一段时间后因尿中的尿素分解为氨，可出现明显的氨臭味。

**异常** 当宝贝刚排出的尿即有一种特殊的霉臭味，伴有智能逐渐低下，就应警惕可能患了苯丙酮尿症，需立即诊治。

## 10 宝宝自控排尿正常吗？

**正常** 从出生到最初几个月排尿纯属反射性的，只有在膀胱充盈时才会反射性排尿。到了5～6个月大时，条件反射逐渐形成，可在大人把尿时排尿。大约2岁后，宝宝才有可能自主排尿。5岁后不应有遗尿。

**异常** 两岁后宝宝日夜不会自主排尿，伴有瘫痪或智力低下，要考虑是否患了脑瘫；若5岁后夜尿仍不能自控，这属遗尿症。

# 3.口腔

## 11 保护宝宝乳牙有何重要性？如何保护？

保护乳牙对小儿的咀嚼、发音、恒牙的正常替换和全身的生长发育有着重要的作用，因此，从乳牙开始萌出时父母就应特别注意对乳牙的保护。

这个月龄段的宝宝处在乳前牙（包括切牙和尖牙）萌出、恒前牙钙化的时期，父母应注意以下几点：

❶供给适量的营养物质，尤其要多补充蛋白质和钙质。同时也要让小儿吃一些易消化、质较硬的食物，以促进乳牙生长，方便牙面的清洁。

❷少给甜食、减少不规则的零食。吃完后应立即喂温开水漱口。

❸纠正小儿的口腔不良习惯，如吸吮手指、含奶或含饭入睡等。

❹加强体格锻炼，增强身体抵抗力。

❺增加户外活动，多晒太阳。

## 12 吮手指对牙齿有什么影响?

小宝宝正常的吸吮手指是短期性的，如果到8个月时宝宝还喜欢吮手指就要引起家长的注意了，这时必须帮他纠正，以免养成不良习惯。

若持续到四岁以后，则会影响到宝宝上下颌和牙齿的正常生长发育，容易造成上颌向前突出，下颌往后缩，咬合时形成开唇露齿的开合现象，甚至错误地咬合，使得发音、面形和吃东西均受到影响。这种影响的程度与吮手指的时间、频率以及手指在口腔内的位置有很大的关系。

## 13 如何帮宝宝改掉吮手指的习惯?

如果小儿能在六岁以前去掉吸吮手指动作，一般不影响恒牙的发育；若在六岁以后仍然不能克服吸吮手指的不良习惯，家长应带小儿到医院采用矫正器具来帮忙。

宝宝爱吸吮手指，家长切不可强行制止。应该分析判断小儿吸吮手指的原因，尽可能采取合适的护理和心理疏导的方法，使宝宝尽早改正吸吮手指的坏习惯。

## 14 出牙早晚与智力有关吗?

有的父母见到别人家比较小的宝宝都已长出牙了，而自己的宝宝还毫无动静，心里就会十分着急，生怕宝宝的智力有问题，其实这是完全没有必要的。

宝宝出牙早晚，主要由遗传因素决定，各个宝宝之间多少有些差异，但这并不是说出牙早的宝宝就聪明，出牙晚的就迟钝。只要宝宝身体状况好，未患某些全身性疾病如佝偻病、甲状腺功能低下等疾病，家长就不必紧张。合理喂养，及时添加辅食，平时常晒太阳都有利于宝宝出牙。

家长要明白，出牙是个自然而然的过程，焦急并不能有助于牙齿的长出，最好还是耐心等待。

# 4.能力训练

## 15 如何训练宝宝用匙吃食物？

这个时期，当宝宝开始添加辅食时，就要遇到用匙的问题，因为好多食物是不能用奶瓶喂的。为了能使宝宝尽快地接受辅食，练习用匙喂食是很重要的，这也是为日后顺利断奶打基础。

开始用匙喂时，宝宝肯定会不习惯，以往只要唇一吸就到嘴，而现在却要面对一匙硬邦邦的东西，且不说食物的味道和质地发生了变化，光是匙子本身就足以让他反感。这不要紧，父母可在每次喂奶前先试着用匙喂些食品或在吃饭时顺便喂些汤水，时间一久，慢慢习惯了，等他觉得匙中之物是好吃的了，就会接纳匙了。

有时，父母看到宝宝把喂进去的食物又用舌头顶出来，以为宝宝不愿吃，索性就不喂了。其实不是宝宝不愿吃，只不过他的舌头不灵活，不好使而已，多喂几次就熟练了。

练习用匙喂，也是在给宝宝进行食物教育，父母关键要引导宝宝主动地去学习吃食物。让宝宝在不断品尝到新的滋味中，激发他们吃食物的热情，只有接受了匙子，宝宝才能在匙中吃到丰富的食物，才能享受到人生的这种乐趣。

## 16 为什么不宜抛摇宝宝？抛摇宝宝有何危害？

有些成人出于对宝宝的喜爱，喜欢抱着宝宝用力摇晃或向空中抛扔；也有的父母为了使小儿入睡，将宝宝仰卧在自己的双腿上或放在摇篮里用力地摇晃宝宝，这些做法都对宝宝的身体健康不利，甚至会导致意外事故发生。

从宝宝发育的角度看，大脑发育较早，所以头部相对比较重，而且颈部肌肉松软无力，抛扔宝宝时头部则较容易受到强烈的震动，甚至会使宝宝脑部受到伤害，对其智力发育不利。另外，过分大幅度地抛扔或摇晃宝宝，也易导致其他严重后果。如曾有人将宝宝向空中抛扔玩时，结果导致脊髓神经受伤而发生截瘫；还有人在将宝宝向空中抛扔时未接住而使宝宝头着地跌成重伤，这些都是惨痛的教训。

## 17 宝宝什么时候开始爬行？

8个月的宝宝是以匍匐的姿势来爬行，手脚不会用力，到了9个月就能顺利爬行了。宝宝开始爬行时往往不是向前爬而是向后爬者居多。爬行姿势开始是用双肘拖着肚子向前爬，之后，手脚交替着爬行，最后，双手着地使用双腿就像狗熊那样来爬行了。

宝宝运动功能的发育进程是头颈挺立－坐起－扶物站立－扶物走路－独自站立－独自行走。这些都是必不可少的发育程序，而爬行并不一定包括在内，不会爬行也可以走路。

## 18 宝宝什么时候能扶物站立？

到了8个月，宝宝可以不扶着物体站立，但自己要扶着物体站起来还不行，到了9个月，自己就可以扶着物体站起来了，自己熟练自如的扶着物体站起来或蹲下去大约要到10个月左右。这是宝宝一般的发育进程，每个人情况不同，大约有前后1个月的差别。

学会某个动作而乐此不疲的重复，这对8个月的宝宝来说不成问题，不用担心姿势拙劣而导致像罗圈腿那样的发育不良。但作为5个月的宝宝则要慎重，因四肢正处于发育初期，不具备完全支撑全身体重的能力，过度锻炼往往会影响正常发育。因此，宝宝自己扶物站立的锻炼最好等到8个月时较为适宜。

## 19 宝宝用学步车学习迈步有何好处？

宝宝学会扶站后，开始学习迈步，学步车是让宝宝练习迈步，锻炼双下肢肌肉力量的比较好的工具。把宝宝放在学步车后，宝宝能自由随意活动，视野及活动范围扩大了，可促进宝宝认识能力的发展。

学步车使用很方便，学步车上面的圆形框架，正好使宝宝站立时双臂支在上面，起到成人扶着宝宝双腋学步的效果，可减轻成人不少负担。圆形框架上面还可悬挂一些玩具，让宝宝自己玩耍。学步车下面要有几个活动自如的小轮子，中间用带子吊成的小坐椅，宝宝跨在椅上，随时可坐下来休息，站立时也不妨碍迈步。

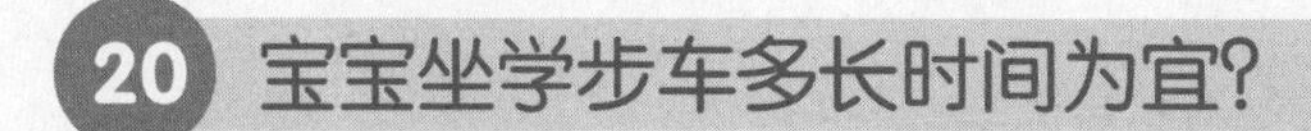

## 20 宝宝坐学步车多长时间为宜?

一般宝宝9个月左右会独坐及扶站后，就可使用学步车。最初坐学步车时间不宜长，以免引起宝宝疲劳，以每天1～2次，每次10～15分钟为宜，随着宝宝练习的情况和进展，可逐渐延长每天练习的次数及时间。

# 5.环境

## 21 让宝宝欣赏大自然有何好处?

这个时期的宝宝心理活动的发展很快，出现了认生害羞、兴奋和高兴等各种情绪反应。家长除了给宝宝各种玩具，以及和他逗乐外，还应让宝宝到大自然中去，让自然界的各种动植物、自然景观，给宝宝以良好的感官刺激，使宝宝得到心理的安宁与美的享受，培养宝宝的稳定的情绪、美好的情感，为以后良好的性格形成奠定基础。

## 22 哪些自然景色宝宝会喜欢?

家长可以带宝宝到公园去，看看公园各种颜色鲜艳的花朵、各种动物、小桥流水。具有色彩的或处于动态的自然景色，特别能引起宝宝的注意，如飞舞的彩蝶、蜻蜓，在水中游动的各种色彩斑斓的金鱼，宝宝常常看得目不转睛，呈现出愉悦的表情。还可以让宝宝看太阳、月亮，看彩虹，看下雨，看飘扬的雪花等自然景观，这些活动可以促进宝宝感知觉的发展，有益于宝宝的身心健康与智能发育。

## 23 婴儿居室可以放花卉吗?

花卉除了花粉致病外，某些部位也含有毒素，例如：仙人掌的汁有毒，如果它的刺扎破皮肤会发炎；夹竹桃的枝叶中含夹竹苷，误食以后会很快中毒；丁香、茉莉花有强烈的香味，会引起过敏反应。因此，花卉忌放置在婴儿居室。

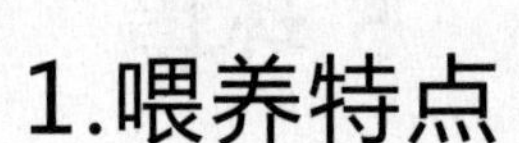


## 01 7～9个月宝宝饮食有何变化?

这个时期，多数宝宝已出了两颗牙，咀嚼能力有所进步，消化功能也增强了许多；手指的发育更加灵活，可以自己抓起食物往嘴里喂了；尽管他吃东西时“天一半，地一半”，但也是有收获的。所有的这些都意味着宝宝在饮食上可以不再像以前那样总是吃糊状的食物，可以享用更多更美的食物了。

这时期的宝宝，自己也会有欲求，看到父母吃饭时，会不由自主地吧嗒着嘴唇，伸出双手露出一副馋嘴相。父母可抓住时机给他喂些食物，让他随大人一起进食。

## 02 7～9个月如何进行母乳喂养?

乳汁丰富的母亲这段时期仍然可以喂母乳，不过不能只喂母乳，不然宝宝会出现营养不良。白天最好把奶安排在早晨起床后和午睡前喂，其余时间安排1～2顿的辅食或点心。不要让宝宝在吃完代乳品后再吃母乳。

这个月龄的宝宝，很少有一觉睡到天亮的，有些宝宝换下湿尿布后即能入睡，也有些宝宝非得吃点母乳才能入睡。如果宝宝夜里醒来哭闹，一喂母乳就能睡去的话，母亲可以满足他，重要的是想办法让宝宝尽快入睡。

产假结束恢复工作的母亲，喂奶可以安排在临上班前和下班后喂，外出时间超过6小时，母亲还得要挤一次奶。如果母亲白天外出时间长，只有晚上才能和宝宝接触，母亲应充分利用晚间短短的时间，让宝宝最大限度地享受母爱。

## 03 7～9个月宝宝应喝多少牛奶?

一直喜欢喝牛奶的宝宝，这个时期可每天喝1000毫升的牛奶，再吃上1～2顿的代乳食品。但是，并不是所有的宝宝都喜欢喝牛奶。有的宝宝在接受代乳食品后，对牛奶的兴趣减弱了，甚至厌烦牛奶。宝宝一满7个月，在饮食方面就会表现出他的个人爱好，但不管怎样，父母要保证他每天的牛奶量不低于500毫升。

温馨提示

对于不是很爱喝牛奶的宝宝，父母也不要勉为其难，关键是要保持宝宝良好的求食欲望。

喝牛奶主要是保证供给宝宝优质的动物性蛋白，这些优质的动物性蛋白在鱼、肉类动物性食物中都很充足。不喝牛奶，父母就想办法制作一些动物性的代乳食品去弥补。

# 2.断奶

## 04 什么时候断奶好?

世界卫生组织推荐的最佳喂养方式中提到母乳喂养可以维持到两岁。这在实际生活中就要看具体情况了，如果母乳充足，宝宝又不完全依赖于母乳，母乳喂养最好持续到生后第2年。

如果宝宝在7～9个月还依然热衷于母乳，父母就要开始考虑断奶的问题了，但不可强制执行，可以在这个时期逐步为以后的断奶做好准备。比如说注意平时辅食的喂用，逐渐停掉白天的母乳，以牛奶、谷类食品、蛋、蔬菜、水果来取代，再慢慢停掉夜间的母乳直至过渡到完全断奶。如果宝宝在习惯吃奶以外的食物后，不知不觉淡忘了母乳，或者母乳本身分泌越来越少了，就可以自然断奶。

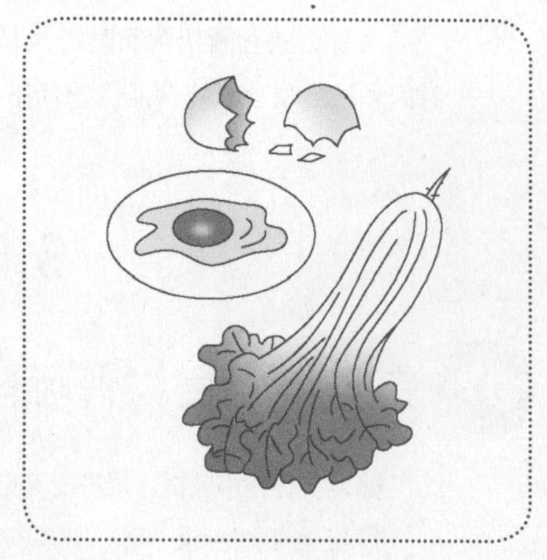

## 05 如何选择断奶食品?

### 1 断奶食品要注意清洁卫生

断奶食品味道清淡，水分多且营养丰富，故细菌易于繁殖。因此，要求原料尽量新鲜、高质，制作时讲究卫生。

### 2 易于消化

宝宝的消化器官尚未发育成熟，而宝宝需要的营养量是成人的2～3倍。消化器官的任务如此繁重，应避免不易消化的食物造成过重负担。

### 3 注意各种营养的相互平衡

随着月龄的增长，断奶食品的比重逐渐增大，要广泛地选用食品，防止食品单调造成营养失调。

### 4 注意断奶食品的口味口感

口味要清淡，口感要细腻易嚼，随时观察宝宝的口味变化反应。

## 06 什么时候喂断奶食品?

7个月开始断奶时，大多数宝宝的喂奶时间是每4个小时1次，1天5次。也有部分宝宝是一觉睡到早晨8点，1天喂奶4次。如果从早晨一开始就喂断奶食品往往是很麻烦的，因此，一般选择母亲稍有空闲即第2次喂奶前（10～12点）比较合适。上午宝宝的食欲要好于下午，消化能力也较活跃，并且可用1天的时间来观察对断奶食品的反应。

另外，喂食断奶食品时母亲轻松愉快的心情也是非常重要的，如果上午特别忙没有时间和机会喂食断奶食品，选择下午第3次喂奶前也没有关系。

# 3.断奶食物

## 07 制作断奶食物有哪些注意事项?

❶宝宝往往不会饭、菜搭配着吃，所以各种菜粥，什么鱼泥粥，菜肉粥就可以换着样吃。

❷饭菜要细、软、碎、烂，便于咀嚼，利于消化。

❸不宜吃油煎炸的食物。

❹还要细心地去壳、去核、去刺、去骨。

❺整粒的硬果不好消化，可制成酱吃。

❻韭菜、金针菜等含粗纤维太多，不宜常吃、多吃。

## 08 宝宝为什么会拒绝断奶食品?

宝宝一直是饮用奶乳、果汁类流食，突然遇到了固体食物，宝宝反感与拒绝是极其自然的。刚开始喂食断奶食品对于母亲和宝宝来说都是陌生的，宝宝用舌来抵抗往往是一种反射作用，其实并非是有意识地进行反抗。

另外，食用方法的不习惯也是原因之一。但宝宝的反射作用会很快消失，母亲要有耐心，不要停滞和犹豫。另外，注意匙子要伸入宝宝的舌中间部位，坚持做下去情况会逐渐好起来。

## 09 先喂米汤还是米粥?

以前人们往往先喂米汤。米汤中的淀粉可以刺激酶的分泌，帮助消化。

然而断奶食品的含义是半固体食品，像米汤那样的流食不应算作断奶食品。如果对于果汁菜汁等乳品以外的饮料可以接受的话，不妨直接从喂粥开始。由于粥使用的是全米粒，刚开始喂时往往会遭到宝宝的舌部抵抗，因此，喂食时最好将米粒碾碎后再喂。另外也可以喂食面包粥、土豆粥等。

## 10 宝宝自己抓东西吃好吗？有什么积极作用?

由于手的动作变得更加灵活，这个时期的宝宝已经可以抓起东西往嘴里放了。也许他在显耀自己的能力，不管是什么东西，只要能抓到手就喜欢送到嘴里，有些父母担心脏东西会带入口中，阻止宝宝这样做，其实这是不对的。

宝宝能将东西往嘴里送，就意味着他已在为日后自食打下良好的基础，若禁止宝宝用手抓东西吃，可能会打击他们日后学习自己吃饭的积极性。因此，父母应该采取积极的措施，如把宝宝的手洗干净，给他一些像饼干、水果片等“指捏食品”，这样不仅可以训练他手的技能，还能摩擦牙床，缓解长牙时牙床的不适。

饼干、水果片通常是这个时期宝宝最先用手捏起来吃的食物，他会把这些东西放在嘴里吸，也会用牙床咬，经过一番辛苦，能吃进去一部分，另一部分会沾到手上、脸上、头发上和周围的物品上，父母最好由他去，不必计较这些小节。

## 11 怎样做蔬菜给宝宝吃?

7~8个月的宝宝味觉已相当敏感，对食物的口味也开始挑剔。这时可将大人食用的蔬菜煮软后取出来，稍加淡化处理，用匙子捣碎来喂食，或者加入面粉、油和牛奶调制，和番茄酱搅拌后，用淀粉勾芡来喂食。

用花生酱拌蔬菜，可以缓解宝宝对蔬菜纤维的反感，这也是一种解决方法。另外像萝卜泥、黄瓜与苹果泥相拌，也会受到宝宝喜爱。

## 12 怎样让宝宝爱吃粒状食物?

这时的宝宝不喜欢粗糙的食物，如果食物稍微做得粗一些，宝宝就用舌头顶出嘴外，但对黏糊状食物没一点问题。

因此，开始喂食固体状食物时要尽量碾得细一些为好，对食物的颗粒以逐渐加大为好。喉咙敏感度高的宝宝要适应颗粒状食物往往需要较长时间。这时应在食物的口感上下工夫，比如奶油煮物、土豆泥、杂烩粥等比较易于入口。

## 13 宝宝吃点心有何讲究？怎样选购合适的点心?

这段时期的宝宝，大多都喜欢吃点心。实际上，点心不能算为一种营养品，它的主要成分是糖。但点心味道好，宝宝喜欢吃，所以，可以把点心作为一种增进宝宝生活乐趣的调剂品来给予。既然作为调剂品就不能像主食那样给很多。因为一般的点心太甜，不适合多吃，也不利于宝宝良好饮食习惯的培养。

因此，父母在选购点心时注意不要选择太甜的点心，也不要买夹心的点心。夹心大多是奶油、果酱，贮藏不好会繁殖细菌，对身体健康不利。也不要一次给宝宝吃太多，不能让宝宝记住甜味浓的点心，不然他会一吃再吃。

父母要记住，宝宝吃完点心，要给他喂些水，相当于漱漱口，这样，可以将食物残渣冲走，防止龋齿的发生。

对于有些食量大或长得过胖的宝宝，本来就要限制他的进食，就不能再给他点心吃了。这时，用水果来代替点心，一样能满足他旺盛的食欲。

相反，那些食量小，体重增加不理想，平时只能吃上一点粥、烂面等的宝宝，只要他喜欢吃点心，父母尽可能地满足他们，父母可选择一些不太甜的点心。

## 14 宝宝为什么会“偏食”？宝宝“偏食”怎么办？

随着味觉和神经系统的发育，这个时期的宝宝已经对食物的喜好表现得越来越明显了。8个月左右的宝宝对食物已经能够表示出喜欢或不喜欢，不喜欢吃的东西他会用舌头顶出来，表现出最初的“偏食”现象。

这个时期宝宝的“偏食”是很天真的，不能同大宝宝的偏食相提并论，在这个月不爱吃的东西到了下个月就爱吃是常有的事。父母没必要太在乎宝宝的这种“偏食”，倒是可以在食物的花样上作些努力。可以改变一下食物的形式再喂给他吃，如宝宝不爱吃碎菜或肉末，你可以把它们混在粥内来喂。

父母不用担心宝宝的这种“偏食”会造成什么营养失调，如果他只是不爱吃动物性食物如鱼、鸡蛋、猪肉等中的一两样是不会造成营养缺乏的。倒是父母要正确对待宝宝的“偏食”，要注意循循诱导，千万不可强迫宝宝进食。

## 15 给宝宝喂汤不喂肉对吗？为什么？

这个时期的宝宝已经能吃鱼肉、肉末、肝泥了，但不少父母仍然只给宝宝喝汤，不喂肉，有的父母是低估了宝宝的消化能力，以为宝宝还小，牙没几个，没有能力去咀嚼、消化。其实这些想法都是不对的。

鱼、鸡或猪等动物性食物煨成汤后，确实有一些营养成分溶解在汤内，它们是少量的氨基酸、肌酸，肉精、嘌呤基、钙等，增加了汤的鲜味，但大部分的精华，像蛋白质、脂肪、无机盐都还留在肉内。特别是其中的主要营养成分蛋白质，遇热后变性凝固，绝大部分还在肉里，只有少部分可溶性蛋白质跑到汤内去了。化验测定，汤里含有的蛋白质只是肉中的3%～12%，汤内的脂肪低于肉中的37%，汤中的无机盐含量仅为肉中的25%～60%，这说明只喝汤肯定满足不了宝宝生长发育的需要。因此，父母在喂汤的时候一定要同时喂肉。

## 16 肉末怎样做宝宝喜欢吃？

取生瘦肉剁成细末，稍加芡粉、调味品和少许水，用力调匀成糊状，做肉圆或蒸肉糕均可。也可以打入鸡蛋调匀做成肉末蒸鸡蛋，或将肉末放入菜泥中间炒，再加入稀粥混合食用。只要肉末做得细嫩，大部分宝宝是比较喜欢吃肉的。

这个月龄的宝宝还吃不了肉丁、肉丝，父母要想让宝宝长得结实，一定要花些功夫，专门给宝宝制作肉末。

## 17 出牙期间宝宝为什么会拒食？如何正确喂食？

出牙期间有的宝宝常在吃奶时表现得与平常不同，他们有时连续几分钟猛吸乳头或奶瓶，一会儿又突然放开奶头，像感到疼痛一样哭闹起来，反反复复，并且喜欢吃固体食物。这一般是牙齿破龈而出时吸吮奶头后使牙床感到疼痛而发生的拒食现象。

出牙期间，家长可以将每次喂奶的时间分为几次，间隔当中喂一点适合小儿的固体食物。如果奶瓶喂养，可将橡皮奶头的洞眼开大一点，让小儿不用费劲就可吸吮到奶汁，而且又不会感到牙床太痛。

但要注意，奶头的洞眼不能过大，以免呛着小儿。如果试过这些方法，小儿仍感到难受不适，可停喂几天或改用小匙喂奶，一般能改善疼痛状况。

# 4.习惯养成

## 18 如何培养宝宝围坐喂饭的习惯？

7~9个月的宝宝大多都可以独坐了，差一点的宝宝也能靠着坐了，因此，让宝宝坐在有东西支撑的地方来喂饭是件容易的事。关键是每次让小儿坐着吃饭的地方要一致，使他产生一种条件反射：坐在这个地方就是要准备吃饭了。一般可选择在小推车上或宝宝专用餐椅上。这个时期的宝宝，对吃的兴趣浓厚，一到吃饭时间，就似乎饿得要命，哪里还在乎坐在什么地方，于是很乐意接受成人的摆布，坐在一处吃饭的习惯就容易培养起来。

如果错过了这个时期，到了宝宝1岁时再来培养这种习惯就很难了，1岁的宝宝一方面由于身体的需要减少，另一方面由于他的兴趣日益广泛，再也不把大部分的兴趣都集中在进食上。他们更感兴趣的是爬上爬下、玩扔东西，有了自己的主意了，绝大多数也就会养成边吃边玩的习惯。因此，成人一定要根据宝宝发育的特点，抓住其中的最佳时间来培养宝宝良好的习惯。

## 19 如何练习宝宝用杯、碗喝东西?

一般宝宝随着月龄的增长，对外界的兴趣越来越大，会渐渐淡漠奶瓶和母亲的奶头，很容易接受杯子或碗。但有些宝宝的情况就不同了，尤其是比较内向，缺乏母爱的宝宝，他们会日益依恋奶瓶，把奶瓶当成母亲的化身，并到了爱不释手的地步，而对其他东西采取排斥的态度。为了防止这些宝宝对奶瓶养成持久的依赖性，应该逐步引导他们学会从杯、碗中喝奶。

开始尝试时，可先给宝宝一只体积小、重量轻、易拿住的空茶杯，让他们学着大人样假装喝东西，有了一定兴趣后，父母每天鼓励他们从杯、碗里呷几口奶，让宝宝意识到奶也可以来自杯中，时间一久，自然就愿意接受了，等宝宝掌握了一定技巧后，再彻底用杯子给他喝。

当然，这时候是不能脱离父母帮助的，只是让他学会从杯、碗中喝东西。如果宝宝过一段时间后又走回老路，对杯、碗不感兴趣了，父母可想些办法，换一只形状、颜色不同的新杯、碗，或更换一下杯、碗中的口味，也许就会重新引起宝宝的兴趣。宝宝从杯、碗中喝东西的熟练程度，完全在于父母给他练习机会的多少。

## 20 给宝宝吸空奶头有哪些不利后果?

吸完奶有的小儿会在奶头拔出后哭闹不止，这时，个别的父母心痛宝宝，又将空奶头或实心的安慰奶头塞到宝宝嘴里让宝宝继续吸，以止住哭闹。这种做法很要不得，因为长时间吸空奶头对宝宝很不利：

❶由于宝宝长时间吸吮空奶头，使上下前牙变形，牙齿排列不齐。

❷吸吮空奶头会引起条件反射，促进消化腺分泌消化液，等到真正吃奶时，消化液则供应不足，影响食物的消化、吸收，同时也会影响食欲。

❸吸吮空奶头会将大量的空气吸入胃肠道中，引起腹胀、食欲下降等一系列消化不良的症状。

❹如果吸吮的空奶头没很好的消毒，还会引起一些口腔疾病，如鹅口疮等，而增加宝宝的痛苦。

❺长期吸空奶头还会养成宝宝的依物癖。

# 三 7～9个月 宝宝智能开发

## 1.能力发展

### 01 宝宝的语言能力有何发展?

这个时期的婴儿能把语言与相关的具体事物或动作在头脑中联系起来，因而可将妈妈的说话声与其他人的区别开来，作出相应的动作反应。如有人问他："爸爸呢？"儿童就会用眼睛寻找爸爸；当有人说到一个常见的物品名称时，婴儿会用眼睛看或用手指该物品。这是平常成人不断地用语言对小儿生活的环境和接触的事物进行描述的结果，小儿熟悉了这些语言，并把这些语言与当时能够感觉到的事物联系了起来。这也说明，婴儿能够把感知的物体和动作、语言建立起联系。

听懂成人的语言，对促进婴儿心理的发展具有很大的意义，也为今后语言的发展打下了基础。因此，父母应该多和孩子说话，并注意将语言、物体和动作联系起来，通过婴儿的视觉、听觉及触觉等来帮助婴儿进一步理解语言。

### 02 宝宝的模仿能力有何发展?

这时期的婴儿，已具备初步的模仿能力了，能够学习大人简单的动作，如模仿大人拍手欢迎、挥手再见和摇头等动作，学会玩"虫虫飞"的游戏；喂他吃东西时，父母反复说"啊，张嘴，张嘴!"婴儿就会学舌，并"啊——啊"地张开小嘴。

有调查显示，7～10个月的婴儿中，能模仿着乱画的占50%，能模仿着摇铃的占20%，能够模仿成人摆手表示再见的占50%，20%的婴儿能够把小方木放入茶杯中。

婴儿在不断地模仿过程中学到了很多东西，所以成人要抓紧时机教小孩模仿。

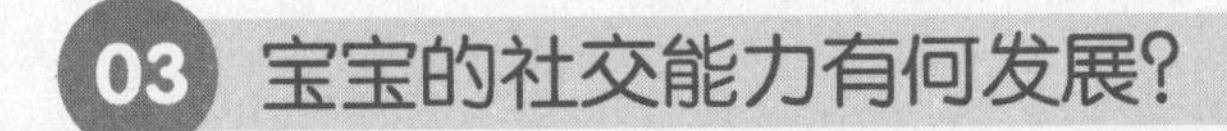

## 03 宝宝的社交能力有何发展?

一般小儿6个月前对身边的人都很友好，随着婴儿的视觉和脑的发育，通常7个月后，婴儿好像变了一个人似的，对周围陪伴的人开始持选择的态度，开始“认生”了。陌生人靠近他或抱他，他就会用哭表示拒绝。到了8个月，绝大多数小儿都开始出现认生了，而且婴儿认生现象更为明显。

婴儿认生，这说明婴儿已经能敏锐地辨认陌生人、陌生的东西和环境了。同时，孩子对父母的依恋开始产生，母亲在身边他就会感到安全。因此，在这个时期，让婴儿和陌生人见面或者带婴儿到一个陌生的地方去，应该从容一些，切不可匆匆忙忙让婴儿感到太紧张。如果婴儿哭了，应该耐心地等他慢慢地习惯陌生人或新的环境。

## 04 宝宝的视觉听觉能力有何发展?

随着小儿的视觉和听觉的进一步发展，远距离知觉开始发展，能注意远处活动的东西，如天上的飞机、飞鸟等，这就形成了婴儿观察力的最初形态。这时期的婴儿，对周围环境中新奇的和鲜艳明亮的活动物体都能引起注意，抓到手的东西会翻来覆去地看、摸、摇，表现出积极的感知倾向，这就是观察的萌芽。

这种观察和动作分不开，可以扩大小儿认知范围，引起快乐的情感，对促进语言的发展有很大作用。

# 2.能力训练

## 05 怎样对宝宝进行肢体训练?

### 1 训练全身活动

利用翻身运动锻炼宝宝头、颈、身体及四肢肌肉的活动。

宝宝仰卧，可用一个他感兴趣的玩具，引逗他翻身运动，从仰卧变为侧卧，到俯卧，再从俯卧到侧卧到仰卧。请注意做好保护。

## 2 传递积木

训练手与上肢肌肉动作，培养用过去的经验解决新问题的能力。训练双手传递功能。让宝宝坐在床上，妈妈给他一块积木，等他拿住后，再向同一只手递第二块积木，看他是否将原来的积木传到另一只手里，再来拿这块积木。如果他将手中的积木扔掉再来拿这块积木，就要引导他先换手，再拿新积木。

# 06 怎样训练宝宝学爬？

7个多月的宝宝已能独坐了，应该开始训练他爬。爬是一种全身的运动，可以锻炼宝宝胸、腹、腰和上、下肢各组肌群，为今后站立做准备。爬可扩大宝宝认识范围，增加宝宝的感知能力，促进心理发展，爬对宝宝来说，并不是轻而易举的事情。有些宝宝不爱活动，可以在他面前放些会动的、有趣的玩具，启发、引逗他爬。

**温馨提示**

当宝宝会爬之后，就要为他创造条件，如：把他放在有床栏的大床里或放在专用洁净小地毯上，让他自由活动。

学习匍行会促进脑发育。家长可以采用游戏方法训练宝宝爬行。如让宝宝俯卧，用两臂支持前身，腹部着床，可用双手推着宝宝的脚底向前爬。在他前面用玩具逗引他，并使他学会用一只手臂支撑身体，另一只手拿到玩具。

# 07 怎样训练宝宝学站？

8个多月的宝宝已经爬得很好了，家长应该训练他站起来。开始先训练他扶栏杆站立。站立是行走的基础，只有当宝宝的肌肉和骨骼系统强壮起来时，才能扶栏杆站立，并逐渐站稳。

开始，宝宝站不起来，家长不要着急，可以给他帮帮忙，但要让他逐渐学会用力。当宝宝能够扶着栏杆站起来的时候，家长要表扬他，称赞他，让他反复地锻炼，一直到能够很熟练地一扶栏杆就站起来，并且站得很稳。

# 08 怎样训练宝宝手的动作？

要继续训练宝宝手的动作，如让他把瓶盖扣到瓶子上，把环套在棍子上，把一块方木叠在另一块方木上，家长可以先做示范动作，然后让宝宝模仿去做。在反复的训练中，

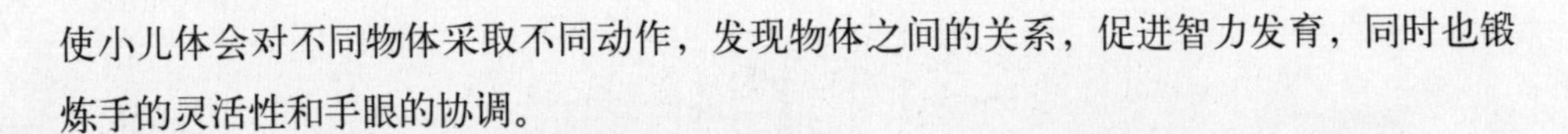
使小儿体会对不同物体采取不同动作，发现物体之间的关系，促进智力发育，同时也锻炼手的灵活性和手眼的协调。

## 09 怎样对宝宝进行发音训练?

宝宝咿呀学语标志着他的发音进入新的阶段，这意味着宝宝开始学习说话了。这时爸爸妈妈怎样对宝宝进行发音训练呢?

❶让宝宝模仿。通常宝宝对模仿动物的声音和汽车、火车的声音很感兴趣，因而，要先教宝宝模仿这些声音，如小猫的“喵喵”、汽车的“笛笛”等。有时还可以配上相应的动作和手势，如打鼓、吹喇叭等，用以激起宝宝模仿的兴趣。如果宝宝发错了音，应及时纠正，就某一发音进行反复多次校正，直到发音正确为止。

❷训练宝宝的听力。爸爸妈妈应从7～9个月宝宝心理特点出发，在生活活动中积极寻找听力培养的载体，努力将听力训练融于各种活动中。

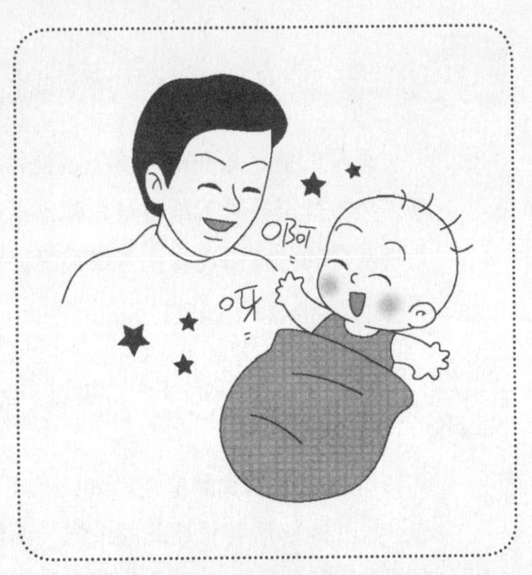


- 借助日常生活进行综合训练。
- 借助游戏，提高听力的注意力。
- 借助日常生活，进行全面渗透。

❸为了使宝宝发音自如，在日常生活中还要有意识地对宝宝进行口腔练习。如让宝宝嚼较硬的食物；用嘴吹蜡烛、吹羽毛，还可以让宝宝看着爸爸妈妈的口形模仿发音，或做口腔的其他发音练习。

## 10 如何教宝宝懂道理?

7个多月宝宝已经知道控制自己的行为。这时，凡是他的合理要求，家长应该满足他，而对于他的不合理要求，不论他如何哭闹，也不能答应他。比如，他要扭动电视机按钮，玩电灯的开关等，家长就要板起面孔，向他摆手，严肃地告诉他“不行”。关键的不是怕电视机坏了和电灯绳断了，而是要使宝宝节制自己的行为，知道有些事可以去做，而另一些事不可以去做。家长要使宝宝从小养成讲道理的习惯，以免长大后成为无法无天的小霸王。

# 四 7~9个月 宝宝常见病护理

## 1.维生素A缺乏病

### 01 维生素A缺乏病有哪些症状表现?

最早的症状是在暗环境下，视物不清、定向困难、出现夜盲，若不仔细检查容易忽略。经数周至数月后结膜与角膜逐渐失去光泽，稍在空气中暴露就干燥异常，尤以贴近角膜两旁的结膜出现变化干燥最早。而起皱褶角质上皮逐渐形成大小不等的、形似泡沫的白斑称为结膜干燥斑。

### 02 维生素A缺乏病产生原因有哪些?

❶宝宝时期食品单纯，如奶量不足又不补给辅食，容易引起亚临床型维生素A缺乏症。乳儿断奶后若长期单用米糕、面糊、稀饭、去脂牛奶乳等食品喂养，又不加富含蛋白质和脂肪的辅食则可造成缺乏症。

❷消化系统的慢性疾病如长期腹泻、慢性痢疾、肠结核、胰腺疾病等，可影响维生素A的吸收。

❸消耗性疾病。如慢性呼吸道感染性疾病延迟性肺炎麻疹等，在维生素A摄入不足的基础上因维生素A消耗增加而出现症状。

### 03 如何进行家庭护理?

❶乳母应食富含维生素A的食物，使每日维生素A摄入量达到供给量标准，增加母

乳中的维生素A量。

❷牛奶喂养儿每日应服维生素滴剂，日供维生素A1500国际单位，按时加动物肝、蛋黄等富含胡萝卜素的辅食。

# 2.先天性眼睑内翻倒睫

## 04 先天性眼睑内翻倒睫有哪些症状表现?

睑内翻指眼睑，特别是睑缘向眼球方向卷曲的位置异常。当睑内翻达一定程度时，睫毛也倒向眼球。因此睑内翻和倒睫常同时存在。先天性睑内翻常为双侧，痉挛性和瘢痕性睑内翻可为单侧。患者有畏光、流泪、刺痛、眼睑痉挛等症状。倒睫摩擦角膜，角膜上皮可脱落，引发荧光素弥漫性着染。如继发感染，可发展为角膜溃疡。如长期不愈，则角膜有新生血管，并失去透明性，引起视力下降。

倒睫刺激角膜和球结膜引起的流泪的情况也比较多见。这种孩子多同时伴有眨眼增多，注意力不集中，老用手揉眼。父母可以仔细观察孩子的眼睛，肉眼下即可以看见睫毛倒伏到眼球上像毛刷一样摩擦眼球。

## 05 先天性眼睑内翻倒睫产生原因有哪些?

多见于婴幼儿，女性多于男性，大多由于内眦赘皮、睑缘部轮匝肌过度发育或睑板发育不全所引起。如果婴幼儿较胖，鼻梁发育欠饱满，都可引起下睑内翻。

## 06 如何进行家庭护理?

如果倒睫不明显，刺激症状也不重，可以观察，等眼球发育长大一些后，多数先天性睑内翻倒睫的孩子症状可以得到改善或消除。还可涂少许眼膏，将睫毛粘在皮肤上。若如果倒睫明显，刺激症状重，甚至角膜出现擦伤，则需早期做睑内翻矫正手术治疗。

# 3.先天性青光眼

## 07 先天性青光眼有哪些症状表现?

因为早期症状较轻，一般难以引起父母的注意，还往往误以为宝宝长了一双“大眼睛”而盲目高兴，其实，这种“大眼睛”是病态的表现。若不及时治疗，很可能会导致失明。

畏光、流泪、眼睑痉挛是本病3大特征性症状。应带宝宝及时到医院诊治，先天性青光眼用眼药治疗效果不好，故一经确诊，宜早期手术。只要早期能发现，并及时做手术，一般能保持较好的视力，不会影响宝宝以后的生活。

## 08 先天性青光眼产生原因有哪些?

先天性青光眼是由于胎儿期房角组织发育异常，使房水排出受阻、眼压升高的一种致盲性眼病。因为婴幼儿眼球较薄，容易受压力作用扩张，在高眼压的作用下而使眼球不断扩大，角膜也随之增大，角膜横径达到12毫米以上。

## 09 如何进行家庭护理?

婴幼儿性青光眼患者由于年龄小，对有关症状无法表达或表达不清，如果家长不注意，则容易延误诊断。本病如能早期诊断，早期作手术治疗，大多数病人病情可得到控制，从而避免视力的进一步损害。因此，对于不明原因的眼睛畏光、流泪、眼睑痉挛和角膜大的婴幼儿，家长应警惕患儿有先天性青光眼的可能，及早到医院作进一步检查。

# 4.金黄色葡萄球菌肺炎

## 10 金黄色葡萄球菌肺炎有哪些症状表现?

症状和体征会在1～2天出现，表现为上呼吸道感染或皮肤小脓疱。数日至1周以后，突然出现高热。年龄大些的宝宝多有弛张性高热，但新生儿则可能低热或无热。肺炎发展迅速，表现为呼吸和心率增速、呻吟、咳嗽、青紫等。有时可有猩红热样皮疹及消化道症状，如呕吐、腹泻、腹胀等。患儿嗜睡或烦躁不安，严重者可惊厥，中毒症状常较明显，甚至呈休克状态。肺部体征出现较早，早期呼吸音减低，有散在湿罗音。在发展过程中迅速出现肺脓肿，常为散在性小脓肿。脓胸及脓气胸是本症的特点。并发脓胸或脓气胸时，叩诊浊音、语颤及呼吸音减弱或消失。

## 11 金黄色葡萄球菌肺炎产生原因有哪些？

金黄色葡萄球菌肺炎，是由金黄色葡萄球菌所致的肺炎，由于滥用抗生素的结果抗药性金黄色葡萄球菌的菌株明显增加，金黄色葡萄球菌感染也增多，本病大多并发于葡萄球菌败血症，多见于新生儿。以冬春两季上呼吸道感染发病率较高，在宝宝室内发生交叉感染引起流行葡萄球菌，能产生多种毒素和酶。

## 12 如何进行家庭护理？

❶增强体质，提高自身的免疫力是预防肺炎的有效途径。

❷一般在体温正常后7天，大部分肺部体征消失时始可停用抗生素，疗程至少3～4周。

❸发展成脓胸或脓气胸时，如脓液量少可采用反复胸腔穿刺抽脓治疗；但多数患儿脓液增长快、黏稠度大而不易抽出，宜施行闭式引流术排放。

# 第六章

# 10～12个月

## 育儿要点

- 膳食应常换花样，预防缺铁；培养良好的进食习惯及睡眠习惯
- 注意宝宝的口腔护理；训练宝宝用匙吃东西，用杯子喝水
- 继续全面的动作训练，包括大动作和精细动作
- 加强语言训练，为宝宝的语言增加词汇
- 继续宝宝的认知能力训练；给宝宝艺术熏陶，培养艺术感受力
- 训练宝宝听从简单指示；加强对宝宝的素质教育
- 培养宝宝的爱心和亲情
- 给宝宝自由活动的空间，培养宝宝独自玩耍的能力

## 身体发育指标

| | 体重(千克) | 身长(厘米) | 头围(厘米) | 胸围(厘米) |
|---|---|---|---|---|
| 10个月 | 男童≈9.5<br>女童≈8.9 | 男童≈73.6<br>女童≈71.8 | 男童≈46.09<br>女童≈44.89 | 男童≈45.99<br>女童≈44.89 |
| 11个月 | 男童≈9.9<br>女童≈9.2 | 男童≈74.9<br>女童≈73.1 | 男童≈46.30<br>女童≈45.30 | 男童≈46.37<br>女童≈45.30 |
| 12个月 | 男童≈10.2<br>女童≈9.5 | 男童≈76.1<br>女童≈74.3 | 男童≈46.93<br>女童≈45.64 | 男童≈46.80<br>女童≈45.43 |

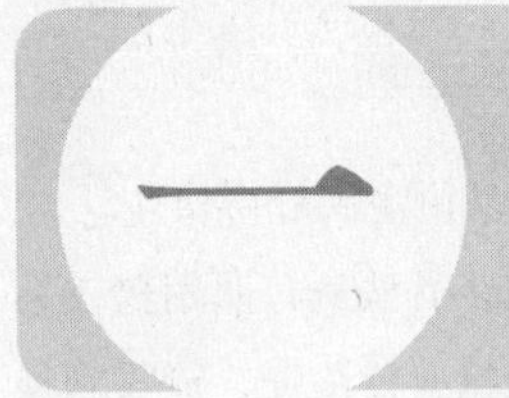

# 10～12个月 宝宝生活照料

## 1.日常护理

### 01 10～12个月宝宝有何特点？如何选择宝宝衣服？

这个时期宝宝已经会坐、会爬，开始站立、学走路了，活动量比前一段又大大增强，衣物也要随着宝宝的长大，以及生理和季节的变化进行选择。

这个时期宝宝衣服的选择，如面料、样式等跟前一阶段没有区别，即宽松、柔软、清洁、无刺激，色彩艳丽明快，穿脱方便、常洗易干不褪色仍然是这个时期宝宝衣服的特点。当然，宝宝的衣服要选择合身的，不宜过紧或过于宽松的。

**温馨提示**

这个月龄的宝宝活动量较大，衣服不能穿得太多，和大人穿得差不多就行。活动量很大的小儿，可比大人少穿一件，只要宝宝手脚温暖即可。

### 02 10～12个月宝宝应穿什么样的鞋？

这个时期宝宝已开始学走路，为他准备合适的鞋尤为重要。大小合适、轻便、柔软、鞋底吸水性好并且有弹性的鞋子最为适宜，鞋底表面应有凹凸，可以增加阻力，防止小儿滑跌。

鞋子前方要宽大，鞋帮应稍高稍硬些，对宝宝的脚踝有好处。

## 03 宝宝生病了吃药还是打针？

宝宝生病了，家长很着急，很多家长要求医生给宝宝打针，以便宝宝好得快些。

其实，吃药还是打针应根据病情及药物的性质、作用来决定。有些病口服用药效果好，如肠炎、痢疾等消化道疾病，药物通过口服进入胃肠道，保持有效浓度，能收到很好效果。

## 04 可自行给宝宝选择药物吗？

有的爸爸妈妈听信一些与疗效不符的广告，或者听说某个宝宝使用某种药物比较有效，就马上用在自己宝宝身上，这种做法非常不妥，即使是感冒这样的常见症状，病因也不一定完全相同，比如临床上风寒感冒与风热感冒的用药就有所不同。如果选药不对症，不仅影响治疗效果，甚至可能加重病情。

爸爸妈妈应该先请医生辨证，再根据宝宝的病情对症下药。不过，家里常备的药品只能用在宝宝病情较轻时，一旦病情变化或加重，一定要及时带宝宝到医院，以免贻误病情。

## 05 检查宝宝听力有何重要性？哪些因素会影响听力？

一个宝宝发育成长中要具有正常的说话能力，首先必须具有正常的听力。任何年龄段小儿的听力异常，即有轻度异常，都会影响语言及学习。故对小儿听力要及早注意，及时发现和及时治疗。由于听力减退是一个隐藏的问题，家长可能迟至宝宝一岁半至两岁时才发现。然而不幸的是，到此时，已失去了治疗的最宝贵的时机了。

正常情况下，宝宝的听力是与生俱来的。但有些发生于母亲子宫内、外及宝宝自身的情况，会不同程度地损害宝宝一耳或双耳的听力。损害听力的高危因素有：宝宝出生时重度窒息、宫内感染、宝宝早期疾病、重度黄疸、早产儿、化脓性脑膜炎、先天畸形、某些药物的影响等。

因此，凡具有听力丧失高危因素的新生儿，均应在出生后6个月内检查听力。

# 2.异常情况

## 06 什么是畸形牙？畸形牙有何危害？

正常的双尖牙在咀嚼面上有2个尖，如果在2个尖的中央多长出一个又高又细的小尖，称为“畸形中央尖”。畸形中央尖最好发的牙位是下颌第5个牙，而且往往是对称出现在左右两侧。

中央尖内部有一个小腔和下面的牙髓腔相通。当有中央尖的双尖牙长出来以后，牙面和上面的牙齿接触，中央尖很容易被磨损或者被折断。这样，中央尖内的髓腔暴露出来，与外界相通，成了牙髓感染的通道。牙髓感染，将引起根尖周炎、根尖脓肿等，严重的可以使牙根停止发育。

## 07 宝宝长出畸形牙怎么办？

如果发现宝宝长出的牙齿是畸形中央尖，应该尽早到医院去，口腔科大夫将会为宝宝治疗；如果中央尖已经被折断，出现了明显的牙髓炎症状，或者感染已经蔓延至牙根部，则应该马上到医院请大夫治疗；如果根尖破坏得严重，反复治疗效果不好，可能就要拔除患牙了。

## 08 奶瓶为什么会影响口腔发育？

大多数父母认为给婴儿吃饱、吃好就够了，而忽视喂养姿势对孩子的影响，尤其是奶瓶喂养对婴儿口腔发育的影响。对人工喂养的婴儿来说，奶瓶是喂养中不可缺少的工具，喂奶时，经常是将奶瓶压着婴儿的下颌骨，或让婴儿去够奶瓶，而使下颌骨拼命往前伸，久而久之，就会形成“地包天”或“暴牙”。

正确的喂奶姿势应当是将婴儿自然地斜抱在自己怀里，最好呈45°角，奶瓶方向尽可能与婴儿面部呈90°角，奶瓶就不会压着婴儿的下颌骨，避免将来发生“地包天”或“暴牙”。另外，长期使用奶瓶还会使孩子养成一种恋物癖，奶瓶中的甜牛奶或甜的米粉还可诱发奶瓶龋。

## 09 宝宝会出现哪些睡眠异常现象？如何正确处理？

正常宝宝的睡眠是入睡后安静，睡得很实，呼吸轻而均匀，头部略微有汗，面目舒展，时而还带有笑意。如果宝宝出现下列睡眠异常现象，可能是一些疾病潜伏或发病的征兆，父母应带宝宝到医院检查，并给予及时治疗。

❶睡眠不安，时而哭闹乱动，睡眠不沉。

❷全身皮肤干燥发烫，呼吸急促，脉搏加速超过正常次数。（1岁以内宝宝，呼吸每分钟不超过50次，脉搏每分钟不超过130次。）

❸入睡后易醒，烦躁不安，夜惊，头部多汗，时常浸湿头发、枕头。

❹入睡后出现痛苦难受的表情或哭的表情。

也有些睡眠异常现象不是病理性的。如有的宝宝晚上睡着后出现惊哭，是由于做恶梦所致；有的宝宝尿布湿了也会哭闹，对于这些现象可作针对性的处理。

## 10 走路早会成为罗圈腿吗？

宝宝刚开始时走路时，有可能会是罗圈腿状，样子不好看，但随着不断成长会逐渐改正过来的。走路早的宝宝往往是体重轻，下肢的负担不会太重。因此，可以自己走路的宝宝应该让他走，不要担心会成为罗圈腿，不让他走反而不好。

## 11 宝宝不停点头怎么回事？

正常的宝宝到了10个月时自己完全可以坐立，若是由于某种原因宝宝头颈还不能完全挺立，在坐着的时候，身体会向前或向后来回摆动。当宝宝坐着出现点头现象时需要注意的是点头痉挛，这种病虽然非常少见，但若原因不明的出现点头现象应及时去医院小儿科或小儿神经科做检查。

## 12 宝宝为什么会抓起东西就吃？

把东西放到嘴里，这在10个月的宝宝中是很常见的现象。10～11个月的宝宝，正值探索事物的萌芽期，当他抓到一个东西时，除了看一看外，总还要放到嘴里，通过吃、舔、咬等方式来尝试探索。

父母在了解了宝宝这种发育中行为后，也就不会感到奇怪了，不过应该注意的是玩具一定要保持清洁，避免宝宝误食异物或危险品。

# 一 10～12个月宝宝喂养

## 1.营养需求

### 01 10～12个月宝宝饮食有何特点？怎样给宝宝做饭？

这个时期的宝宝对食物的接受能力逐渐增强，几乎都能习惯吃辅食了，如果宝宝仍然不能接受辅食，父母一定要引起重视，最好带宝宝去当地保健部门咨询，接受正确的喂养指导。

这时期，宝宝应以一日三餐为主，早晚喂奶为辅。能够吃的食品基本上与成人一样了，只是对食品的要求较高，宝宝食物要碎、烂、软。

宝宝能够吃些煮得很烂的饭，还不能接受硬饭，所以煮给宝宝吃的饭一定要多加水；宝宝能够吃肉了，但是吃不了炒的肉丝或烧的肉块，给宝宝吃的肉一定要剁得碎碎的，肉块太大，宝宝会拒绝，还容易引起呕食现象。

另外，宝宝的饭菜避免做成稀糊烂泥似的。近1岁的宝宝能吃些松软碎块状食物的，他完全能凭几颗门牙和牙床就把熟菜块、水果块、饼干块弄碎、嚼烂再咽下。

这个时期母乳充足的可以继续哺乳，否则，每天应让宝宝喝1～2瓶牛奶。如果小儿断奶后又不爱吃牛奶，若吃其他食物很好，可暂时不管他。

### 02 不适合宝宝吃的食品有哪些？

下面这几类食物不宜给宝宝吃：

❶小而滑、坚而硬的食品。

❷粒状光滑的食品。

❸黏性强难消化的食品。

❹刺激性强的食品。

❺太甜太油腻的食品。

## 03 如何均衡宝宝的饮食?

•**水果**　水果果肉细腻，好消化，是维生素C的良好来源。

•**蔬菜**　蔬菜是人体获取钙、铁等无机盐的主要食物来源，也是人体获取胡萝卜素的主要食物来源。而且因为蔬菜品种多，可以变换着花样吃。

•**薯类**　薯类包括红薯、土豆、木薯等，除含有丰富的淀粉、纤维素、无机盐和维生素，薯类还含有较多的“粘蛋白”，可保护动脉的健康。

•**大豆**　大豆所含的蛋白质为优质蛋白质，含钙丰富，还含有磷脂，磷脂有利于婴儿大脑发育。婴儿吃整粒豆不好消化。可以喝豆浆、吃豆腐。

•**奶类**　牛奶是优质蛋白质和钙的良好来源。对婴儿来说，断母乳不要断乳类。酸奶还可以提供“益生菌”，可提高肠道的免疫力。

•**动物性食品**　动物性食品是优质蛋白质、脂溶性维生素（A、D、E、K）和锌、铁、碘等的良好来源。如肝含维生素A丰富，海鱼含不饱和脂肪酸丰富。但是，并非吃得越多越好，因此强调：“适量”。肥肉和荤油含饱和脂肪酸多，不宜多吃。

## 04 宝宝肥胖有哪些危害？如何预防宝宝肥胖?

多食、少动是造成肥胖症的主要原因。肥胖给婴儿带来的近期危害也不容忽视，如心、肺负担重，扁平足，运动能力差，进而产生自卑的心理。

那么如何预防幼儿肥胖呢？定期给幼儿测量体重、身高。特别要用“身高比体重”这项指标，来衡量幼儿的体型是否匀称，预防肥胖的发生。

## 05 宝宝每天应喝多少水?

婴幼儿新陈代谢旺盛，按每千克体重计算，年龄越小，所需要的水分越多。

按每日、每千克体重计算，婴幼儿的需水量：1～6个月135～150毫升；7～12个月125～135毫升；1～3岁110～125毫升；3～7岁90～110毫升。每天保证水的收支平衡，才能保持健康。

另外，宝宝体温增高、出汗多、腹泻、患肺炎呼吸加快，都会使水分的支出增加，要及时补充水分。

## 06 幼儿膳食中适合用哪些食用油脂？

食用油脂有动物脂肪和植物油两大类。动物脂肪，如猪油、牛油、羊油等含饱和脂肪酸多，但是鱼油例外，鱼油含不饱和脂肪酸多。植物油，如芝麻油、豆油、花生油、玉米油等，含不饱和脂肪酸多，但是椰子油例外，椰子油所含的饱和脂肪酸超过动物脂肪。

在幼儿膳食中，宜多用植物油（椰子油除外），少用动物脂肪（鱼油例外）。

## 07 坚果有什么营养价值？怎样给宝宝吃坚果？

坚果是指外有硬壳，内含果实的干果。有的坚果富含脂肪，如花生、核桃、杏仁等。有的坚果富含淀粉，如栗子、莲子等。富含脂肪的坚果，所含的脂肪以不饱和脂肪酸居多（好脂肪），头三位是：杏仁、花生、松子。

整粒的坚果不好消化，可以把坚果碾碎了，炒熟，拌在粥里，就是一碗美味健脑粥（杏仁粥、松子粥、花生粥）。

## 08 腹泻痊愈后应如何喂食？

宝宝腹泻痊愈后，像面包粥、软面条、土豆泥都适于腹泻刚愈的宝宝食用。但仅靠这些食物其营养含量是不够的，还应添加易于消化的蔬菜类。

开始时，肠胃最怕受凉，喂食前食物一定要加热，保持一定的温度，并且喂食量不宜过多。之后，可以逐步喂些鸡蛋和豆腐，像南瓜、胡萝卜、洋葱等这些纤维少的蔬菜煮软后也可喂食。除此之外，要多食苹果泥，苹果泥有整肠的作用。另外，低脂肪鱼肉、鸡肉等都可以喂食，在大便完全恢复正常前应限制油脂类食物。

## 09 发烧时应如何喂食？

若宝宝患了感冒有些发烧，如果精神状态还不错，这时首先要注意补充水分。

发高烧时，体内的各种维生素消耗很大，像橙子、柑橘类维生素C含量丰富的水果或果汁要尽量多喂食。饮用酸奶制作的各种饮品也是不错的。这时的断奶食品应以牛奶、鸡蛋、鱼、豆腐等营养价值高，易于消化的食物为主，做法上应尽量做到易入口易消化。

# 2.饮食习惯

## 10 让宝宝多吃硬食物有什么好处?

父母刚开始给宝宝添加辅食时，应该给一些较碎烂的食物，这便于宝宝对食物的消化和吸收。到小儿长出5～6颗乳牙后，父母可在两餐之间给他吃一些硬一点的食物，如磨牙棒、香蕉片等，让他拿在手上慢慢地嚼。还可逐渐增加食物的硬度，这样有利于促进宝宝咀嚼肌的发育，提高咀嚼功能。

随着宝宝的不断成长，若不及时添加硬质食品，容易导致颌骨大小和牙齿大小的不协调，咀嚼功能减退。因此，父母应经常给宝宝吃些较硬的食物，这不仅可以促进唾液腺分泌，有助于食物消化，使颌面部能够正常发育，同时因为经常咀嚼，还能够促进大脑发育，促进血液、淋巴液的循环，增强身体的新陈代谢。

## 11 长期食用软食会有哪些不利影响?

长期食用过软的食物会造成宝宝乳牙缺乏，长期咀嚼无力，就会导致下颌不发达，牙齿排列不整齐，上下牙齿咬合错位。

软化食物无法带动面部肌肉的运动张力，会导致面部皮肤肌肉力量变弱，从而影响眼球肌肉的运动功能，使得眼球的调节机能减弱，有可能导致视力减弱。

## 12 宝宝膳食应清淡少盐吗?

国内外的一系列研究表明盐摄入过多，与心血管病的发生有关，“口轻”成为合理膳食中的主要理念。口味形成在儿时。如果从小“口重”，再吃清淡少盐的食物，会觉得没味，而难以下咽。从小“口轻”一生“清淡”。

## 13 宝宝睡前吃东西有什么危害?

有的妈妈生怕宝宝睡觉时肚子饿而睡得不踏实，就在睡前给宝宝再吃一些食物，殊不知这种习惯很不好，因为宝宝到了睡觉的时间吃着吃着就睡着了，嘴里含着食物，特别容易使牙齿坏掉。

另外，睡前吃东西也不利于食物的消化和吸收，因睡前人的大脑神经处于疲劳状态：胃肠消化液分泌减少。因此，睡前吃东西不仅不利于睡眠，而且由于胃肠道的负担加重，使小儿撑得难受，睡不安稳，影响睡眠质量。这里提醒家长注意的是，充足的睡眠是促进小儿生长发育的重要保证，为了小儿的健康，睡前不要给宝宝吃东西。

## 14 吃糖会导致蛀牙吗？宝宝吃糖有何讲究？

糖是小儿生长发育必不可少的营养成分，而糖在龋病的形成中也起着一定的作用，特别是蔗糖，能使口腔中的细菌产酸，使牙齿表面最硬的一层组织即釉质脱钙、软化而形成蛀洞即龋齿。一般来说吃糖多的人口腔中的酸度较高，容易发生蛀牙。所以，好多人就片面地认为吃糖多就蛀牙，而不让宝宝吃糖。其实，龋齿的形成与遗传、口腔卫生、牙齿的结构、饮食的成分和身体的健康状况等多种因素有关，糖只是其中的诱发因素之一。

家长千万不可因噎废食，糖是三大产热营养素之一，它本身并不对牙齿产生直接的危害。宝宝不吃糖并不是真正不吃糖，因食物中大都含有糖的成分。不让宝宝吃糖也不是预防龋病的积极有效方法。

正确的方法是少吃、规则地吃、吃完后再食用粗纤维的食物，以减少糖在口腔中停留的时间，这样可显著地降低口腔中的酸度，从而减少龋病的发生。

## 15 宝宝吃冷饮有哪些危害？如何正确吃冷饮？

宝宝喜欢吃冷饮，但是又常因为吃多了，腹痛、腹泻。宝宝胃肠道的黏膜柔嫩，对温度刺激的反应十分敏感。过多地吃冷饮，会使胃肠道黏膜的血管收缩，消化液分泌减少，而造成消化功能减退。

而受到冷刺激，胃肠蠕动加快，可能出现腹痛、腹泻的症状。给宝宝吃冷饮应适时、适量。可在饭后半小时左右或午睡醒来后，少量吃为宜。饭前吃冷饮（含糖、牛奶、巧克力），会影响食欲。

# 10～12个月 宝宝智能开发

## 1.能力发展

### 01 宝宝语言能力有何发展?

此时的宝宝，能准确理解简单词语的意思。在大人的提醒下会喊爸爸、妈妈。会一些表示词义的动作，如竖起手指表示自己1岁。可正确模仿音调的变化，并开始发出单词。喜欢发出“咯咯”、“嘶嘶”等有趣的声音，笑声也更响亮，并反复重复会说的字。能听懂3～4个字组成的一句话。

### 02 宝宝运动能力有何发展?

此时的宝宝已经能在大人牵一只手的情况下行走，并能扶着推车向前或转弯走。能主动地由坐位改为俯卧位，或由俯卧位改为坐位。

还会在穿裤子时伸腿，用脚蹬去鞋袜。还可以用手朝自己往嘴里送食品。手的动作灵活性明显提高，会使用拇指和食指捏起小的东西。能试着拿笔并在纸上乱涂，从只会画弯弯曲曲的线，然后慢慢地会画圆和直线。

### 03 宝宝认知能力有何发展?

此时的宝宝已经能指出身体的一些部位。不愿意母亲抱别人，有初步的自我意识。喜欢摆弄玩具，对感兴趣的事物长时间地观察，知道常见物品的名称并会表示。宝宝能仔细观察大人无意间做出的一些动作，头能直接转向声源。

## 04 宝宝情感能力有何发展?

此时的宝宝已经能执行大人提出的简单要求。会用面部表情、简单的语言和动作与成人交往。这时期的宝宝能试着给别人玩具。心情也开始受妈妈的情绪影响。喜欢和成人交往，并模仿成人的举动。

# 2.能力训练

## 05 10个月宝宝需要哪些动作训练?

10个多月的宝宝大部分的动作仍是爬，有时扶栏站立和横走。身体很好的宝宝，往往有独自站立的要求，扶着栏杆站立起来之后，会稍稍松手，以显示一下自己站立的能力。有时他能够站得很稳，甚至还会不扶任何东西自己站起来。这时，家长不要去阻止他，随他去站好了。为了训练他独自站立，家长可以先训练他从蹲到站起来，再蹲下再站起来。开始可以拉他一只手，使他借助一点力。独立站立是小儿学走的前奏。

家长要训练宝宝配合大人穿衣服、穿袜子、洗脸、洗手和擦手等动作。因为这时小儿已经能够模仿大人的动作，手的动作也更加灵活。

## 06 11个月宝宝需要哪些动作训练?

11个多月的宝宝如果已经能够扶着床栏站得很稳，就该训练他扶着床栏横着走。这看起来很简单，实际上也很不容易，这毕竟是小儿跨出的第一步，但是须要这第一步，以后才能够扶着床栏走来走去。开始家长可以拿着有趣的玩具在床栏的一头来引逗宝宝，宝宝为了拿到玩具，就会想方设法地移动自己的身体。

这个月还要继续训练宝宝手的动作。如把小棍插进孔里，再拔出来；把玩具放在小桶里，再倒出来；两手同时拿玩具并将东西换手拿。锻炼小儿同时用两种物体做出两种动作，手眼协调一致。还应训练他学用杯子喝水。

大人可以通过游戏来训练宝宝。当着宝宝的面，让他眼睛看着，把玩具藏起来，然后告诉他“没了！”吸引宝宝到处找，这样可以培养他追寻和探究的兴趣。

## 07 12个月宝宝需要哪些动作训练？

12个月的宝宝如果已经站得很稳了，就该训练他跨步向前走。开始，大人可以扶着他两只手向前走，以后再扶一只手，逐渐过渡到松开手，让他独立跨步。如果宝宝胆小，大人可以保护他，使他有安全感。开始练时，一定要防止宝宝摔倒，以使宝宝减少一些恐惧心理，等他体会到走路的愉快之后，他就会大胆迈步了。

若是冬季，宝宝衣服不要穿得太多、太厚。宝宝的鞋要轻、大小要合适，训练宝宝走路的地方要平坦，每次训练时间不要过长，不要让他太劳累。

## 08 10个月宝宝需要哪些语言训练？

10个月宝宝已经能够听懂成人的话了，应该教他模仿成人的发音。

模仿语言是一个复杂的过程，小儿要看成人的嘴，模仿口形，要听发音，注意发音过程中的口形的变化，协调发音器官唇、舌、声带的活动，控制发声气流等。这么多的环节，需要听觉、视觉、语音、运动系统协调，任何一个环节发育差，都给发音带来困难。家长教小儿说话时，一定要表情丰富，让宝宝看清成人说话时的口形、嘴的动作，加深对语言、语调的感受、区别复杂的音调，逐渐模仿成人发音。此外，还可让宝宝多听些儿童歌曲，使他们感受音乐艺术语言。

**温馨提示**

家长还可以联系吃、喝、拿、给、尿、娃娃、皮球、小兔、狗等跟宝宝说简单词语，让他理解并把语言和物体与动作联系起来。

## 09 11个月宝宝需要哪些语言训练？

11个月的宝宝不但要教他听懂词音，而且该教他听懂词义。家长要训练宝宝把一些词和常用物体联系起来，因为这时小儿虽然还不会说话，但是已经会用动作来回答大人说的话了。比如，家长可以指着电视机告诉宝宝说："这是电视机"。然后再问他："电视机在哪？"他就会转向电视机方向，或用手指着电视机，同时口里会发出声音。这虽然还不是语言，但对小儿发音器官是一个很好的锻炼，为模仿说话打基础。

## 10 12个月宝宝需要哪些语言训练?

对12个月的宝宝，家长要给他创造说话的条件，如果宝宝仍然使用手势、动作提出要求，家长就不要理睬他，要拒绝他，使他不得不使用语言。如果小儿发音不准，要及时纠正，帮他讲清楚，不要笑话他，否则他会不愿或不敢再说话了。

当宝宝第一次骂人时，家长就必须严肃地制止和纠正，让他知道骂人是错误的。千万不要因为宝宝可爱，认为说出骂人的话好玩就怂恿他。这样，养成坏习惯，长大后再纠正就难了。

## 11 如何教宝宝学用工具?

当宝宝伸手拿东西拿不到时，妈妈可以帮助他，但不是简单地替他去拿，而是引导他使用“工具”去拿。比如饭桌上有一块糖，宝宝想拿够不着，这时他很急，妈妈不要替他拿，而是给他一根筷子或一个长柄勺。宝宝可用勺把糖拨到近处拿到。如果宝宝不明白，妈妈可以提醒他去做。如果小汽车跑到沙发下去了，怎么拿出来？妈妈可暗示宝宝找他的长枪把汽车从沙发底下拨出来。

帮助宝宝利用“工具”来做他直接做不到的事，会使宝宝的思维开阔，养成用脑筋思考问题的习惯。

## 12 怎样对宝宝进行识物训练?

给宝宝两块积木，一个乒乓球，教他把积木搭起来。再试把乒乓球放在第二块积木上，但乒乓球总是会掉下来滚走，这时再给他一块积木放在第二块积木上，这次他成功了。这样可训练宝宝的观察力和肌肉的动作，认识物体的立体感，物与物之间的关系，圆形物体可以滚动的概念。

## 13 多带宝宝在户外活动有什么好处?

在宝宝睡醒吃饱后，可带宝宝到户外，坐在花园里，让他看小鸟、树叶、花朵、蓝天、白云，让他听街上各种声音：汽车喇叭声、风声、人声、鸟叫等。

观察周围事物是宝宝学习中非常重要的一环，周围的人物、事物可以给予他十分丰富的感官刺激。母亲在一旁跟他说话，教他识别事物，对宝宝各方面能力的发育都很有利。

## 14 怎样和宝宝一起拾玩具？

宝宝越小，注意力集中的时间越短。不论玩什么，玩一会儿就烦了，实际上是他累了，这时他要休息，换一个兴奋点。当宝宝开始显出厌倦时，妈妈要请他一起来收拾玩具。

妈妈要给宝宝准备一个较大筐来装宝宝的玩具，收拾玩具时就叫宝宝把玩具放进筐里。如果宝宝不放，那就说："小猫要回家，小狗要回家，我们把它们送回家去吧。"宝宝会抱起玩具小狗放进筐里。或是哄宝宝说："妈妈放一个，你放一个，比一比好不好"，把收拾玩具也变成游戏，宝宝就会愉快地参加了。开始宝宝可能只拾一两个就不拾了，也可能放进这个又拿出那个。但只要他参加收拾，就要表扬他。

## 15 学拾玩具对宝宝有什么好处？

拾玩具可以从小培养宝宝爱护物品及管理自己东西的能力，使他习惯于在整洁的环境中有秩序地生活、工作，处理自己的事情，这样的好习惯对他一生都有益。

拾玩具的过程可培养宝宝手和全身协调动作，增强他们的体力和提高行动的效率。宝宝和妈妈一同收拾玩具，宝宝渐渐会用脑去想，先拿哪个，后拿哪个，怎样比妈妈拾得好。逐渐培养了他独立思考和独立工作的能力。

## 16 为什么要多多表扬宝宝？

宝宝到9个月时就能听懂父母的话了。宝宝是喜欢受表扬的，因为一方面他已能听懂父母常说的赞扬话，另一方面他的言语动作和情绪也发展了。他会为家人表演游戏，如果听到喝彩称赞，他就会重复原来的语言和动作。这是他初次体验成功欢乐的表现。而成功的欢乐是一种巨大的情绪力量，它形成了宝宝从事智慧活动的最佳心理背景，维持着最优的脑力活动状态，它是智力发育的催化剂，它将不断地激活宝宝探索的兴趣和动机，极大地促进他形成自信的个性心理特征，而这些对于宝宝成长来说，都是非常宝贵的。

对宝宝的每一个小小成就，父母要随时给予鼓励，不要吝啬赞扬话，而要用丰富的表情、由衷的喝彩、兴奋地拍手、竖起大拇指等动作。

# 10～12个月 宝宝常见病护理

## 1.小儿急性支气管炎

### 01 小儿急性支气管炎有哪些症状表现？

小儿急性支气管炎发病可急可缓。大多先有上呼吸道感染症状，也可忽然出现频繁而较深的干咳，以后渐有支气管分泌物。婴幼儿不会咯痰，多经咽部吞下。症状轻者无明显病容，重者发热38℃～39℃，有时可达到40℃，多2～3天即退。感觉疲劳，影响睡眠食欲，甚至发生呕吐、腹泻、腹痛等消化道症状。年长儿再诉头痛及胸痛，咳嗽一般延续7～10天，有时迁延2～3周，或反复发作。如不经适当治疗可引起肺炎，白细胞正常或稍低，升高者可能有继发细菌感染。

### 02 小儿急性支气管炎产生原因有哪些？

凡可引起上呼吸道感染的病毒都可成为支气管炎的病原体，在病毒感染的基础上，致病性细菌可引起继发感染。较常见的细菌是肺炎球菌、β溶血性链球菌A组，葡萄球菌及流感杆菌，有时为百日咳杆菌、沙门氏菌属或白喉杆菌。营养不良、佝偻病以及慢性鼻炎、咽炎也可导致本病的发生。

### 03 如何进行家庭护理？

❶注意让宝宝充分休息，饮食要易消化吸收，保证室内空气流通、定期开窗通风、注意宝宝别再着凉，少去人群拥护的公共场所以免以继发细菌感染。

❷对症疗法十分重要，譬如定期更换卧位，翻身拍背和化痰、祛痰。

# 2.小儿结核病

## 04 小儿结核病有哪些症状表现?

❶主要表现为发热、盗汗、疲乏无力、食欲减退、消瘦等。关于结核病的发热，重症病人在发病初期会出现不规则高热，1～2周后逐渐转为低热。一般结核病人的发热多为午后低热，体温多在38℃以下，一天当中体温波动比较大，常在1度以上。盗汗常和发热同时存在。

❷患儿还会出现精神不振、倦怠、不活泼、爱哭闹、性情反常、不明原因的食欲减退及消瘦等。

❸有些患儿会反复出现疱疹性结膜炎，在出现全身症状的同时，还会出现病变所在部位受损的症状，比如头痛、咳嗽、腹痛、腹泻等。

## 05 小儿结核病产生原因有哪些?

❶呼吸道传染。是主要的传染途径，健康儿吸入带菌的飞沫或尘埃后可引起感染，产生肺部原发病灶。

❷消化道传染。多因饮用未消毒的污染牛型结核杆菌的牛奶，或污染人型结核杆菌的其他食物而得病。多产生咽部或肠道原发病灶。

❸其他传染。经皮肤传染极少见。先天性结核病传染途径为经胎盘或吸入羊水感染，多见于出生后不久发生粟粒性结核病。母亲产前多患有全身性结核，主要为粟粒性结核病，或生殖器结核。

## 06 如何进行家庭护理?

❶小儿结核有低龄化的倾向，近年来感染者很多是刚出生不久的婴幼儿。出生3个月后可以接受疫苗注射，最好在出生3～6个月内给婴幼儿注射疫苗。

❷如果出现了以上症状，又找不出其他病因，而且又与活动性结核病患者密切接触的情况，尤其是没有接种过卡介苗的宝宝，必须立即到医院去做相应的检查，以便早日做出诊断，及时治疗。

# 3.肠套叠

## 07 肠套叠有哪些症状表现?

一段肠管套入其远端或近端的肠腔内，使该段肠壁重叠并拥塞于肠腔，称为肠套叠。本病80%发生于两岁以内的儿童，发病突然，主要表现为腹痛、呕吐、便血、腹部“腊肠样包块”。

## 08 肠套叠产生原因有哪些?

肠套叠与肠管解剖特点病理因素以及肠功能失调、肠蠕动异常有关。

## 09 如何进行家庭护理?

❶保持宝宝的肠道正常功能，不要突然改变小儿的饮食及辅助食物。要逐渐添加使小儿娇嫩的肠道有适应的过程，防止肠管蠕动异常。

❷平时要避免小儿腹部着凉，适时增添衣被，预防因气候变化引起肠功能失调。

❸防止肠道发生感染，讲究哺乳卫生严防病从口入。

# 4.鹅口疮

## 10 鹅口疮有哪些症状表现?

鹅口疮又名雪口病、白念菌病，是由真菌传染，在黏膜表面形成白色斑膜的疾病。

口腔黏膜出现乳白色微高起斑膜，周围无炎症反应。形似奶块无痛感，擦去斑膜后可见下方不出血的红色创面。斑膜面积大小不等，可出现在舌颊腭或唇内黏膜上。

在感染轻微时，除非仔细检查口腔否则不易发现。也没有明显痛感或进食时痛苦表情，严重时宝宝会因疼痛而烦躁不安，胃口不佳、啼哭有时伴有轻度发热。

## 11 鹅口疮产生原因有哪些?

本病是白色念珠菌感染所引起。这种真菌有时也可在口腔中找到，当宝宝营养不良或身体衰弱时可以发病。新生儿多由产道感染，或因哺乳奶头不洁或喂养者手指的污染传播。

## 12 如何进行家庭护理?

❶ 婴幼儿进食的餐具清洗干净后再蒸10～15分钟。对于婴幼儿的被褥和玩具要定期拆洗晾晒；宝宝的洗漱用具尽量和家长的分开并定期消毒。

❷ 幼儿应经常性地进行一些户外活动以增加机体的抵抗力。

❸ 在幼儿园过集体生活的婴幼儿用具一定要分开不可混用。

❹ 应在医生的指导下使用抗生素。

# 5.百日咳

## 13 百日咳有哪些症状表现?

百日咳是小儿常见的急性呼吸道传染病，宝宝患本病时易有窒息、肺炎、脑病等并发症，病死率高。多为散发，也可呈流行性。其特征为阵发性痉挛性咳嗽，咳嗽并伴有特殊的吸气吼声，病程较长，可达数周甚至3个月左右。

## 14 百日咳产生原因有哪些?

百日咳杆菌是本病的致病菌。病人（包括不典型的病例）是主要传染源。主要通过飞沫经呼吸道传播。无症状带菌者也可传播本病。由于该菌在体外生存能力弱，因此通过其他物品间接传染的可能性小。

## 15 如何进行家庭护理?

对本病患者严格执行呼吸道隔离，是重要的预防环节。成人患者需注意避免接触小儿，疫源地只需通风换气。

# 第七章

# 1岁~1岁半

## 育儿要点

- 保持膳食平衡，注意食物烹调的色、香、味、形
- 加强锻炼，增强体质；培养宝宝的独立生活能力
- 大动作训练，如登高跳下、跨越障碍物；精细动作训练
- 语言训练，教宝宝规范的语言
- 训练初步的辨认与分类能力
- 鼓励宝宝学会与人分享；培养宝宝社会交往的能力
- 教宝宝守规则；做好安全防护
- 给宝宝安全感，并让他充分信任其他人
- 保护宝宝的信心，满足宝宝的好奇心

## 身体发育指标

| | 体重(千克) | 身长(厘米) | 头围(厘米) | 胸围(厘米) |
|---|---|---|---|---|
| 1岁 | 男童≈10.2<br>女童≈9.5 | 男童≈76.1<br>女童≈74.3 | 男童≈46.93<br>女童≈45.64 | 男童≈46.80<br>女童≈45.43 |
| 1岁半 | 男童≈11.5<br>女童≈10.8 | 男童≈82.4<br>女童≈80.9 | 男童≈48.00<br>女童≈46.76 | 男童≈47.23<br>女童≈47.61 |

# 一 1岁～1岁半 宝宝生活照料

## 1.衣着

### 01 宝宝穿多少衣服合适？

研究认为，小儿体重达到4000克左右，他们自身的体温调节系统就会正常工作，他们身上会长出一层脂肪层来保持自身的体温。因此，无论什么季节，小儿穿衣只要稍多于成人就可以，如活动量大的小儿或较胖的小儿还可以比成人少穿一点。

宝宝活动量大，新陈代谢快，穿得太多活动时容易出汗，常常把衣服汗湿，若不能及时更换，一旦遇到凉风或冷空气，极容易受凉感冒。

### 02 如何判断宝宝穿衣的多少？

小儿穿衣多少是否合适，可以通过观察作出判断。如果小儿手脚是温暖的，但不出汗，脸色也正常，说明穿得合适，如果手脚发凉，说明穿得不够。如果小儿身上、手、脚出汗，脸色红，说明穿得过多。

### 03 1岁宝宝适合穿什么样的鞋？

1岁左右的宝宝学走路了，为他选择一双合适的鞋子更加重要。小儿的鞋必须穿得舒适、大小适宜，不必过分讲究式样和质量。自己缝制的布底布面鞋是最好不过的，用多层旧布缝在一起制成鞋底，鞋底应宽大些，鞋帮应稍高些，这样有利于保护小儿的脚踝。帆布面胶底的小运动鞋比较柔软舒适，也很不错。

注意，父母不要图省钱而为小儿买太大的鞋，或者不及时更换新鞋。一般小儿3个月左右就需换一双鞋。鞋子过小容易挤着脚趾，压迫脚部血管，造成血流不畅，脚汗增多，在冬季容易冻脚。鞋子过大容易往下掉，也会妨碍小儿活动，在冬季容易“漏风”，保暖效果也不好。

**温馨提示**

鞋底的选择也不容忽视，泡沫塑料底或硬塑料底容易滑倒。

## 04 给宝宝穿皮鞋有什么危害?

有许多父母喜欢给小儿穿皮鞋，觉得小儿穿皮鞋精神、好看，实际上这对小儿不利，因为皮鞋一般弹力差、硬度大、伸缩性小，容易压迫幼儿脚部神经和血管，影响脚掌和脚趾的正常生长发育，因此不要给小儿穿皮鞋。

# 2.日常护理

## 05 如何制定适合宝宝的生活规范?

从小为小儿建立合理的生活规范，让宝宝养成好的生活习惯对于宝宝现在和将来的健康，以及心理发展都具有重要意义。小儿的主要生活内容包括睡眠、吃喝、大小便以及玩耍。

睡眠对小儿很重要，因为小儿的神经系统还没有发育成熟，大脑皮层的特点是容易兴奋，又容易疲劳。如果得不到及时的休息，就会精神不振，食欲不好，以致容易生病。如果睡眠充足，可以使脑细胞恢复工作能力，醒来后情绪就好，并且睡得好，长得高。这个年龄的小儿，每天需睡13~14小时，每天睡1~2次，每次1.5~2小时，晚上睡眠10小时。

小儿饮食同样重要。小儿的消化功能较弱，每次食量不宜过多。为保证小儿能从膳食中得到充足的营养，应增加餐次，一般说，这个年龄的小儿每天需就餐五次，包括吃饭、吃奶及点心，两餐之间应间隔约3小时。

小儿应保证一定的活动时间。活动包括室内活动及户外活动。每天户外活动时间至少应有2小时，使宝宝能接触新鲜空气和阳光，有利于宝宝的身心发育。

每个小儿都有各自的特点，家长应根据宝宝的特点来为宝宝制定生活制度。在制定生活制度时，吃饭和睡觉应是中心环节，家长首先要把小儿每天吃饭、睡眠的时间固定下来，再穿插配合其他生活内容，从而建立一套合理的生活制度。

**1～1岁半小儿生活时间参考表**

| | | | |
|---|---|---|---|
| 6：30～7：00 | 起床、大小便 | 13：30～15：00 | 睡眠 |
| 7：00～7：30 | 洗手洗脸 | 15：00～15：30 | 起床、小便、洗手、午点 |
| 7：30～8：00 | 早饭 | 15：30～17：00 | 户内外活动 |
| 8：00～9：00 | 户内外活动、喝水、大小便 | 17：00～17：30 | 小便、洗手、作吃饭前准备 |
| 9：00～10：30 | 睡眠 | 17：30～18：00 | 晚饭 |
| 10：30～11：00 | 起床、小便、洗手 | 18：00～19：30 | 户内外活动 |
| 11：00～11：30 | 午饭 | 19：30～20：00 | 晚点、漱洗、小便、准备睡觉 |
| 11：30～13：30 | 户内外活动、喝水、大小便 | 20：00～次日晨 | 睡眠 |

## 06 为什么宝宝不宜睡软床？睡软床有何危害？

现在好多小儿睡上了席梦思、弹簧床，而且父母还喜欢将小儿的床铺得很软，觉得这样睡觉舒服、暖和。但睡软床虽然舒服，却对宝宝的生长发育不利。

在软床上睡觉，特别是仰卧睡时，增加了脊柱的生理弯曲度，使脊柱附近的韧带和关节负担过重，时间长了，容易引起腰部不适和疼痛。小儿的骨骼骨质较软、可塑性大，长期睡软床，就会影响脊柱的生长，破坏脊柱正常的生理弯曲，引起驼背、脊柱侧弯曲、畸形或腰肌劳损。有关资料表明，小儿长期睡在凹陷软床上，发生脊柱畸形的占60%以上。

## 07 宝宝适合睡什么样的床?

小儿不宜睡软床，但硬板床也不适合小儿，因为硬板床质地坚硬，不利于小儿全身肌肉的放松和休息，容易产生疲劳，影响小儿睡眠。最适合小儿睡眠的床应该软硬适度，如棕绷床柔软并富有弹性。这种床即能使小儿在睡眠时肌肉得到充分放松，而且对身体发育不会产生不良影响。

## 08 怎样给宝宝选购床上用品?

小儿的床单、被套应以柔软、耐洗、不易褪色的棉布或绒布制作。

小儿盖被不宜太大太厚，随着季节不同，要及时更换被褥，以保持温暖和凉爽。被褥每周晒1次，被套、床单1～2周换洗1次，以保持清洁卫生。

小儿的枕头不宜过高过硬，以3厘米左右高度为宜，枕头充填物以木棉、荞麦皮、芦花等充填为好。小儿常枕高枕头易形成驼背，另外大而松软的枕头会堵住小儿的鼻口而造成窒息，因此高而松软的羽绒枕头不宜给小儿使用。

## 09 怎样防止小儿夜间腹部着凉?

1岁多的小儿常踢被子，为防止小儿腹部受凉，可用浴巾或大毛巾折叠几层，盖在小儿腹部，这样翻身或踢被子时不容易踢掉。还可将被子的两角（接近头部的一边）缝上两根带子，拴在床栏上，这样也能防止被子被踢掉。小儿被子厚薄要适宜，有些父母担心小儿受凉，睡觉时给小儿盖上厚厚的大被子，这样小儿出汗多，反而更易踢被子而受凉感冒。

## 10 宝宝和父母同睡有什么弊端?

不少父母在晚上睡觉时怕小儿受凉，总喜欢把小儿放在大人中间睡，甚至让小儿跟大人同睡一个被窝，这样虽然夜间照顾宝宝方便些，但对宝宝健康是有害的。

小儿睡在大人中间，身边堆满大人厚重的衣被，大人排出的二氧化碳又弥漫在周围，使小儿处于缺氧状态，呼吸窘迫，容易出现睡眠不安、做恶梦或半夜啼哭。

同时宝宝睡在大人中间，床面变得拥挤，大人如果翻身时不小心压在小儿身上，小儿的身体孱弱，肌骨柔软，是很危险的。如果小儿和大人同睡一个被窝，易将病菌传染给小儿，小儿抵抗力弱，就容易患这样或那样的疾病了。

另外，一般大人不会和小儿同时睡觉，总是先将小儿哄睡着后，再干一些其他事，如果大人和小儿同睡一个被窝，待父母上床睡觉时，发出的响声会惊动宝宝，引起他的哭闹，使大家都得不到安睡。夜间，宝宝一醒父母也要醒，有时父母一动，宝宝也被惊醒，彼此都休息不好。

## 11 让宝宝独睡有什么好处?

由于宝宝和父母同睡有很多不利于宝宝生长发育的弊端，所以父母应从小让宝宝独睡。为夜间照顾方便可以把小床放在大床旁，这样既有利于父母夜间照顾宝宝，又避免了大人与宝宝同睡一床的弊端。同时让小儿独睡，对培养小儿独立性和良好的生活习惯都有重要意义。

## 12 如何帮宝宝清洁乳牙?

乳牙龋病预防的最重要时期是从牙齿开始萌出到萌出后3年。1岁半以内的宝宝不会自己清洁牙齿，全依靠家长的帮助。

1岁半以内的宝宝牙齿的清洁可采用以下几种方法：可在小儿进食后喂点温开水，以便冲洗口腔中残留的食物；还可以将干净的纱布裹在家长的手食指或中指上，轻轻擦洗宝宝的上下牙齿及牙龈。擦洗方向应从牙颈部向牙的切缘（牙齿咬东西的切端）移动；也可用硅橡胶制成的牙刷指套代替纱布，按照上述的方法清洁牙齿。

## 13 如何教宝宝自己刷牙?

1岁多的小儿可让他们自己学着刷牙。开始时，不能太讲究规范，因为宝宝尚不明白刷牙的作用和方法，他们大都将牙刷含在嘴里，边玩边咬，进行简单的横拉动作，这时应注意防止牙刷损伤牙龈及口腔软组织。

另外，小儿暂时还不会漱口，可不用牙膏。父母要有耐心，逐步帮助小儿学会刷牙方法，养成清洁牙齿的良好习惯。

## 14 1岁后宝宝还需要做抚触吗?

可因人而异，有些宝宝活动能力很强，刚刚摆好准备抚触，他就很快爬走了或者扶着东西站起来就走掉。与其拉他回来让他不高兴，还不如让他高高兴兴做自己的运动，就不必强调非要抚触不可。不过这些宝宝也会有需要抚触的时候，例如宝宝因为某种原因不高兴而闹情绪啼哭时，妈妈抚触他的身体就能让他感到安慰。所以给这些宝宝做抚触不必定时，可以在需要安慰时作为一种慰藉的方法来使用。

对于一些体弱、活动能力不强的宝宝，或者一些经常哭闹难以安抚的宝宝就可以定时、定地点给他做抚触。尤其是那些以前一直住在姥姥家或奶奶家刚回到母亲身边的宝宝，需要培养感情时，做身体的抚触最为有效。

# 3.异常情况

## 15 宝宝爱发脾气怎么办?

当孩子的行为受阻时，他会用哭闹来发泄自己的情绪，表达自己的不满。面对孩子的哭闹，成人要明确自己的态度，不能因为怕孩子哭而改变态度，也不能急于制止他发泄，孩子不能完全理解成人的道理，但可以感受到成人的愤怒情绪。孩子可能会因为畏惧而听从成人的意见，但不能消化自己的情绪，反而形成负性情绪。

家长可以沉默来表示对他的理解和自己的坚持，给孩子时间去接纳家长意见。

## 16 宝宝前囟还未闭合要紧吗?

头颅当中两块顶骨和额骨交界处还未闭合的菱形间隙称为前囟，前囟大多数在宝宝1岁半就能闭合。在未闭合前看到跳动是因为头皮下面有血管通过，是正常现象。有些家长害怕伤及头颅，不敢用手摸，也不敢给宝宝洗头。其实，即使前囟还未闭合，轻轻触摸和洗头都不会使头颅受伤，因为有很结实的骨膜保护着。

1岁时宝宝的前囟应当逐渐缩小，大约1厘米×1厘米。个别宝宝的前囟仍然很大，达到2厘米×2厘米，甚至更大些，这是因为在佝偻病患病期内，骨骼钙化不足，使颅骨还未靠拢，留下的空隙仍未闭合或延迟闭合。

因此有必要加强维生素D和钙剂的供应，多带宝宝到户外活动，让太阳晒到皮下，自己合成维生素D，帮助骨质钙化，就能促进前囟早日关闭。

# 二 1岁～1岁半 宝宝喂养

## 1.营养需求

### 01 怎样满足1岁宝宝的营养需求？

与1岁前的宝宝比起来，这一阶段宝宝的食欲、饭量没有太大变化，这令许多父母不满意。的确这个年龄宝宝的饭量一般比父母期望要少。因此，父母不能再根据宝宝期的情形，希望宝宝一天比一天吃得多，并勉强宝宝。

宝宝满周岁后的饮食与成人的饮食已相差不大，只是饭菜需要烧得烂、碎些，以便小儿的咀嚼消化。当然，饮食中要避免那些辛辣、咸重、大荤油重的菜肴。只要制作得合适，宝宝几乎都能品尝各种菜肴。注意保证宝宝膳食中营养充足，不在于宝宝的饭量大小，这个年龄的宝宝少吃米饭，多吃鱼、肉、蛋、禽等动物性食物是比较好的。蔬菜、水果仍是不可缺少的。

宝宝满周岁后，母乳仍然可作为其重要的热量和营养素来源。所以，有母乳的话应继续给宝宝喂。

**温馨提示**

1岁的宝宝只要饭菜吃得好，没有必要非喝牛奶不可，但只要宝宝不反对喝，每天应喝上1～2瓶。

### 02 宝宝有时吃得多有时吃得少正常吗？

小儿的食量因人而异，并受各种因素的影响。小儿到了1岁后，与原来相比食量的个体差别越来越明显。人的食量是没有固定的“标准”的。有的成人每顿只能吃二两，有的每顿可吃四两甚至更多。同一个人昨天吃得多，今天吃得少，这也是很正常的事。所以妈妈不必担心自己的宝宝吃得少，吃得多与吃得少一样可以健康成长，只是各自身体需要的不同而已。

另外，饭量还会因时因地不同，这也是很平常的。从每天每顿的角度看，宝宝的饮食有些偏差，父母没有必要去纠缠计较。只要宝宝的饮食从1~2周的时间段来看是平衡的就没问题，如果饮食持续很长时间失去平衡，就要去找保健医生咨询。

## 03 为什么不要盲目添加营养品?

任何营养品均有各自的偏性，只能适用于特定的身体状况。正常小儿从食物中就能摄取丰富全面的营养，只要不偏食，就没有必要另外添加额外的营养品。

如果你的宝宝确实存在某些问题需要增补营养，那最好也得经医生的提议，选择一种合适的补品，有目的有针对性地去添加，父母要懂得，小儿营养品的添加并非多多益善。

## 04 哪些食品有健脑作用?

从健脑这个角度来说，母乳是宝宝最理想的健脑食品。正常母乳中牛磺酸的含量达425毫克/升，是牛奶的10~30倍。牛磺酸对婴幼儿神经系统和视网膜的发育有重要作用，对婴幼儿的大脑发育具有特殊意义。

### 1 鱼类

科学研究认为，鱼体中含有的DHA（二十二碳六烯酸，俗名脑黄金），对人类来说是一种不可缺少的必需脂肪酸，而且是高度不饱和脂肪酸。经研究发现，DHA有增强记忆力的作用，而它只存在于鱼油中。

### 2 豆类

对于大脑发育来说，豆类是不可缺少的提供优质植物蛋白的食品。黄豆、豌豆和花生等都有很高的营养价值，豆类还可以提供不饱和脂肪酸以及大脑活动需要的葡萄糖等。

### 3 动物的瘦肉、内脏和脑

动物的瘦肉、内脏和脑等可以提供蛋白质及人体需要的脂肪酸、卵磷脂等，对健脑也极为有益。

### 4 粗粮、蔬菜和水果

粗粮、蔬菜和水果可以为人体提供各种矿物质和维生素，其中维生素A和B族维生素是脑力活动不可缺少的物质。

## 05 钙能促进宝宝出牙吗？如何正确补钙？

含钙和优质蛋白的膳食能促进牙齿按时萌出，宝宝的乳牙在胎里就已经形成，从出生后母乳喂养，母乳的钙和磷的比例与血清相同，为5：2，最容易吸收，如果遵照纯母乳喂养，没有过早添加菜水、果汁和淀粉，母乳充足，宝宝就不会缺钙。

如果用配方奶喂养，配方奶中钙与磷的比例为1.5：1（牛奶为1.2：1），其吸收率比母乳略低一些，但是配方奶和牛奶含钙比人奶高，也能基本够用。问题是维生素D的供应经常不足，维生素D能促进钙的吸收，并促进血液中的钙进入牙齿和骨骼。早期让宝宝吃鱼肝油虽然可以补充维生素D，但因宝宝肝脏排出胆盐较迟，不容易软化滴入的脂肪，所以宝宝口服的维生素D吸收率较差。

为了吸收更多的维生素D，宝宝出生后应尽早到户外活动，保证每天在户外两小时，让阳光中的紫外线把宝宝皮下的7-脱氢胆固醇转变成维生素D，这些自身合成的营养素能帮助奶类中的钙被吸收被利用，以促进牙齿和骨骼的生长。

宝宝开始咀嚼时就可以选择含钙量高的食物，例如在烤面包条上抹上芝麻酱就可以增加钙的摄入，用虾皮剁在肉馅里，用萝卜缨做菜馅等都可以提高钙的摄入。

**食物含钙量(毫克/100克)**

| 食物 | 含量 | 食物 | 含量 | 食物 | 含量 | 食物 | 含量 |
|---|---|---|---|---|---|---|---|
| 石螺 | 2458 | 石斑鱼 | 152 | 海带 | 1177 | 荠菜 | 294 |
| 鲈鱼 | 138 | 芝麻酱 | 870 | 芸豆 | 227 | 青稞 | 113 |
| 羊乳 | 140 | 臭豆腐(干) | 720 | 毛豆 | 135 | 豌豆 | 102 |
| 全脂牛奶粉 | 1030 | 猪脑 | 137 | 金针菜干 | 468 | 木薯 | 88 |
| 田螺 | 1030 | 鸡蛋黄 | 134 | 黄豆 | 367 | 大麦 | 66 |
| 虾皮 | 991 | 带鱼 | 132 | 木耳 | 357 | 心里美 | 66 |
| 虾米 | 882 | 鸭蛋黄 | 123 | 萝卜缨 | 350 | 长茄子 | 55 |
| 泥鳅 | 399 | 羊脑 | 61 | 素鸡 | 319 | | |
| 水发海参 | 240 | 鸡心 | 54 | 老豆腐 | 251 | | |

## 06 为什么不宜给宝宝吃菠菜补铁？

菠菜中含铁丰富，但是菠菜中还含有大量草酸，草酸会把大量的阳离子结合成不溶解物从大便排出，使宝宝的大便成为黑绿色，不但排走铁，还会把钙和锌也同时排出。不但贫血未治好，还会缺钙和缺锌。有些妈妈喜欢给宝宝喝菜水败火，就用菠菜煮水给宝宝喝，但菠菜水中的草酸最多，喝菠菜水也同样有害。

## 07 给宝宝吃什么补铁效果最好？

补充铁的食物中最好的是动物的脏腑类和动物血，脏腑中含血液丰富，血液中的血红素为一个卟啉基和一个球蛋白组成，在卟啉基内包裹着一个铁原子。进入肠道内整个卟啉基直接被吸收，不受蔬菜的草酸和粮食中的植酸干扰，所以吸收率可高达27%～30%，是最有效的食补方法。

# 2.饮食习惯

## 08 如何正确对待1岁宝宝挑食？

1岁以后宝宝开始学会挑食，说明小儿在进步，在成长，父母应该理解宝宝。小儿挑选食物是出于本能的选择，是自然的，没有偏见的。父母应该允许，因为这与大宝宝的挑食完全是两码事。

美国的一位医生曾做过一个试验，得出三条重要的规律：第一，选择未精制食品宝宝发育情况很好；第二，小儿每天、每顿的饮食情况都有很大的差异，从一顿饭的角度看，小儿的饮食是不平衡的。第三，从一段时间来看，每个宝宝自己选择的饮食搭配是任何科学家都会首肯的平衡饮食。这说明正常的小儿会本能地选择出有益健康的饮食组合，父母可以毫无顾虑地允许小儿按照自己的欲望选择食物，过分的干预会起反作用。父母应该做的是了解米饭、牛奶、肉类、蛋类、蔬菜、水果等各种食品的营养价值，为小儿提供能够满足他需要的可供选择的多样饮食。

## 09 影响宝宝食欲的因素有哪些？

影响宝宝食欲的原因主要有：

❶宝宝的身体出现的某些疾病；

❷宝宝心情不好或受惊受压、精神负担较重；

❸平时吃了过多的零食。

## 10 只给宝宝做他爱吃的饭菜行吗?

如果妈妈只给宝宝做他爱吃的，就会让宝宝偏食，爱吃一些食物、不爱吃另一些食物，造成营养失衡。例如宝宝不爱吃猪肝、腰子，凡是动物内脏都不爱吃，只爱吃肉。如果妈妈只给宝宝吃肉，宝宝可能就会贫血。而脏腑类食物含铁丰富，并且容易吸收，可以把猪肝、腰子等脏腑类和肉剁成馅放在饺子或包子里，宝宝也会吃。妈妈可以把宝宝不爱吃的食物，换些花样做给宝宝吃，宝宝或许会乐意接受。

## 11 彩色食品对宝宝的健康有害吗?

彩色食品的色素来源有两种：一是天然色素，如动物的血红蛋白、植物的叶绿素等；另一类是化学物质的人工合成色素，品种繁多。

合格的彩色食品虽然色素用量少，但如果经常食用，就会使色素慢慢积蓄在体内，损害健康，而宝宝的排毒能力比成人弱，容易导致腹泻、腹痛、腹胀及营养不良等，色素附着在肠壁还会形成溃疡或发炎。因此尽量不要给宝宝食用彩色食品。

## 12 用微波炉热奶应注意什么?

用微波炉给宝宝热奶时，要注意热奶要用碗或其他容器，不可以把奶瓶直接放进微波炉内加热，然后拿出来直接给宝宝吃。因为微波炉加热的方式是通过辐射，中心热外周凉。家长拿出奶瓶时，如果奶瓶的温度很合适，就会直接给宝宝吃。宝宝吸吮到瓶子中央温度最高部位的牛奶时，很容易烫伤。爸爸妈妈往往觉察不到，继续让宝宝吃就会让宝宝的食道受伤。食道烫伤很难治疗，伤口愈合后会成为瘢痕，没有弹性，让宝宝难以咽下变成食团的固体食物，直接影响宝宝的生长发育。

如果用微波炉热奶，要换一下容器，从炉子内取出后，用勺子搅匀，把奶滴到手背上测试温度，合适了才让宝宝喝，这样就可以避免宝宝食道被烫伤。

# 1岁~1岁半 宝宝智能开发

## 1.能力发展

### 01 宝宝语言能力有何发展?

这时宝宝已能听懂一些常见的最基本的日常用品的名称。

这一阶段的宝宝能听懂的话比他能说的话要多得多，他只能说出一个一个的单词，而且词汇量不丰富，大概有10~20个单词。他会用一个单词表达多种意思，因为对宝宝来说，一个单词就是一个“完整的句子”，同一个单词在不同的场合可以代表几种不同的意思。

### 02 宝宝运动能力有何发展?

大多数宝宝能够独立行走了，由于活动能力的提高，会走以后的宝宝更喜欢四处探索，但还没有危险意识。随着活动范围的扩大，现在的宝宝对什么都充满好奇。手眼配合能力及操作能力也提高了，所有能够拿到的东西都要试图拿到。

### 03 宝宝认知能力有何发展?

宝宝能认识物体的准确方向，会把简单形状的东西放入模型中。多数宝宝能够搭起3块积木。会翻稍厚的小人书的书页，但不是一页一页地翻。喜欢看图画，会指着图画并拍打它们。喜欢用蜡笔乱涂乱画。

## 04 宝宝社交能力有何发展?

喜欢到户外玩耍，做游戏，喜欢在小朋友多的地方玩，还喜欢做没做过的事，并对物体进行深入“探究”。如果在做某件事遇到困难时会来求助大人的帮助，例如，让大人帮他将玩具上的发条上满，拉着大人去看自己喜欢的东西。为了在伙伴面前表示友好，会将玩具递给别人。

## 05 怎样叫记忆力好？包括哪些方面?

所说的记忆好，是指识记快、保持长久、记得准确，而且用时提取快。

**识记敏捷** 当识记一个新材料，形成新的神经联系速度快。比如数学家茅以升先生小时候在看父亲写诗时，父亲写完他就能把诗完整地背下来。

**记得准** 所记材料再认和再现时没有歪曲、遗漏、增补和臆测。比如有人记忆圆周率“π”小数点以后一百多位，准确无误。

**保持持久** 所记材料在头脑里贮存长久。

**记忆的准备性** 所记材料在必要时，能够把记忆的贮存迅速提取出来，解决急待的问题。

上述几方面记忆品质是有机地联系着，缺一不可。培养幼儿良好的记忆品质，应注重帮助他们在大脑中建立丰富、系统、精确而巩固的神经联系。

# 2.能力训练

## 06 怎样对宝宝进行发音训练?

如果宝宝j、k、g发音困难，妈妈可反复给宝宝讲下面的故事，帮助他练发音。

有一天，鸡妈妈、鸡爸爸和小公鸡一家三口开家庭演唱会，请来鸭子做观众。

鸡妈妈第一个开口唱：“咯咯咯，咯咯咯……”（妈妈问宝宝：“宝宝，你学一学鸡妈妈怎么唱。”）

鸭子听了说：“鸡妈妈你唱得太好了，我也唱一曲。”于是她“嘎嘎嘎，嘎嘎嘎”

地唱起来。（妈妈问宝宝：“宝宝，你会学鸭子唱吗？”）

小公鸡跳着说：“鸭阿姨唱得真好听，鸭阿姨你听我唱，叽叽叽，叽叽叽”（妈妈问宝宝：“宝宝，你会唱叽叽叽，叽叽叽吗？”）

最后，鸡爸爸不慌不忙走过来，高声唱道：“喔喔喔，喔喔……”大家一齐拍手：“真好听，真好听！”。

## 07 怎样对宝宝进行动作训练？

1岁半的宝宝已经会跑了，可以训练他做许多大运动量的活动，如跳舞、双脚跳、快跑、踢球等，还可以训练他单独上、下楼梯，以增加肌肉力量。

还可以通过做游戏，训练身体的协调能力。如找一条长毛巾，家长拉住两个角，让宝宝拉住另两个角，把一只皮球放在毛巾中间，让宝宝一蹲一站，皮球就会来回滚动。还可以把皮球抛起来，和宝宝一起用毛巾把皮球接住。

这样可锻炼宝宝与他人合作的能力以及自身动作协调的能力。

## 08 怎样以兴趣引导宝宝？

宝宝的活动以兴趣为转移，持续的时间短。只要是他感兴趣的，就主动、有积极性，情绪保持在最佳状态，也能克服困难。而他不感兴趣的事，就是能干好，他也希望少干一些，或是爸爸妈妈帮助干。独立性较强的宝宝好一些，而依赖性强的宝宝，表现得就突出些。比如宝宝做游戏时，他可以费很大力气地把东西搬来搬去，把玩具柜翻个底朝天，一点也不烦，不觉得累，但如果妈妈说：“我们收拾吧。”他立刻变得懒洋洋的，告诉妈妈他累了。

对于宝宝的这一特点，妈妈要把“教育”、“学习”这一枯燥的活动，转化为宝宝感兴趣的活动，使他变被动为主动，由他自己的浓厚兴趣调动积极性。督促宝宝、呵责宝宝很容易，真正“寓教于乐”就很难了，需要妈妈事事都动脑筋，精心设计适合你宝宝的教学方案。

## 09 如何教宝宝识别大小？

妈妈可以准备各种杯子、球、盒子等物品，每次游戏时选一种。比如球，选两个大小不同的球，告诉宝宝哪个大，哪个小。然后母子两人扔球玩或踢球玩，运动一会儿，再把球捡回来问宝宝："你告诉妈妈哪个是大球，哪个是小球？"再比如拿两个塑料玩具碗，一大一小，让宝宝比一比哪个大哪个小，让宝宝把小碗装在大碗里，使宝宝理解什么叫大，什么叫小。反复比较，反复装进去倒出来，宝宝慢慢会悟出大小的意义。

玩这个游戏是让宝宝通过游戏对物品大小有个概念，并能把物品从小到大排列起来，使他明白不仅有数，还有大碗小碗之分，小的比大的小，能放在大的中间。这是数字的最基本最形象的认识，有了大小的概念，宝宝才知道排列，逐渐才有对顺序的理解。

**温馨提示**

认识世界上的东西有大小不同，是最初级的根据外表的分类方法。记忆是靠特点分类来记忆的，这是学习和记忆的开端。

## 10 如何发展宝宝的独立性?

宝宝独立行走之后，身体发育更强壮，大脑功能更灵活，具备一定独立能力，再也不喜欢搂在妈妈的怀里，也不愿事事等待成人办理，着急时，自己便要亲自下手了。吃饭自己喂，尽管勺子拿得很笨拙，残渣很多，但还是自己吃得香；穿衣要自己来，别看袜底朝上，也还要坚持自己做；喝水要自己端杯，别看洒满衣襟，还是喝上一杯再一杯。让妈妈看看我长大了，会走路、会吃饭，什么事情都爱干。

这种"独立自主"的精神和愿望，在心理发展过程中具有特殊意义，标志着自我意识的发展、各种能力的发展、个性的形成。

在各种独立活动中，促进独立能力的发展，引起性格变化，更积极、更主动，增强了克服困难的意志，也明白了自己的力量，加深了自我了解。如果培养得好，宝宝从此开始不完全依赖于成人的独立生活，不仅减轻成人的负担，更重要的是及早锻炼宝宝手脚，发展大脑功能，培养各种能力。

对于这个阶段的小儿来说，父母要给他们足够的个人空间，又给他们单独处理各种事的机会，父母可每天带宝宝出去走走，找一个比较安全的地方，用不着盯在他屁股后面，让他自由自在地同别的小朋友玩耍。即使身上弄脏一点也不要紧。但要注意不能让他把脏东西放进嘴里，如香烟头、泥巴等。另外，宝宝想自己做的事情应尽量让他自己做，如让他自己拿勺子吃饭，即使撒掉一点饭也没关系，如果宝宝自己能坐便盆大小便就让他自己去坐就是了。

# 11 怎么教宝宝学会走?

当宝宝开步行走之时，也是他长大的象征，他可以移动双脚去任何想去的地方。行走的宝宝可以更方便地接触物体，宝宝活动范围也更开阔了。

你可以按照以下方法，来训练宝宝走路：

## 1 扶家具和扶墙行走

可千万不要小看宝宝扶墙、扶家具慢慢移动身体，它是宝宝行走的开始。虽然独自站立还不稳定，但通过脚步的挪移，手脚和身体的配合，宝宝的平衡感正不断得到提升。

## 2 推着小推车走

让宝宝站在小推车的后面，两只小手抓稳当，一开始爸爸妈妈可以将小推车的车速调慢或以手来控制小推车前进的速度，等宝宝熟练以后，爸爸妈妈就可以放手让宝宝自己推小车。爸爸妈妈还可以教宝宝碰到障碍的时候将小推车朝后拉，再进行转弯以避开障碍。

## 3 面对面鼓励宝宝开步走

让宝宝先扶着身旁的物品，爸爸妈妈则张开手臂以欢迎的形式迎接宝宝，可以先从只隔几步远，渐渐地拉开距离。看着宝宝跌跌撞撞地向你走来，可不要动不动就去抱住宝宝。

当宝宝不敢向前走的时候，你一定要用诸如“宝宝，你快来啊”、“妈妈在这里等着你”等言语加上微笑的表情和张开双臂迎接宝宝，让宝宝走向你。

宝宝走到目的地时，要拍拍手表明他做得很好。也可以抱住他再拍拍他，让宝宝感觉到你对他的重要性；还要用言语如“宝宝，你做得真好”、“宝宝，你真棒”、“真是个好宝宝”等来激励他。时间久了，你会发现宝宝对自己的行为也会很满意，他还会学着拍手称赞、鼓励自己呢。

# 四 1岁～1岁半 宝宝常见病护理

## 1.川崎病

### 01 川崎病有哪些症状表现?

皮肤黏膜淋巴结综合征又称川崎病。常见持续性发热，5～11天或更久（2周至1个月），体温常达39℃以上，抗生素治疗无效。常见双侧结膜充血，口唇潮红，有皲裂或出血，见杨梅样舌。手中呈硬性水肿，手掌和足底早期出现潮红，10天后出现特征性趾端大片状脱皮，出现于甲床皮肤交界处。还有急性非化脓性一过性颈淋巴结肿胀，以前颈部最为明显，直径约1.5cm以上，大多在单侧出现，稍有压痛感，于发热后3天内发生，数日后自愈。

### 02 川崎病产生原因有哪些?

病因尚未明确。本病呈一定的流行及地区性，临床表现有发热、皮疹等，推测与感染有关。一般认为可能是多种病原，包括EB病毒、逆转录病毒。

### 03 如何进行家庭护理?

出院后也要注意观察。没有后遗症的话，生活方式不用改变。饮食、运动、入浴等，跟平常一样即可。保持健康的生活习惯。感染上川崎病，是否会影响日后的生活，目前还不清楚。

# 2.过敏性鼻炎

## 04 过敏性鼻炎有哪些症状表现?

因为过敏性反应而发生鼻腔黏膜发炎，就称为过敏性鼻炎。它只在春、夏两季出现，而长年型的过敏性鼻炎，则一年到头都可能发作。还表现为慢性或反复性咽、喉痛及上呼吸道感染等症状，易与病毒性呼吸道感染相混淆。1岁的宝宝则多表现为反复流清水样鼻涕、咳嗽，易被诊断为支气管炎，多被反复应用抗生素治疗。长期慢性鼻炎可引起全身症状，如乏力、食欲不佳、体重不增，生长发育迟缓和器官功能障碍。

## 05 过敏性鼻炎产生原因有哪些?

过敏性鼻炎是一种家族遗传性疾病，患有其他过敏反应的儿童也常会出现此症。

## 06 如何进行家庭护理?

❶清洁环境，以消减尘螨。与气喘相同，要消除周遭灰尘和尘螨等过敏原。

❷地毯、窗帘、布制沙发、绒毛玩具、棉被等，容易积聚灰尘，而成为尘螨的藏身之处，所以有时要用吸尘器仔细地吸干净，并在太阳下暴晒。

# 3.喘息性支气管炎

## 07 喘息性支气管炎有哪些症状表现?

喘息性支气管炎，是婴幼儿时期宝宝支气管炎的一种特殊类型。本病起病不久即出现类似哮喘的症状，低热，刺激性过敏性咳嗽，哭、闹时喘憋加重，两肺均可听到哮鸣音，常可反复发作。随着小儿年龄的增长，发作可减小，一般可治愈。

## 08 喘息性支气管炎产生原因有哪些?

此类患儿常为过敏体质，患有宝宝湿疹、过敏性鼻炎，或者父母有过敏史。

## 09 如何进行家庭护理?

❶除控制感染和止喘外，注意休息，多喝水，室内空气要新鲜。

❷宝宝患感冒、气管炎时，常常出现咳嗽、咯痰，这时父母要慎用止咳药。

❸在家中父母应经常少量喂入适量温开水，以补充身体水分，湿润呼吸道，或把婴幼儿抱入充满水蒸气的房间，停留30分钟左右，每天进行2～3次。对宝宝化痰很有好处，因此人们说，水是宝宝最好的化痰剂。

# 4.突发性出疹

## 10 突发性出疹有哪些症状表现?

突发性疹子（小儿急疹）。连续3天体温达38℃左右，到第3、4天热度下降时，全身像长痱子似的出满了疹子。这种症状开始时几乎与感冒没有任何区别，常见于1岁半以前的婴幼儿。出疹时，除发热外，不怎么咳嗽，也不怎么流鼻涕，只是大便稀些、脸稍肿、情绪稍差。

## 11 突发性出疹产生原因有哪些?

突发性出疹是病毒引起的病毒，这点已确定，但到底是什么病毒，尚未弄清。这种病传染性不强，此病的潜伏期为6～14天。

## 12 如何进行家庭护理?

❶只要热一退、身上一出疹，则可以认为此病已愈，也就没有必要再服药。而且可以洗澡，吃饭也可恢复正常。出的疹子一般2～3天后即会消失。

❷可用冰枕冷敷头部，特别是对抽过风的宝宝更应冷敷。

# 第八章

# 1岁半～2岁

## 育儿要点

- 食物多花样，防止挑食、偏食
- 继续对宝宝独立生活能力的培养；扩大认知能力的训练
- 注意宝宝安全，预防家庭事故；开始进行有益于心血管健康的锻炼
- 满足宝宝的好奇心，培养宝宝自信心；鼓励宝宝多结交伙伴，多认识人
- 多讲解，多提问题，引导宝宝思维的发展
- 对宝宝良好的行为要立即表扬；培养宝宝探索的勇气和学习的兴趣
- 宝宝的快乐来自无拘无束，不要用许多教条约束他
- 少用命令、警告、威胁、指责等语气的词汇与宝宝说话
- 从多个方面教育宝宝增加语汇，鼓励宝宝说话

## 身体发育指标

| | 体重(千克) | 身长(厘米) | 头围(厘米) | 胸围(厘米) |
|---|---|---|---|---|
| 1岁半 | 男童≈11.5<br>女童≈10.8 | 男童≈82.4<br>女童≈80.9 | 男童≈48.00<br>女童≈46.76 | 男童≈47.23<br>女童≈47.61 |
| 2岁 | 男童≈12.6<br>女童≈11.9 | 男童≈87.6<br>女童≈86.5 | 男童≈48.83<br>女童≈47.67 | 男童≈48.84<br>女童≈49.04 |

# 一 1岁半～2岁 宝宝生活照料

## 1.日常护理

### 01 1岁半宝宝应穿满裆裤吗？穿开裆裤有何危害？

1岁半的宝宝在语言、动作和心理发育上都比以前成熟得多，当宝宝学会大小便前告诉大人时，就可以逐渐让宝宝穿满裆裤了。

1岁半以后宝宝户外活动增多，没有卫生常识，不管什么地方都坐。如果穿的是开裆裤，特别是女孩，由于阴部敞开，尿道短，阴道上皮薄，地面上的细菌等脏东西会从宝宝的肛门和外阴侵入体内，引起尿道炎、阴道炎、外阴炎等。有时即使没有细菌感染，由于阴部受不洁物的刺激，也会引起局部瘙痒，手抓后诱发炎症。

特别提醒，宝宝穿开裆裤不宜坐地上、不宜坐滑梯、不宜骑摇马、不宜坐公共便盆，总之，不宜随意接触有卫生嫌疑的地方。

父母应尽早训练宝宝便前通告大人或自己坐盆大小便，尽早给宝宝穿上满裆裤。

### 02 怎样让宝宝有良好的睡眠？

宝宝大了，他们的活动量也大了，因此保证宝宝良好的睡眠，使他们身体得到充分休息很重要。那么父母怎样解决好睡眠问题呢？

首先，睡前不应让宝宝过度兴奋，以免影响入睡，如做剧烈运动，听新故事或看新书等。可以让小儿听一些柔和的音乐或者独自玩一些安静的游戏和玩具。

如果小儿暂时还不想睡，家长不要勉强，更不要用恐吓或打骂的方法强迫宝宝入睡，如用“大灰狼”、“鬼来了”、“打针”等小儿害怕的东西和事情来恐吓宝宝，这种做法会强烈刺激宝宝的神经系统，使小儿失去睡眠的安全感，容易做恶梦、睡眠不安，影响大脑的休息。

其次，室内灯光应暗一些，电视、收音机的声音要放低，大人说话的声音也要相应放轻，拉好窗帘，创造睡眠氛围。另外，睡觉前应为小儿洗手、洗脸、洗屁股，使小儿知道洗干净才能上床，并逐步形成洗干净就上床，上了床就想睡的条件反射。还要让小儿大小便，以免尿床影响或者中断睡眠。

**温馨提示**

睡觉前还应给小儿脱去外衣，最好换上宽松的衣服，使小儿肌肉放松，睡得舒服。躺下后就不能允许宝宝再玩耍嬉闹，让宝宝安静入睡。

## 03 怎样避免宝宝尿床?

小儿尿床是正常的，能避免小儿尿床是令人高兴的。小儿夜间尿床原因是熟睡时不能察觉或者正确处理体内发生的排尿信号。那么，怎样尽量避免小儿尿床呢?

首先，家长应尽量减少导致小儿夜间排尿的因素。如晚上晚餐不能太稀，少喝汤水，入睡前一小时不要让宝宝喝水，上床前要让宝宝排尽大小便。

其次，掌握小儿夜间排尿规律。一般宝宝隔3小时左右需排一次尿，也有些宝宝晚上可以不排尿，家长要掌握好小儿排尿的规律，要定时叫醒宝宝排尿。

再者，夜间排尿时，一定要宝宝清醒后让其排尿，很多5~6岁甚至更大些宝宝尿床，都是由于幼儿时夜间经常在朦胧状态下排尿而形成的糊涂习惯。

另外，有些小儿开始可能不配合，一叫醒就哭闹，不肯排尿。这时家长一定要有耐心，注意观察小儿排尿的时间、规律，在小儿排尿之前叫尿，时间长了，就会习惯。如果小儿偶尔尿湿被褥，家长不要责备宝宝，以免造成宝宝心理负担。

## 04 乳牙有哪些重要作用?

父母一定要认识到乳牙的重要作用，从宝宝牙齿萌出起即加以保护。

乳牙是婴幼儿和学龄前期儿童咀嚼食物的重要器官。健康的乳牙有助于消化食物、有利于生长发育。乳牙的存在将为以后长出的恒牙留下间隙。若乳牙发生龋坏或早期丧失，可使邻牙移位、恒牙萌出的间隙不足而排列不整齐，还可以使恒牙过早萌出或推迟萌出。另外，从开始长乳牙一直到5~6岁是小儿开始发音和学讲话的时期，正常、完整的乳牙则有助于儿童正确发音。若乳牙损坏和脱落，还会使得部分宝宝不愿张口说笑，从而给宝宝心理上带来不良影响。

## 05 带宝宝看牙科要注意什么？

父母应早点带宝宝去看牙科医生，以便早期预防、发现并尽早治疗各种牙病。

第一次带宝宝看牙科要做好下列准备：预先为宝宝备好牙刷、小毛巾，给宝宝穿上易于穿脱的衣服。还可以和宝宝一道边看边讲解口腔保健、牙病治疗的连环画。

家长应注意，带小孩去看牙科时，不要担心小宝宝不去而故意把牙科诊室说成小孩喜欢去的地方。当宝宝问看牙痛不痛时，可告诉宝宝等会儿自己去问医生；并且告诉宝宝牙科医生是他们的好朋友，对每个小孩都是友好的，可以帮你治疗牙病，让你有一口好牙齿。每次看牙后要多给宝宝表扬和鼓励，以增强宝宝的自信心。

## 06 噪音对宝宝有哪些危害？如何避免噪音？

噪音是非节律性的音响。噪音对人体危害很大，尤其是幼儿。人体正常允许的噪音不超过50分贝，当噪音达到115分贝时，便会损坏大脑皮层的调节功能。如果幼儿经常处在噪音声中生活，幼儿容易感到疲倦，严重的还会干扰小儿的注意力，影响小儿的空间知觉和语言能力。时间长了，在一定程度上会阻碍儿童的智力发展。

乐音是和谐性、节律性的声音，如悦耳的音乐、美妙的鸟语，都能使小儿大脑功能得到提高，心情愉快。因此，平时应避免在宝宝面前大声吵闹、喧哗，家庭日常使用的电视机、音响的音量一定要适中。有条件的家庭，可在居室内铺上地毯，在桌椅腿底钉胶皮，这样可减少噪音。另外，大人也不要多带小儿去嘈杂吵闹的地方，如大街上、集市上等，以免过大的噪音影响宝宝的健康。

# 2.学会自理

## 07 如何教宝宝自己穿脱衣服？

可给1～2岁的宝宝穿宽大的套头衫，或者有拉锁和粘扣的衣服，尽量鼓励宝宝自己脱下和穿上。让宝宝看到衣服前面的花纹，不要穿到后面；要看好裤子前面的开口，也不要穿到后面，以免如厕困难。让宝宝用手摸到衣服的缝边，让它放在里面，摸到衣服的兜，把兜朝外面，这样宝宝就能学会自己独立穿好衣服。

要养成良好的习惯，每晚脱衣服时将衣服摆好，早晨就可以按照摆的次序穿上，不用费劲到处找衣服了。如果衣服需要更换，在头一天晚上应准备好，摆在适当的位置上，早晨就可以穿得快些。自理能力良好的宝宝两岁就能完全自理，只有解系扣子时需要大人帮忙。

## 08 怎样教宝宝解系扣子？

宝宝手眼协调能力有较大的长进，最有代表性的就是能学习自己解扣和系扣。宝宝最容易做到的是粘扣，其次是按扣。目前要练习的是大个的骨扣，可以让宝宝帮玩具娃娃换衣服，让他学会把大个的扣子放进扣眼里，从里面拿出扣子就是解扣；从外面塞进扣子就是系扣。让宝宝在娃娃的衣服上学会了，再在自己的衣服上练习。

等宝宝学会了解扣和系扣，就能完全自己穿脱衣服了，妈妈可给宝宝买前面开口、扣眼大、容易穿脱的衣服，以方便宝宝自己操作。

## 09 教宝宝擤鼻涕有何重要性？怎样教宝宝擤鼻涕？

感冒是小儿最常见的疾病之一，小儿感冒时鼻黏膜发炎，鼻涕增多，造成鼻子堵塞，呼吸不畅。这个年龄段的小儿生活自理能力还很差，对流出的鼻涕不知如何处理，有的宝宝就用衣服袖子抹得到处都是，有的宝宝鼻涕多了不是擤，而是使劲一吸，咽到肚子里，这都是很不卫生的，会影响身体健康，还会传播鼻涕中的大量病菌。因此，教会小儿正确的擤鼻涕方法是十分必要的。

正确的擤鼻涕方法是，用手绢或卫生纸盖住两个鼻孔，然后按住一侧鼻翼，擤这一侧鼻腔里的鼻涕。清理鼻涕后，再用同样的方法擤这一侧鼻腔里的鼻涕。用卫生纸擤鼻涕时，要多用几层纸，以免小儿把纸弄破，搞得满手鼻涕，再往身上乱擦，既不卫生也不好看。

## 10 为什么要尽早教宝宝漱口？如何教宝宝学漱口？

这阶段的小儿学习漱口也许不是一件容易的事，然而漱口能清除口腔中部分食物残渣，是保持口腔清洁的简便易行的好方法，所以应尽早教小儿练习漱口。

首先，应教会小儿将水含在口腔内，闭上嘴唇，然后鼓动两腮，漱口水就能与牙齿、牙龈及口腔黏膜表面充分接触；然后，反复来回冲洗口腔内各个部位，使牙齿表面、牙缝和牙龈等处的食物碎屑得以清除。父母应先做给宝宝看，让宝宝边学边练习，逐步掌握、提高。宝宝学会漱口后，每次餐后都应让宝宝用清水漱口。

# 3.异常情况

## 11 如何正确理解宝宝的害羞？

有时大人们认为宝宝害羞是很正常的事，但对于孩子来说却是另外一回事。比如，有些很漂亮的小女孩很不喜欢被大人们亲来亲去，父母却认为这是亲戚朋友对自己孩子表达喜爱之情的一种方式。但是父母想过孩子的感受吗？如果孩子拒绝接受这种亲吻，并不代表他害羞，仅仅是他不喜欢。还有的孩子在家里很活泼，一出门就变得很害羞，这往往是因为面对社交场合孩子不知道如何去做而产生恐惧的心理。因此，多和孩子交流是很必要的。如果他表现出害羞的行为，要多听听孩子的想法，分析孩子是不是真的害羞。

**温馨提示**

做父母的不要总想着改变孩子的个性。每个孩子都是不一样的，内向害羞只要不影响正常的人际交往就行。

## 12 引起宝宝昏厥的原因有哪些？

引起宝宝昏厥的原因很多，如精神紧张、恐惧、天气闷热、站立时间长、惧怕打针或卧位时间过长突然站立等都会引起宝宝昏厥，还有脑缺血性晕厥及过敏性昏厥。

## 13 昏厥的临床表现有哪些？

昏厥的临床表现为突然的头昏、眼花、心慌、恶心、面色苍白、全身无力，随之意识丧失，昏倒在地。

## 14 宝宝发生昏厥后怎么办？

发现宝宝昏倒后，应让宝宝平躺在床上，头略低于身体，这样可尽快恢复供血状态。另外，要解开宝宝衣扣、腰带、打开窗户通风或将宝宝抱到空气流通的地方让宝宝保持呼吸道通畅。在宝宝清醒后也可饮一杯糖水。

如果采取以上措施后症状仍不缓解，甚至有加重的趋势，应及时送医院检查。

## 15 宝宝睡觉时打呼噜要紧吗？

宝宝患有慢性鼻炎、鼻窦炎、腺样体或扁桃体肥大时，由于肥大的腺体占据了鼻咽部和咽喉部，在睡觉时便会打呼噜。而且在张开口呼吸时，由于空气不能通过鼻腔，没有经过鼻腔的加湿及过滤，直接进入气管，会使这些宝宝特别容易患呼吸道感染。由于长时间呼吸不畅，身体会慢性缺氧，因此影响全身发育。

如果宝宝在睡觉时打呼噜，应当到医院检查，最好到耳鼻喉科看有无上述的情况，争取早日矫治。

## 16 什么是糠疹？宝宝出现糠疹后怎么办？

许多家长将脸上出现的淡白色斑称做虫斑，其实这就是白色糠疹或单纯糠疹，是儿童常见皮肤病。

常见2～3个，大小不等，直径约0.5～2厘米，圆形或椭圆形，边界清楚，表面干燥，有糠状鳞屑。这些宝宝无自觉症状，或有轻微瘙痒，常见于口周、两颊、额部，有时在颈部、肩部、前臂等处，多在春季发生，夏季加重，秋后消退。可能与营养缺乏、日照过强、皮脂腺发育障碍、真菌、病毒、链球菌或肠道寄生虫有关。

这种白色糠疹可自愈，也可以用维生素$B_6$霜治疗。这种糠疹不一定是肠道寄生虫引起的，不能看见糠疹就驱虫，应检查宝宝的大便，针对虫卵，用适合的驱虫剂，不可未经医院诊断检查就盲目服药。

# 二 1岁半~2岁 宝宝喂养

## 1.营养需求

### 01 可以给宝宝吃零食吗？宝宝吃零食有何讲究？

小儿大多爱吃零食。一方面，小儿好动，消耗的能量多，需要补充能量，因此，吃些零食对小儿是有利的。但另一方面，吃零食往往会影响正餐进食，对小儿的生长发育极为不利。

幼儿胃容量相对小，而消耗的热能又相对多，每餐吃的食物支撑不到下一顿就被消化掉了，宝宝就会觉得饿，想吃东西。这时候，父母应该怎么做呢？

**温馨提示**

为了保护小儿乳牙预防龋齿，小儿吃完零食后，最好漱漱口或者喝一些温水。

首先，应选择适宜的食品，如易消化的像水果、饼干、面包等。决不可选择太甜太油腻的食物，这样会影响食欲又不易消化，而且对牙齿也不利。其次，餐前半小时至一小时内不要给零食吃，免得影响到正餐的进食量。再者，零食的数量也要控制，不可过多。

### 02 进餐前后喝水有什么弊端？

幼儿从饭前半小时到饭后半小时整个时间段都不宜喝水。因为这段时间内喝水会影响消化功能。由于人的胃肠等器官，到了该进餐的时间，就会条件反射地分泌消化液，食物中的大部分营养成分依靠消化液消化后被人体吸收。如果此间喝茶饮水，势必冲淡消化液，影响消化吸收。即使小儿饭前口渴得厉害，也只能先少喝点温开水或热汤，休息片刻后再进餐，这样就不致影响胃的消化功能了。

如果宝宝养成边吃饭边喝水的习惯，就对消化大为不利，一定要纠正。

## 03 营养不良会影响宝宝身高吗?

当宝宝营养极度不良时将会影响宝宝的身高发育，然而营养十分充足时身高并非会因此而明显增长。身高的增长是与体内激素有着密切关系，到了青春期体内激素发生作用，身高自然会增长，故不应为幼儿时个子矮小而感到悲观。

充足的营养是保证幼儿健康成长的物质基础，关键是要对各种营养素努力做到科学合理的配置。

## 04 影响宝宝身高的因素有哪些?

影响宝宝的身高有4种因素：

❶遗传因素决定。

❷与营养有关。

❸与睡眠时间有关。进入深睡眠状态1小时后，大脑垂体开始分泌生长激素，也就是说在夜间11～3点期间一直处于深睡眠状态下的宝宝容易长高，而经常在此期间受干扰，生长激素的分泌会减少，从而影响宝宝长个。

❹与运动状况有关。在运动时血流通畅，如果能晒到太阳，血液的钙和磷会进入骨骼。反之，经常躺着的宝宝，骨骼里的钙和磷会游离进入血液，从尿中排出。

在宝宝快速增高之前必须有营养物质储备，特别是优质蛋白和钙。在食物中只有配方奶才能供给宝宝这两种最关键的营养素，因此，在断奶后维持配方奶的供应很重要。

## 05 身高快速增长期是什么时候?

观察儿童长高的速度，有两个快速增长期，第一个是出生后到1岁，在第一年增长25厘米，第二年长12厘米，第3、4两年共长12厘米，第5、6、7三年共增长14厘米，以后增长缓慢。到青春前期是第二个快速增长期，女孩9～11岁增长9～11厘米；男孩11～13岁增长11～13厘米。

# 2.饮食习惯

## 06 怎样锻炼宝宝自己吃饭?

小儿学会自己吃饭的早晚因人而异，有的小儿1岁半就能握匙熟练地吃饭了，有的小儿到了2岁以后还不会独立吃饭。学会吃饭早晚，很大程度上取决于大人的态度。

如何让宝宝学会自己吃饭，父母应注意以下几个方面：

❶ 小儿从1岁左右开始一般都有把持匙的愿望，这是初步学习用匙的动机，父母应把握时机，充分给予宝宝练习的机会。

❷ 父母教育宝宝要有耐心，不应该吝惜时间，吃饭也是这样，不要等不得宝宝自己拿匙子吃，妈妈就麻利地喂完了，根本就没有给宝宝练习的机会。本来想自理的宝宝，觉得还是妈妈喂舒服，久而久之就养成了依赖的习惯。

❸ 父母不要过分讲究饭桌上的规矩和卫生，宝宝毕竟还小，难免会把桌子、地面、衣服弄得脏乱，这时候父母只能将就些，重要的是让宝宝得到练习的机会。

❹ 宝宝练习吃饭时，父母应该在一旁不断地给予鼓励，宝宝就会更卖力地去练习。当练习不好，弄撒饭菜时，切不可训斥。

❺ 不要担心宝宝自己吃饭会吃不饱，没等宝宝兴趣减退就赶紧拿过匙子喂饭，父母都希望这样能让宝宝多吃点，可这样做只会打击宝宝的积极性。

宝宝学会自己吃饭后，应该完全让他自己吃饭。父母不要再过多干预，随着宝宝年龄的增长，吃饭技巧就会逐渐掌握，吃饭的规矩就会逐渐养成。

## 07 怎么指导宝宝使用杯子?

从1岁开始，应该让宝宝开始练习用杯子喝水，到1岁半以后宝宝已经能自己端杯喝水，很少洒漏。在此基础上，可以把20毫升配方奶放入杯中，同妈妈一起“干杯”，把奶喝光。大家在一起“干杯”几次，好像游戏一样就能把奶喝掉，以后宝宝就可以完全不用奶瓶，用杯子喝奶了。鼓励宝宝像大人一样用杯子，因为宝宝长大了，就不能像宝宝那样再用奶瓶了。

宝宝在用杯子时就有长大了的自豪感，自愿不用奶瓶。用杯子容易清洗，夏秋季不会因为用具不洁而患肠炎。

## 08 宝宝练习咀嚼有什么好处?

给宝宝准备一些需要咀嚼的蔬菜，如芹菜、韭菜、蒜苗等，用刀剁碎，包在饺子内。这些蔬菜有特殊的香味，宝宝会爱吃。让宝宝的牙齿咀嚼较粗的蔬菜，锻炼牙齿的咀嚼能力，有强健牙龈、固齿健齿的作用。

经常用力咀嚼，局部的血管充盈，能使钙和磷沉着在牙齿中，咀嚼能力会越用越好。如果只让宝宝吃又细又软的食物，牙齿的咀嚼能力就会慢慢退步，不敢吃硬的东西。如果宝宝拒绝吃需要咀嚼的蔬菜，可能因为龋齿，使宝宝在咀嚼时感觉不适，这种情况下就应该及时检查，赶快修补。

## 09 怎样教宝宝咀嚼食物?

父母都可以参与进来，同宝宝一面玩，一而练习咀嚼。可把面包或馒头切条，用慢火烤脆，大人同宝宝每人垒一条，一面吃一面夸张地咀嚼，告诉他“很香、很脆、很好吃，越嚼越甜”等。大人做示范会让宝宝有兴趣模仿，可以在吃点心时间，也可以在正餐之后，一面喝奶一面咀嚼这些脆的、有香味的好东西。宝宝会分享大家的快乐，愿意参与，这样就能逐渐学会吃需要咀嚼的食物。

# 1岁半～2岁 宝宝智能开发

## 1.能力发展

### 01 宝宝语言能力有何发展?

1岁半以后，宝宝的口语词汇量突飞猛进，到两岁时有可能达到近千个，能叫出日常见到的大多数事物的名称，与成人交流已基本没有困难，并开始提出更多的要求和问题。

### 02 宝宝运动能力有何发展?

宝宝跑得比较平稳了，动作已协调了许多。如果有意识地锻炼宝宝，现在他应该已经能双脚离地跳起，也能向前跳出一小步了，多数宝宝已能自己上下楼梯。

手部动作的发展也进入到一个关键期，手指动作发展特别快，这时的宝宝开始更倾向于使用某一只手，这一习惯是先天决定的，不必强行纠正。大约有5%～10%的人是左撇子。约有20%的儿童能够灵活使用左右手，这能使左右大脑均衡发展。现在宝宝也能玩一些简单的拼插玩具了，搭积木的技巧也有所提高，会熟练地拧开或拧紧瓶盖，还会把稍大些的玩具螺丝旋进孔中。

### 03 宝宝认知能力有何发展?

宝宝已颇具想象力，他会把所有圆圆的东西都说成像太阳，把弯弯的东西说成像月亮。宝宝的记忆力也有很大进步。已经能够理解一些抽象的概念，如今天和明天、快和慢、远和近等，会数1～10，甚至更多。喜欢问更多的“为什么”。

## 04 宝宝情感与交往能力有何发展?

宝宝这时更喜欢跟比自己年龄稍大的宝宝玩，如果你邀请一个宝宝熟悉并喜欢的小客人来家里玩，宝宝可能会很高兴。这时的宝宝还有一个特点，即情绪波动比较大，一会儿要你抱，一会儿让你走。既有对亲人情感依恋的心理需要，也有独立自主的个性要求，这是造成宝宝矛盾心理的原因，使他看起来有些喜怒无常。

# 2.能力训练

## 05 怎样教宝宝认颜色?

我们的环境中有各种不同颜色，两岁的宝宝早就感受到并且认识颜色。这个游戏是把不同颜色分类。妈妈拿出宝宝的塑料拼块，再拿两个盒子，让宝宝把红色的塑料块放一个盒子里，把绿色的塑料块放另一个盒子里。如果他拿对了，就夸奖他，反复地说："这是红的，这是绿的。"然后让宝宝把红色拼块排一列火车，绿色的拼块排一列火车。以后再玩这个游戏时，可逐渐增加颜色品种，凡是同一颜色的归在一类。

## 06 怎样教宝宝认识身体? 这样做有什么好处?

用彩纸先剪一个人头大的圆形，再剪两个一样大的小圆形和一个月牙形。妈妈问宝宝："你看这个大圆纸像不像你的脸？"宝宝会高兴地在脸上比来比去。妈妈再问："你看这个脸上还少什么？"宝宝看看妈妈，如果他答不上来，引导他去照照镜子。照过镜子，他会捡起一个小圆片放在纸脸上。妈妈问："乐乐是一只眼睛，还是两只眼睛？"宝宝会再放一个小圆片在脸上。"那么，这个脸上还缺什么呢？他用什么吃饭？"妈妈这一问，宝宝会想起来把月牙形的纸片贴在纸脸上。这个脸形基本做好，妈妈帮他用胶水贴好，让宝宝拿着给爸爸或奶奶看。再做这个游戏时，还可剪些鼻子、耳朵、头发、花结之类的纸片，一一贴上去，并可变换人物，做一个男孩或女孩，头发可长也可短，可戴眼镜或有胡子等等。以后还可以用同样的方法认识身体的其他部分。

这个游戏使宝宝逐渐从对实物的认识发展到对非实物的认识，逐渐扩大到抽象的概念，有利于促进小儿认识物和人的特征与异同点，开发他的想象力。

## 07 怎样对宝宝进行语言训练?

快2岁的宝宝，已经很喜欢说话了，但是词汇量还不够表达他的意思。这时，家长要想方设法帮助他丰富词汇，提高语言表达能力。家长可以在游戏中锻炼宝宝的语言能力，如玩“打电话游戏”，通过打电话教宝宝说自己的姓名、住址、爸爸妈妈是谁、正在做什么等。家长还可以教宝宝说儿歌，丰富宝宝的词汇。

家长可以给宝宝买一些图书、画报等少儿读物，讲给宝宝听，讲完后可以让宝宝再讲给你听，这可以锻炼宝宝的记忆力和表达能力。也可以结合宝宝日常生活中经常遇到的问题让宝宝回答，可以问：“如果你把别人的玩具弄丢了怎么办？”“如果把别人的玩具玩坏了怎么办？”“把别人的玩具带回家里了应该怎么办？”“你向别人借玩具，别人不给你怎么办？”“别的小朋友打你怎么办？”等类似的问题，训练宝宝解决问题的能力。

**温馨提示**

若是宝宝到两岁仍不能流利地说话，要考虑是否是语言发育迟滞，最好带宝宝到医院检查一下，看听力是否有问题，神经系统发育是否健全。

## 08 怎样对宝宝进行空间知觉训练?

快2岁的宝宝应逐渐发展空间知觉。小儿一般是先学会分辨上下，而后是分辨前后，最后才懂得左右。

为了发展宝宝的空间知觉，家长要有意识地训练宝宝。例如：“把桌子底下的画片捡起来。”“把床上的毛巾被递给我。”这样做可使宝宝理解上和下。和宝宝一起玩游戏时，一边跑一边喊：“后边有人追来了，咱们快往前跑吧！”或者说：“你在前边跑，我在后面追。”让宝宝掌握前和后的概念。戴手套的时候，一边戴一边说：“先戴左手。哟，右手还没戴手套呢！咱们再戴右手吧。”穿鞋、穿袜子时也这样，一边穿一边说。脱袜子时可以告诉他：“先脱左脚呢，还是先脱右脚？”反复训练，宝宝很快也会记住左右。

让宝宝掌握空间概念是比较困难的，如果只是空洞地讲，宝宝很难理解，必须结合实际，反复训练，才能逐渐掌握。

## 09 怎样对宝宝进行认知能力训练？

2岁小孩的兜里，什么东西都有：糖纸、瓶盖、石头子、画片等，他们把这些东西视为“宝贝”，也正是通过玩这些“宝贝”发展了宝宝的观察能力和认识能力。

家长可以结合这些零零碎碎的东西教宝宝认识事物特征。例如：这张糖纸是透明的，这张是不透明的；这个瓶子是圆的，那个瓶子是方的；这个瓶盖是铁的，那个瓶盖是塑料的……无形中就能教宝宝很多知识，培养了宝宝对事物的认识能力。

另外，带宝宝上街、上公园时，一路上见到的东西，都可以讲给宝宝听。如：这是公共汽车，这是卡车，这是小汽车，那是松树、杨树……还可以教宝宝识别颜色。这一切都会使宝宝的观察能力逐渐地敏锐起来。

## 10 如何培养宝宝的数学概念？

很多宝宝到两岁已经会数1、2、3、4、5甚至更多了，但他们根本不理解数字的概念。父母必须联系与数字有关的生活小事，反复训练，才能逐渐让他对数字有所认识。

家长可以拿两个苹果，告诉宝宝：“这是几个苹果啊？我们数一数，1、2是2个。现在拿一个苹果给爸爸。”还可以拿其他的实物或玩具，反复训练，让小儿感知1和2的实际意义。等他对1和2的概念明确了，再教3、4。

也可以通过扑克牌游戏，提高宝宝学习的兴趣。准备一副比较漂亮的扑克牌，增加宝宝的兴趣，教宝宝分辨每张扑克牌的不同点。如颜色区分、点数之分、图案区分等。还可以教他玩拉大车的游戏或从小排到大、从大排到小的顺序排列。根据宝宝每天玩的情况给予适当鼓励。这个游戏可以训练宝宝对物体的分辨能力和对数字的识别能力。

## 11 怎样对宝宝进行动作训练？

快2岁的宝宝已经走得很稳、跑得很好了。应该训练他单脚站立，开始会站不稳，因为他还掌握不了身体的重心变化。训练一段时间后，他就会站得很稳了。还可以训练他蹬小三轮车，骑车的时候，眼睛要平视前方，手要扶车把，脚要蹬，身体要坐正，哪一点没有弄好，车都无法前进。这使全身肌肉都必须协调，同时也锻炼眼睛，锻炼头脑的灵敏度和反应能力。

## 12 两岁的宝宝需要什么？

两岁多的宝宝最可爱，他的需要比1岁时大大增加了。

❶他要自己的事情自己做，虽然做不好，而且有始无终，但他想动手。

❷他爱幻想自己是小动物，比如是一只小狗熊等等。

❸两岁宝宝怕黑怕孤独，他喜欢跟大人在一起，更需要父母的爱抚。

❹他喜欢看书，看印制精美、色彩鲜艳的图书。

❺他喜欢听故事，不论听懂听不懂，他会缠着妈妈反复讲，讲完还问："后来呢？"

❻睡醒以后很高兴，希望有人能与他一起玩。

❼要吃爱吃的食物。

❽大小便能自理，需要养成良好的排便习惯。

❾喜欢得到表扬。

❿求知欲旺盛，可以学图画，认识简单字。

## 13 宝宝爱磨蹭怎么办？

许多宝宝动作慢，特别是早晨，妈妈要上班，看着宝宝磨蹭真着急。

宝宝总是被母亲催赶着，心情不大舒畅。可是在宝宝看来，他不明白，有什么必要那么着急。而且，受到催促是不愉快的。所以也仅仅是当时应付一下，催一催，动一动，过后也就忘得一干二净了。

既然每次催促都只限于当时解决问题，过一会儿就失效，那么，就让我们从今天起停止催促而改用另一种方式，用一个什么"目标"来吸引其注意力。

提出的目标必须是不久将来的事情。目标必须对宝宝有吸引力。到幼儿园去固然可以作为一个引导目标，但是你如果说"要迟到了"，这对于宝宝是无所谓的，因而也就失去了它的效应。重要的是你揭示的目标必须能使宝宝的心情激动，跃跃欲试，激起宝宝的兴趣。

## 14 怎样向宝宝提问题？

妈妈经常向宝宝问问题，可以激发宝宝探究问题的兴趣，引导他观察事物，提高宝宝的思维能力。但家长要善于向宝宝发问，知道问什么，怎么问。

### 要选择问题

不是什么问题都能问宝宝，妈妈问的问题要符合自己宝宝的年龄和思维发育水平。问题太简单宝宝不喜欢回答，问题太难宝宝回答不上来。

### 要善于抓住机会问

妈妈要在宝宝兴致勃勃的时候发问，最好在一定场景中问场景中的问题，景物就在眼前，利于宝宝思考。

### 问题要宽泛

问问题是为了增加宝宝的知识，所以要走到哪儿问到哪儿，说到哪儿问到哪，不要翻来覆去总是那几个问题。妈妈要是不善动脑子，宝宝怎么提高思维能力呢?

### 父母的知识要丰富

妈妈问的问题，自己要清楚，不要自己问的自己答不上来。

## 15 怎样对待宝宝的提问?

妈妈必须珍视和爱护宝宝的好奇心和求知欲。对宝宝提出的每一个问题，要尽可能地给予满意的解答，不能有丝毫的不耐烦。

对宝宝的问题，能解答多少解答多少，如果宝宝提出的问题家长不懂，要告诉宝宝自己也不懂，不要不懂装懂，乱解释。将错误的东西教给宝宝是很有害的。

如果宝宝问的问题是他这个年龄还不好理解的问题，就告诉宝宝：“等你长大了读了书就弄明白了。”宝宝一般不会缠住不放。

宝宝问的问题若妈妈当时答不出来，事后要把它搞清楚，然后给宝宝讲解。

父母要随着宝宝年龄的增长，读一些《幼儿十万个为什么》、《儿童十万个为什么》之类的书籍，这些书里包括了绝大部分宝宝们常问的问题。父母事先读点书，做到“有备无患”。

## 16 如何教宝宝学会比较?

用两种不同颜色（比如黑色和白色）的硬纸片，剪成直径3厘米左右的小圆片。取6个黑片和6个白片，放在桌上。

妈妈用3个黑片摆一排，让宝宝用一样多的白片一对一地摆，然后问他是不是一样多。

妈妈拿3个黑片，给宝宝4个白片。妈妈将黑片摆一排，让宝宝一对一地摆看看谁多谁少。

给宝宝4个黑片，3个白片，让他配对，问他最后哪个多了，哪个少了。谁比谁多，谁比谁少。

可反复玩反复练习，从比较中，不仅要懂得多、少、一样的意义，还要懂得谁比谁多，谁比谁少，谁跟谁一样的含义。

## 17 对宝宝讲太多的道理好吗?

婴幼儿的思维还不健全，他们还不能把道理和事情联系在一起，对妈妈讲的话他也听不太懂，说得太多他便烦了。1～3岁的宝宝对妈妈频繁的劝告很不耐烦。因为他做事不是根据理论，他们行动从不计后果。

另外，对宝宝的发问也不要讲太多的道理，只解释是什么就行了，妈妈解释太多，宝宝不好好听，反而不断地问为什么，无休止地问下去，不代表他好学，而是他根本没弄懂。

## 18 需要对宝宝“民主”吗?

对幼儿不必过于“民主”，婴幼儿还不懂事，在日常生活中不要过多地征求宝宝的意愿，比如问他：“你晚饭吃什么？”宝宝随口说：“吃蛋糕。”晚饭如果吃甜食，会影响宝宝吃正餐。但如果不给他吃蛋糕，他已经提出了要求，妈妈会很难办。一般情况下，父母决定的事，不给宝宝选择的余地，当然游戏例外。等他长大了，懂得道理了，可逐渐多听他的意见。

# 1岁半～2岁 宝宝常见病护理

## 1.红眼病

### 01 红眼病有哪些症状表现?

急性卡他性结膜炎俗称“红眼”或“火眼”是由细菌感染引起的一种常见的急性流行性眼病。其主要特征为结膜明显充血，脓性或黏液脓性分泌物，有自愈倾向。主要通过接触传染，春夏季极易流行。

❶红眼病的主要临床特点是双眼先后发病，发病后眼部明显红赤、眼睑肿胀、发痒、怕光、流泪、眼屎多，一般不影响视力。

❷由病毒感染的红眼病，症状更明显，结膜大出血、前淋巴结肿大并有压痛，还会侵犯角膜而发生眼痛，视力稍有模糊，病情恢复较慢。

❸病毒性结膜炎主要通过接触传染。预防红眼病，要做到勤洗手，不用手揉眼。

### 02 红眼病产生原因有哪些?

常见的致病菌为肺炎双球菌，杆菌流行性感冒杆菌金黄色葡萄球菌和链球菌也可见，后两种细菌平常可寄生于结膜囊内，不引起结膜炎但在其他结膜病变及局部或全身抵抗力降低时有时也可引起急性结膜炎的发作，细菌可以通过多种媒介直接接触，结膜在公共场所、集体单位如幼儿园、学校及家庭中迅速蔓延，导致流行。特别是在春秋两季各种呼吸道疾病如流感、鼻炎盛行，结膜炎致病菌有可能经呼吸道分泌物传播。

### 03 如何进行家庭护理?

该病传染性极强，只要健康的眼睛接触了病人眼屎或眼泪污染过的东西，如毛巾、手帕、脸盆、书、玩具或门把手、钱币等，就会受到传染，在几小时后或1～2天内发病。小儿生性好动，如不注意预防，往往一个宝宝得病会很快蔓延全家或整个幼儿园。

人们在流行期要少到或不到人口密集的公共场所，如游泳池、公共浴室、游乐场等。若要游泳，可用氯霉素等眼药水进行预防性用药。

# 2.小儿肺炎

## 04 小儿肺炎有哪些症状表现?

肺炎是儿童时期的一种常见病，多见于婴幼儿，是目前引起5岁以下小儿死亡的首要原因。与一般肺炎不同，婴幼儿肺炎有三大特点：病情不典型、合并症多、死亡率高。

❶不同年龄、不同病原体所致肺炎多有发热，但程度可从38℃左右的低热到39℃甚至40℃的高热。

❷较为频繁，早期常为刺激性干咳，以后程度可略为减轻；进入恢复期后常伴有痰液。

❸多出现在发热、咳嗽之后。病儿常常有精神不振、食欲减退、烦躁不安、轻度腹泻或呕吐等全身症状。

❹病儿常出现口周、鼻唇沟发紫症状，而且呼吸加快，每分钟可达60～80次，可有憋气，两侧鼻翼一张一张的现象。就说明有肺炎的可能，就要赶紧到医院诊治了。

## 05 小儿肺炎产生原因有哪些?

婴幼儿肺炎多由细菌（如肺炎双球菌、金黄色葡萄球菌、大肠杆菌）、病毒（如呼吸道合胞病毒、流感病毒、腺病毒）、支原体等病原微生物引起。其病因主要是小儿喜欢吃过甜、过咸、油炸等食物，导致食积滞而生内热，痰热盛，风寒使肺气不宜，生肺炎。

## 06 如何进行家庭护理?

### 1 保持适宜的温度和湿度

室温以18℃～20℃为宜，并保持适当湿度约60%，以防呼吸道分泌物变干而不易咳出。

### 2 保证宝宝充分休息

宝宝的房间要安静，尽量减少探视；妈妈不仅要有爱心，还要细心，最好将测体温、换尿布、喂药等操作集中起来一次做完，以免影响宝宝的休息，因为宝宝的哭闹、活动会使缺氧症状加重，增加心脏及肺部的负担，延缓康复。

### 3 强化皮肤护理

宝宝发热出汗多，要及时更换衣服，并用热毛巾将汗水擦干；同时，经常让宝宝变换体位，减少肺部淤血，促进炎症吸收。还可轻轻拍打宝宝的背部，便于痰液顺利排出。

### 4 补足水分

饮食要求易于消化、多水分、高热量、高维生素。高热病儿多给流质饮食，如牛奶、米汤、豆浆、鱼汤、牛肉汤、菜汤、果汁等；退热后可加半流质饮食，如煮烂的面条、米粥、蛋羹等。

# 3.小儿咳嗽

## 07 小儿咳嗽有哪些症状表现?

人在一生中都会发生咳嗽，尤其在小儿年龄阶段咳嗽发生最频繁，这是因为小儿呼吸道感染发病率最高，而咳嗽是该病的一个主要症状。许多家长发现宝宝咳嗽便立刻找出止咳药水给宝宝喝，目的是“早发现、早治疗”。

一般病情不重，虽然有发热、咳嗽、干咳、甚至咳嗽有痰，但常在7～10天内痊愈。但可反复发生支气管炎，甚至转为支气管肺炎。有先天性心脏病左向右分流型，如室间隔缺损、房间隔缺损、动脉导管末闭的婴幼儿，通常更易反复发生支气管炎。

## 08 小儿咳嗽产生原因有哪些?

咳嗽是机体的一种保护性动作，以消除呼吸道的分泌物、渗出物及侵入呼吸道的异物。引起小儿咳嗽的原因很多，如感冒、呛到食物等，不同病因造成的咳嗽，其临床表现也不尽相同。

## 09 如何应对小儿咳嗽?

❶一般情况下异物一旦吸进气管，小儿立即剧烈地咳嗽，此时应该把小儿置于头低足高位，鼓励其咳嗽并拍打其背部协助异物咳出。

❷如果异物未完全排出应刺激不肯咳嗽的小儿咳嗽，方法是以手指按摩胸骨上方的气管以引起咳嗽。

## 10 如何进行家庭护理?

❶家长对宝宝的护理非常重要，宝宝睡不着不必强迫，可以坐着玩。对伴有呕吐、腹泻的病儿第一天应给流食。

❷对一般的发热、咳嗽病儿，要吃些可口的、清淡的、有营养的饮食，冬天务必给热的饮食，面条、片汤都很好。发热出汗体液消耗多，要多喝水和果汁，多吃水果。

❸宝宝病时不要洗澡，因为洗澡会使血液循环旺盛，于安静不利，且会再受凉。

❹痰多的宝宝确会因洗澡而增加分泌物，但只能在患病一周后，早晨稍有咳嗽，食欲也好，能玩，不发热时，可在入睡前洗一次澡。

# 4.细支气管炎

## 11 细支气管炎有哪些症状表现?

该病多在冬、春季流行，高峰为1～3月，含病毒的鼻咽分泌物通过污染的手进入健康人的呼吸道，常先侵犯上呼吸道而后延及到下呼吸道。

成人也可受感染，但只有感冒症状，而两岁以下儿童感染后常表现为细支气管炎。一次感染后，不能保证终生免疫。再感染率为10%～20%，但再感染时症状较第一次轻。

本病起病不久即出现类似哮喘的症状，低热、刺激性过敏性咳嗽、哭闹时喘憋加重，两肺均可听到哮鸣音，常可反复发作。随着小儿年龄的增长，发作可减小，一般可治愈。

## 12 细支气管炎产生原因有哪些?

由病毒或菌质体感染引起的细小支气管的炎症。其中以呼吸道合胞病毒感染为多见。也可由Ⅲ型副流感病毒、腺病毒、流感病毒、肺炎菌质体感染引起。多发于两岁以下儿童，也是宝宝下呼吸道感染中最常见者，该病患者死率约为1%。

## 13 如何进行家庭护理?

目前尚无有效的预防办法。对患儿应予隔离，由于呼吸道合胞病毒可经医务人员传播，故在护理患儿时应穿隔离衣，注意洗手，对患儿用过的物品应予消毒。

# 5.小儿腹泻

## 14 小儿腹泻有哪些症状表现?

腹泻，除了感染病原体外，也有可能因消化不良或者疲劳、心理因素而引起。婴幼儿由侵袭性细菌以外的病因引起的腹泻（包括非感染性和感染性），一般按病情的轻重可分为轻型（单纯性腹泻）、中等型和重型（中毒性腹泻）三类。

## 15 小儿腹泻产生原因有哪些?

**秋季腹泻** 又叫小儿轮状病毒肠炎，这种病毒就是小儿腹泻的主要病原之一，它季节性强，不分南北方，每年秋冬季发病，12月份达到高峰，发病多为6～24个月的婴幼儿。

**细菌性感染** 这种腹泻发病可急可缓，多是卫生不够，导致病从口入。

**饮食因素** 多见于人工喂养或添加辅食的小宝宝。当然，可能还有其他因素导致小儿腹泻，如气候变化、水土不服等，但无论怎样，妈妈们最好还是带着宝宝和便样去医院，经医生查体和大便化验，明确腹泻原因，对症用药。

## 16 如何进行家庭护理?

腹泻一般多有肠道感染，夏季多为细菌感染，秋末冬初多为轮状病毒感染，大多是由于小儿肠胃消化功能不足加之喂养不当引起，所以调理脾胃功能必不可少。

❶保持清洁，勤换尿布，保持皮肤清洁干燥。每次大便后，宜用温水清洗臀部及会阴部，并外扑滑石粉，以预防上行性泌尿道感染、尿布疹及臀部感染。

❷勤翻身，特别是对营养不良患儿、输液时间较长者或昏迷患儿，应预防继发肺炎，避免褥疮发生。

❸呕吐频繁患儿应侧卧，防止呕吐误吸引起窒息，还要常擦洗，避免颈部糜烂。

❹按时喂水或口服补液用的含盐溶液，以缩短静脉补液的时间及避免脱水。

# 6.热性痉挛

## 17 热性痉挛有哪些症状表现？

热性痉挛顾名思义发热时会合并痉挛。简单地说，即宝宝在发热时同时有不自主的身体抽动现象。热性痉挛很少变成癫痫，他们常不须特别治疗，即自动恢复。

在临床表现上，通常和体温的快速上升及中心体温大于39℃有关。此种痉挛典型表现为全身性、紧张性、一阵挛性，持续时间约数秒至10分钟，接着会有短暂嗜睡的情形发生，倘若持续抽筋超过15分钟。则必须小心是否合并其他严重的感染，此时必须小心加以诊视。

某些危险因素，可能会造成热性痉挛转变成癫痫，表现为持续或非典型热性痉挛；发育迟缓；神态异常表现，具确以上特征者，其变成癫痫的发生率大约为9%，相对于不具以上危险因子者仅有1%的发生率。

## 18 热性痉挛产生原因有哪些？

它是小宝宝发生抽筋时最常见的原因，且愈后好。然而少数热性痉挛，可能是由于潜在的急性感染所引起，例如败血症、细菌性脑膜炎，所以在诊治上必须非常小心。

## 19 如何进行家庭护理？

❶小孩在抽搐时，必须立即把身体翻转成侧卧的姿势，以免口腔的分泌物呛到气管内。

❷在抽搐时，嘴巴与牙齿通常会咬得很紧，这时不要尝试用任何方法将紧闭的牙关撬开。需要做的事是在旁边静静地等待小孩抽搐停止，直到意识完全恢复为止。期间不必急着送医。

# 第九章

# 2岁～2岁半

## 育儿要点

·合理膳食，培养良好的饮食习惯，鼓励宝宝进食蔬菜和水果

·训练宝宝听令行事，并强化记忆，如一次发出两个命令

·扩大词汇量，鼓励宝宝说完整的句子；注重宝宝的计算和思维训练

·扩大宝宝的认知范围，如教宝宝认识一些自然常识

·继续大动作、精细动作训练；加强运动及户外锻炼，增强体质

·给宝宝充分的游戏时间，让其随心所欲地玩；培养宝宝的公德意识

·在游戏中学习；尊重宝宝，多给宝宝爱抚，要正确对待宝宝的情感，不应使他受到心理上的伤害

## 身体发育指标

| | 体重(千克) | 身长(厘米) | 头围(厘米) | 胸围(厘米) |
|---|---|---|---|---|
| 2岁 | 男童≈12.6<br>女童≈11.9 | 男童≈87.6<br>女童≈86.5 | 男童≈48.83<br>女童≈47.67 | 男童≈48.84<br>女童≈49.04 |
| 两岁半 | 男童≈13.7<br>女童≈12.9 | 男童≈92.3<br>女童≈91.3 | 男童≈49.31<br>女童≈48.25 | 男童≈49.67<br>女童≈49.89 |

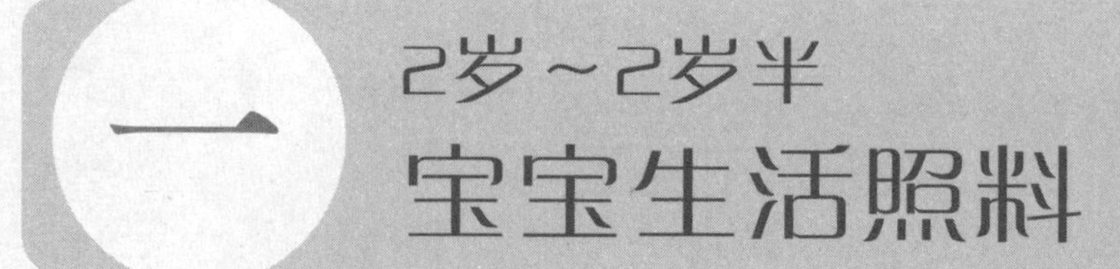

# 一 2岁~2岁半 宝宝生活照料

## 1.日常护理

### 01 怎样给2岁后的宝宝打扮?

家长，尤其是妈妈喜欢打扮宝宝。打扮宝宝该注意什么呢?

#### 1 幼儿穿着打扮应符合年龄特点

幼儿的可爱之处在于天真、活泼，因此幼儿的穿着打扮应能显示这些优势，但不要用成人穿着打扮的观点来对待宝宝，如给宝宝浓妆艳抹、戴各种首饰等，这样的打扮不仅不能美化宝宝，而且对宝宝是有害的。严重的会使宝宝养成好吃好穿、追求浮华的不良品行，这将直接影响幼儿今后的品行、学习、工作和事业。

#### 2 幼儿的穿着打扮应有利于生长发育

幼儿处于生长发育迅速的时期，因此穿着打扮应符合生长发育的需要，然而有些家长却忽视了这一点，只讲漂亮、讲时髦，如现在宝宝穿皮鞋的越来越多，但穿皮鞋不利于宝宝的动作，何况宝宝的骨骼尚在发育中，更不利于脚部骨骼的发育。

### 02 为什么不宜给男孩穿拉链裤?

拉链裤方便时髦，有些家长喜欢让宝宝穿拉链裤。但男宝宝穿拉链裤是非常危险的。小男孩在小便后自己拉动拉链时容易夹住生殖器的皮肉，这时拉链上也上不去，下也下不得，稍一拉动，小孩就痛得哇哇直叫，使宝宝遭受皮肉之苦。因此家长在为宝宝选购衣服时，不应该只考虑方便、美观，而应该把卫生、安全放在首位。

## 03 用异性服装装扮宝宝有什么弊端?

有些家长因为宝宝性别不理想，或者其他原因，故意让宝宝穿异性服装，把女孩打扮成男孩，或者把男孩打扮成女孩。

宝宝们搞不清性别，经常以外表的服装区分。男宝宝留长发、梳辫子、穿裙子，就会成天混在女宝宝堆里，养成女宝宝性格。爱穿男宝宝服装的女孩会跟男孩一样，成天打打杀杀，逐渐出现“性别自认”，到了青春期就有可能被同性吸引（因为同性与自己的性格相反），就可能出现同性恋的问题。

就算不会出现这种严重后果，由于从小养成的性格难以消除，免不了男不像男，女不像女。因此家长千万不要给宝宝异性的打扮，以免后患。

## 04 过多带宝宝串门对宝宝有什么不利?

在节假日里适当地带宝宝串门，走走亲戚，可以锻炼宝宝与人交往的能力。但家长有事无事就带上宝宝走东家串西家，这样就对小孩很不利。

首先，过多串门对宝宝的健康不利。串门的机会愈多，宝宝患各种疾病的可能性愈大。这个年龄的宝宝抵抗疾病的能力差，容易感染上各种传染病。

其次，串门过多可使宝宝养成不稳定的性格和东走西串的不良习惯。宝宝一旦在家里待不住，或者不能集中精力坐下来专心做事，宝宝就不能养成专注、认真做事的习惯，这对宝宝将来的学习、工作都十分不利。

另外，这个年龄的宝宝，模仿性极强，对许多事似懂非懂，如不加选择地带宝宝外出，使宝宝耳濡目染一些不良的事情，对宝宝的成长极为不利。

## 05 宝宝过多去公共场所有何弊端?

公共场所，尤其是那些是人群密集、嘈杂的地方，空气污浊，病菌传播，噪音杂乱，对宝宝的健康极为不利。诸如候车厅、人群密集的商场、医院、剧场等环境嘈杂的场所，应尽量不带宝宝去。

公共场所是各类传染病广泛传播的场

**温馨提示**

呼吸道传染病如上呼吸道感染、肺结核、流行性脑膜炎、腮腺炎、麻疹等都是通过飞沫在空气中传染的。

所，公共场所里的各种病原微生物、寄生虫卵随时都可能沾到手上。而这个年龄的宝宝还没有养成良好的卫生习惯，宝宝的免疫力又低，加上好奇心强，什么都想摸一摸，因此，极易患痢疾等肠道传染病和寄生虫病等。越是人群密集的地方，含有病毒、细菌的浓度就越大，宝宝就越容易感染。

## 06 怎样教宝宝讲究卫生？

家长应鼓励宝宝注意仪表的整洁，每天早晨起床后，先洗手、漱口、练习刷牙、洗脸，然后穿好衣服。每晚睡前也要洗手、漱口、刷牙、洗脸、洗屁股、洗脚、换睡衣，才睡觉。每周洗头、洗澡、剪指甲，每月理发。让宝宝养成良好的卫生习惯，保持良好的仪表，让宝宝自我感觉舒适愉快。

给宝宝每天换清洁的手帕，可以用来擦汗、擦鼻涕、擦眼睛、擦嘴边上的食物碎屑。指导宝宝在咳嗽、打喷嚏时用手绢捂住口鼻，防止口腔中的细菌和病毒随飞沫散发。咳嗽和打喷嚏时用手绢捂住口鼻是有礼貌讲卫生的文明行为，可以减少呼吸道的传染病播散。如果没有手绢，用纸巾也可以。从小教宝宝养成文明卫生习惯，如不随地吐痰、不随地大小便、不吸吮手指、不挖鼻孔、不抠耳朵等。

## 07 如何保护好宝宝的眼睛？

❶抽时间陪宝宝到郊外走走，尤其是在阳光明媚的日子，带他去郊游，登山远眺。这对宝宝的视力非常有益，宝宝也乐于采取这种“护眼措施”。

❷提醒宝宝看电视时要离电视机3米以上，长时间用眼后，让宝宝向远处眺望一会儿或做眼保健操，使眼部肌肉得到放松。

❸培养宝宝良好的生活习惯，不要和别人共用毛巾、脸盆，要勤洗手，不要用脏手揉眼睛。

❹如果宝宝的视力低于4.8，家长应带宝宝到医院进行检查，分析情况，如果宝宝被确诊为患有眼部疾病，应及时治疗，确定为远视、弱视、斜视症状的，要在医生的指导下配镜、用药。

## 08 宝宝的睫毛可以剪吗？剪睫毛有什么不利？

有些年轻妈妈认为眼睫毛的生长与头发一样，剪一剪有利于睫毛长长，为了让自己的孩子眼睛漂亮，就把眼睫毛剪掉。

其实，一根睫毛的寿命不过三个月左右，因此，给孩子剪眼睫毛，并不会使眼睫毛长得长。另一方面，剪眼睫毛也不利于健康。眼睫毛具有防止灰尘进入眼内，保护眼睛的作用，如果剪掉了睫毛，眼睛失去了保护，灰尘等容易侵入眼睛，引起眼病。

## 09 宝宝长时间看电视有何危害？怎样正确看电视？

宝宝长时间看电视存在一定的危险性，长时间看电视与1岁半时有意识语言的出现较晚存在着因果关系；特别是在日常生活或者看电视时父母与宝宝之间交流很少的家庭中，长时间看电视的宝宝有意识语言出现较晚的比例很高。

如果在看电视时父母也随着一起唱歌、讨论电视内容等，婴幼儿在看电视时的反应（比如，看电视时笑眯眯地看着父母、手指比画着问问题等）会比较活跃，这样情况就会好些。

## 10 宝宝看电视时应注意什么？

❶不要一直开着电视，不看的时候最好随手关掉。

❷不要让婴幼儿一个人看电视。幼儿看电视时，父母与其一起唱歌或回应宝宝的问题非常重要。

❸在进餐期间应关掉电视。

❹让婴幼儿适当地掌握电视的使用方法。看完就关，不要持续反复地看电视。

❺不要在宝宝的房间摆放电视机。

❻婴幼儿看电视时间不宜过长，看电视时至少应距电视3米远。

## 11 左撇子要趁早矫正吗？如何发掘左撇子的优势？

有些家长认为宝宝用左手拿筷子，用左手拿剪刀，就应当及早矫正，不然就会成为左撇子，以后就不好办了。但是家长费了半天劲，宝宝仍然用左手。因为宝宝大脑的优势半球在右侧，而平常爱用右手的人的优势半球在左侧。人为的矫正，不可能改变宝宝大脑的结构。

左撇子最容易识别就是拿筷子和用剪刀，稍为大一些就是用左手握笔。用左手的人约占人口的10%，由于以右脑为优势半球，宝宝可能会在音乐、艺术、文学等方面有些特长和优势。如果家长强迫宝宝用右手，就会抑制了存在右脑的语言中枢，使宝宝说话不清、口吃、书写迟钝，甚至影响到宝宝的认知能力，所以不必特意去矫正左撇子，应顺其自然，让宝宝使用他自己的左手做事，才不会影响宝宝语言的发展。

## 12 怎样矫正宝宝的任性行为？

宝宝到了两岁就已经懂得大人的意图，在此期间有些宝宝会同大人作对，稍不如意就会大哭大闹、满地打滚、打人咬人、摔坏东西等，让家长很伤脑筋。这时家长应当按以下方法处理：

### 满足合理的要求

例如宝宝吃饭洒得到处都是，大人可以给一点帮助，仍让他自己吃，他就会有所进步，能自己吃完一顿饭。有些要求不合理就不能满足，例如宝宝要动热水瓶、到窗台上玩，这些是有危险性的，就要马上转移他的注意力，让他玩更有意思的游戏，不要下禁令，既避免同宝宝对着干，也不能迁就。

### 建立规矩

两岁半前后是建立规矩的最佳时期，例如规定每天看电视不超过15分钟，吃饭前把玩具收好再洗手吃饭，不可以打人骂人，说话有礼貌等。这些规矩大人小孩都要遵守，互相监督，家长要作出表率，家庭成员的态度一致，不可破例。有了一致的规矩，就可以让宝宝学习自律，任性的毛病就容易改正。

## 13 宝宝为什么会口吃？

刚学说话的宝宝还很不熟练，发音速度较慢，心里想好了怎样说，但嘴里却说不出来。因为发音的速度赶不上思维的速度，越着急就越说不出来，这时如果家长也着急，宝宝更紧张就会连续发出几个相同的音，表现出结结巴巴，就成了口吃。

这常出现在语言发展最快的时期，在2～4岁，约有4%的男孩和2%的女孩会发生口吃。家里有人口吃，宝宝容易模仿，双亲都有口吃子女有67%是口吃；单亲有口吃的其子女有40%患口吃；双亲无口吃的子女只有10%患口吃。宝宝在突然惊恐时会出现口吃，缺少关爱的宝宝和缺少咀嚼运动的宝宝也容易息口吃。

## 14 宝宝出现口吃怎么办?

当宝宝出现口吃时，家长千万不要着急，不要当着宝宝面说他口吃，更不要特别教他说话。最好在7～10天内完全不让宝宝说话，让他多做手的操作，如让他学用剪刀、筷子，穿珠子、垒积木、做拼插等。在忙碌地动手时，宝宝的精神会集中在操作上，语言系统得到休息。

由于宝宝在动用利手操作，管理利手的中枢也在左脑，在动用利手时，兴奋会扩散到语言中枢，同样能使语言中枢兴奋。在宝宝一面操作时同宝宝说话，宝宝就不会口吃。此外让宝宝参与唱歌和儿歌朗诵，宝宝也不会口吃。等到宝宝很有自信时，再同宝宝说话，第一个音让他慢慢说，说顺了就不会口吃了。

妈妈不必太着急，如果急着带宝宝去看医生，妈妈当着宝宝诉说病情，等于给宝宝扣上口吃的帽子，就不好办了。只有在4岁之后，如果自己经过多种办法仍不能见效时，才有必要到医院进行专业治疗。

## 15 为什么要尽早给宝宝补牙? 补牙用什么材料好?

家长在帮助宝宝刷牙时，若发现龋齿就应立即带宝宝看牙科，进行早期治疗，有道是“小洞不补、大洞吃苦”，切勿延误治疗时机，增加宝宝的痛苦。

牙科中初牙的充填材料有很多，有带颜色的，也有没有颜色而接近牙齿本色的，有金属的和非金属的。给宝宝补牙时，究竟使用哪一种材料好呢？是不是价钱越贵就对牙齿越好呢？

对于这个问题，三言两语还真是难以解释清楚，总之，使用哪一种充填材料应根据患牙的部位和充填部位承受咬合力量的大小来决定。

前牙为门面牙，从考虑美观出发，多选择与牙齿颜色比较接近的材料如复合树脂、玻璃离子体等。

而后牙多用来咀嚼食物，则要求材料强度高、耐磨损，所以，银汞合金这一古老的材料至今仍然被广泛应用。

# 2.学会自理

## 16 怎样让宝宝学会用筷子吃饭?

两岁的宝宝如能用勺子自己吃饭，很快就会模仿大人学用筷子。开始是用拳头握筷，两根筷子在一起只能扒饭入口，不会夹菜。经过练习，学会用前三指控制能活动的筷子，用四五指托住不能活动的筷子，就能顺利夹菜，到3岁时宝宝能自己挑出鱼刺。有些家庭使用公筷，宝宝在夹菜时，学会把自己用的筷子放下，换用公筷夹菜，维护家庭的饮食卫生。

宝宝在练习时往往动作慢一些，家长应当给宝宝留下足够的时间，尽量让他自己操作。如果家长嫌他太慢，自己动起手来，就会剥夺宝宝的练习机会。

## 17 怎样让宝宝学会自理?怎样培养宝宝的自信心?

因为两岁的宝宝已经很能干了，能够自己吃完一顿饭，会自己洗手、洗脸、穿脱衣服，有些宝宝会帮助妈妈做事。宝宝每做完一件事都会觉得很自豪，如果家长点头示意，或者表扬几句，宝宝自我服务的热情就会高涨而且能坚持下去，会越做越好。宝宝感到“我能行”，有了自信就会继续努力，而且愿意担任一些家务活。

爸爸妈妈可以给宝宝安排一些日常工作，如浇花、擦桌子等任务让宝宝每天按时完成，让宝宝有责任感。宝宝承担这些工作，感到自己被信任，就会按时主动完成，成为有责任感、能够自律的好宝宝。

有些家长认为宝宝还小，自己吃饭怕他没有吃饱，自己穿衣嫌他太慢，不放心让他做事，样样都要亲自插手。宝宝也知道自己不被信任，就干脆等着别人来帮忙，结果成为依赖的、懒惰的、样样都要别人催着干的，不能自律的宝宝。

在两岁这个关键时期，培养宝宝独立、自信、能够自律是十分重要的。宝宝首先要受到家长的信任，凡事不可能一开始就做得很好，要在多做几次后才像个样，然后就会越做越好。家长自身也要做好榜样，自己做事有条理才能让宝宝跟着学习。

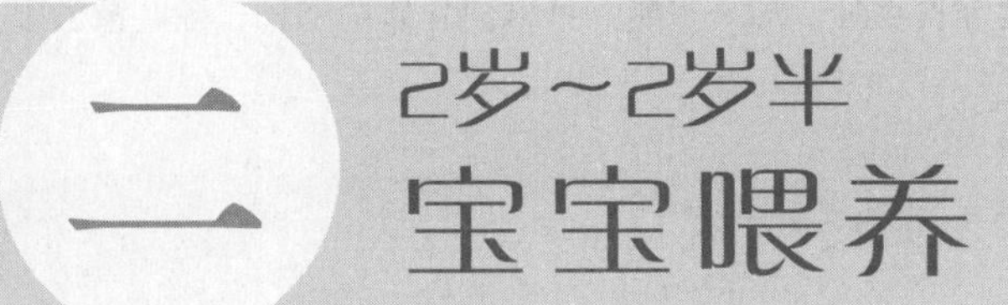


# 1.营养需求

## 01 如何满足2岁宝宝的营养需求？

两岁以后的小儿身体活动的能力增强，能跑会跳，当然所需要的热能与营养素要比1岁小儿有所增加。一个两岁小儿每天应供给的营养为：热能5000千焦（1200千卡），蛋白质40克，钙、铁、锌基本与1岁幼儿略同，维生素类稍有增加。将上述营养供给量折合成具体食物，大约粮食量为100～150克，鱼、肉、肝、蛋总量约100克，豆类制品约25克，每天吃250毫升的牛奶或豆浆，蔬菜数量与粮食量大致相同，也为100～150克，再加上适量的油及糖。有的小儿活动量大或生长发育较快，尤其是男孩，食量要大些。

为了满足两岁小儿的生理需要，要将上面列举的食物吃下去，至少要安排四顿，一般称为三餐一点。根据热能计算，三餐一点即早餐、午餐、午点、晚餐。各餐之间的热量比例为25%：35%：10%：30%。其原则可按照“早上吃好，中午吃饱，晚上吃适量”。食物的数量是否符合身体需要，一定要参考小儿每月的体重增长情况。

## 02 常吃醋对宝宝身体有何好处？

食醋中含有0.4%左右的醋酸，可以抑制多种细菌的生长繁殖。在宝宝吃的凉拌菜中加点醋，可以杀菌防病。

醋有“开胃”的作用。对食欲不振的宝宝，吃点带酸味的菜，能增进食欲。

醋还有保护维生素C的作用，在炒青菜时，加点醋，蔬菜中的维生素C大多能保留下来。在烹制排骨、猪手、鱼类等食物时，加一些醋，可以使骨质中的钙、磷，最大限度地溶解出来，有助于吸收利用。

## 03 应在哪些方面注意食品安全?

饮食是宝宝健康成长的基础，所以应重视食品安全，主要应注意以下几点：

❶为防止食物中毒，不要给宝宝吃隔夜的剩饭菜，即使吃也要充分加热。确定没有变质、没有不良气味才可以吃。

❷不要给宝宝吃带壳的瓜子、豆粒，以免呛入气管。

❸杜绝含有色素的食物，如红红绿绿的饮料、果冻、奶油蛋糕等食物，少吃有防腐剂类食物，如肉松、熟肉、方便面等；少吃油炸食物，如麦当劳、肯德基快餐、油饼、油条、炸糕等，以及膨化的爆米花、玉米、虾片等食品。

❹宝宝用的餐具需购买正规产品，防止粗制滥造的陶瓷引起积累性铅中毒。

❺仔细、阅读食品的出厂日期和保质期，不让宝宝吃过期食物。也不要购买离保质期很近的食物，以免在家存放时就过期。

## 04 哪些食物对宝宝眼睛有益?

应多给宝宝吃些对眼睛有益的食物。首先是富含蛋白质的食物。蛋白质是保证良好视力发育的基础，对眼睛正常的视觉功能以及组织的修复和更新起着举足轻重的作用，瘦肉、禽肉、鱼虾、奶类、蛋类、豆类等食物中都含有丰富的蛋白质。

其次是富含维生素A、维生素C或是钙质丰富的食物。通常豆类、绿色蔬菜、虾皮食物中钙含量较高；而维生素A一般在动物肝脏、鱼肝油、奶类、胡萝卜、苋菜、菠菜、青椒、红心薯、橘子等食物中含量较高；维生素C是组成眼球水晶体成分之一，在青椒、黄瓜、花菜、白菜、梨、橘子等食物中含量较高。

## 05 锌对宝宝有什么作用?

❶锌对生长激素和生长因子分泌起重要作用，缺锌时宝宝身高、体重增加受挫。锌是许多酶的成分和激活剂，这些酶在碳水化合物、脂肪、蛋白质代谢过程中起重要作用。

❷锌是唾液蛋白酶的组成成分，能促进味觉，增强食欲；锌参与维生素A还原酶和视黄醇结合蛋白的合成，增强维生素A吸收，故可促进视觉功能。

❸锌能改善人体免疫功能，锌是胸腺素的组成部分，胸腺素能促进T淋巴细胞的分化和成熟，缺锌时胸腺素活性降低，影响细胞免疫功能。缺锌时吞噬细胞的吞噬活性和趋化性下降，所以宝宝经常反复发生呼吸道、消化道感染性疾病。

## 06 哪些情况下宝宝会缺锌?

锌的需要量1～3岁每天10毫克。头5天的母乳含锌量高，母乳有锌的配体，母乳喂养的宝宝不易缺锌。牛奶中的酪氨酸与锌形成难吸收的化合物，故人工喂养的宝宝容易缺锌。

反复失血、溶血，或患钩虫、血吸虫、疟疾等病症会因红细胞中的锌丢失而缺锌。外伤及手术时，血中的锌聚集到伤口作修补用也会缺锌；饥饿或肾病在蛋白质丢失时，尿中排出锌增加，甚至在补碘时也会使锌从尿中排出。

## 07 如何给宝宝正确补锌？哪些食物含锌量高?

补锌过多，可使体内维生素C和铁的含量减少，并抑制铁的吸收和利用，引起缺铁性贫血。所以不可盲目补锌，宝宝还是用食物补锌比较安全。

食物含锌量(毫克/100克)

| 食物 | 含量 | 食物 | 含量 | 食物 | 含量 | 食物 | 含量 |
|---|---|---|---|---|---|---|---|
| 生蚝 | 71.2 | 墨鱼干 | 10.0 | 羊肉前腿 | 7.6 | 蚕蛹 | 6.2 |
| 蝎子 | 26.7 | 腊羊肉 | 9.9 | 香肠 | 7.6 | 桑葚干 | 6.2 |
| 小麦胚芽 | 23.4 | 糍粑 | 9.5 | 肉松 | 7.4 | 黑芝麻 | 6.2 |
| 山核桃 | 12.6 | 牡蛎 | 9.4 | 牛肉干 | 7.1 | 鸡蛋粉 | 5.9 |

续表

| 食物 | 含量 | 食物 | 含量 | 食物 | 含量 | 食物 | 含量 |
|---|---|---|---|---|---|---|---|
| 马肉 | 12.3 | 火鸡腿 | 9.3 | 酱牛肉 | 7.1 | 葵花子 | 5.9 |
| 羊肚菌 | 12.1 | 白口蘑 | 9.0 | 南瓜子 | 7.1 | 西瓜子 | 5.8 |
| 鲜扇贝 | 11.7 | 松子 | 9.0 | 奶酪 | 6.9 | 榛子 | 5.8 |
| 赤贝 | 11.6 | 干香菇 | 8.6 | 牛里脊 | 6.8 | 螃蟹 | 5.5 |
| 猪肝 | 11.3 | 红干辣椒 | 8.2 | 鸭肝 | 6.9 | 章鱼 | 5.2 |
| 鱿鱼(干) | 11.3 | 兔肉 | 7.8 | 鸡蛋黄粉 | 6.6 | 蘑菇(干) | 6.29 |
| 山羊肉 | 10.4 | 香醋 | 7.8 | 中国鳖 | 6.3 | 石螺 | 6.17 |
| 芝麻南糖 | 10.3 | 乌梅 | 7.6 | 羊肉干 | 6.2 | 瘦羊肉 | 6.06 |

用母乳喂养的宝宝不必补锌，没有挑食、偏食的宝宝也不必补锌。妈妈要注意不让宝宝吃味精，以免味精里的谷氨酸与锌结合从尿中排出，使宝宝缺锌。

沿海河地区居民可以多吃水产品，肉类中脏腑类含锌丰富。山区居民最好多培植核桃树，核桃和芝麻、花生等坚果含锌丰富，最好加工成核桃酱、花生酱、芝麻酱等让小宝宝也能吃。

## 08 为什么主张“病后加餐”？

任何急、慢性疾病，都会使体内的消耗增加，热能、蛋白质以及维生素A等出现入不敷出的现象。而且流质、半流质饮食，也使营养的摄入减少。病后给小儿加餐，有助于预防营养不良和各种营养素缺乏病。

三餐之外，可加2～3次有营养、好消化的食物。加餐不等于随便让孩子吃些零食，而是有选择、有计划地补充营养。

# 2.饮食习惯

## 09 如何让宝宝正常就餐?

### 定量定点

每次进食要让幼儿固定地方。每餐要根据幼儿的需要量供给相应的标准，注意营养质全面、量充足、食物品种丰富多样。平时以主食为主，副食为次，干湿搭配、甜咸搭配，午餐以主、副食并重，一荤一素一个汤，配上荤素炒菜和汤。在欢度节假日时，不要让幼儿进食无度，大吃大喝，这样很容易伤害幼儿的胃肠，造成幼儿呕吐、消化不良等现象。

### 饭前准备

饭前要进行桌面清洁消毒，幼儿饭前洗手，饭后擦嘴、漱口（点心后也要漱口，吃完水果要洗手）。教育幼儿饭前不进行剧烈活动，饭前半小时不要饮水，饭前组织幼儿安静地活动，让他休息片刻，做好吃饭的准备。

### 按时正常就餐

每天三餐一点要养成按时就餐的习惯，一次用餐的时间掌握在半小时左右为宜。要教会幼儿按时就餐，并能安静地吃完自己的一份饭菜。培养细嚼慢咽的吃饭习惯，既不要狼吞虎咽，也不要吃得太慢，更反对边吃边玩，边吃边讲话，边吃边看电视的坏习惯。

## 10 如何纠正宝宝厌食的习惯?

这个年龄的宝宝，有些会出现厌食。对于小儿的厌食，在排除病理因素后，成人应给予合理的教养和正确的心理诱导，就会产生良好的效果。

### 1 顺其自然，不强迫宝宝

有些家长担心宝宝营养不良，强迫宝宝多吃，并严厉训斥、非吃不可，这对宝宝的机体和个性都是一种可怕的压制，使宝宝认为进食是极不愉快的事，逐渐形成顽固性厌食。

## 2 诱导食欲

在烹调上可经常变换花色品种，色、香、形俱佳的食物可以引起食物中枢兴奋，产生食欲。初次接触某种食物时，家长可给食物适当评价，成人的正确评价可起“导向”作用。

## 3 合理安排宝宝作息

吃饭要定时，不无节制地吃零食；晚上宝宝早睡；适当的活动量能促进新陈代谢、食物消化吸收快。但活动量不宜过大，特别是饭前不能玩得太高兴，以免过度疲劳或过于兴奋而影响食欲。

## 4 进餐前应有愉快的情绪

进餐时要为宝宝提供一个整洁舒适、安静愉快的环境，使宝宝保持好情绪。也可以在饭前让宝宝看一些有趣的画报，听一些有趣的笑话，做一些游戏，以保持愉快的情绪。在良好情绪下进餐，能提高摄食中枢的兴奋性，使胃肠消化液分泌增多，蠕动增强，促进食欲。

## 5 少盛多添

如果你想让幼儿多吃些，给他盛上满满的一碗饭会适得其反。根据幼儿的心理，吃饭时给他盛上满满一大碗饭会使他一看就感到厌恶、发愁，从而降低了食欲。所以我们在幼儿进餐时不宜把饭一次盛得太多、太满。也不要将许多菜一下子都捡到幼儿的饭碗中，要做到少盛多添。

# 11 如何纠正宝宝偏食、挑食？

偏食、挑食会造成营养失衡，影响小儿的生长发育，所以一定要纠正宝宝偏食、挑食的坏习惯。

❶父母要以身作则，在宝宝面前不能表现出偏食、挑食，也不要对于食物妄加评论，免得宝宝先入为主，没进口就厌恶了。

❷要经常变换花样，注意调配，即一种食物可以换用几种烹调方法。同时，注意食物的色、香、味、形。不爱吃煮鸡蛋的可以做成炒鸡蛋、荷包蛋、蛋饼等，不爱吃肥肉或蔬菜的可以把肉或菜剁碎，包成馄饨或饺子。

❸还要注意教育宝宝的方式方法，切忌采用强硬压制，也不能心急发怒。否则，非但不可能纠正偏食、挑食的习惯，而且还把宝宝的食欲搞坏了。

# 三 2岁～2岁半 宝宝智能开发

## 1.能力发展

### 01 宝宝语言能力有何发展?

宝宝已经能背诵许多儿歌了，并能用复杂的句子表达自己的意图。宝宝的提问更全面了，他（她）对新鲜事物的探索精神常让你疲于应付，求知欲更加强烈。

### 02 宝宝运动能力有何发展?

现在宝宝的基本动作已经非常敏捷，肌肉变得结实有弹性。现在宝宝已经具备良好的平衡能力，并会拍球、抓球和滚球，但是仍难接住球。能摆弄一些大纽扣、按扣和拉链。宝宝的空间感提高得很快，能成功地把水和米从一个杯中倒入另一个杯中，而且很少洒出来。

### 03 宝宝认知能力有何发展?

宝宝已经能将各种用途不同的物品分类。但还局限在按物品的用途来分，比如吃、穿、用、玩等，这说明宝宝的分析能力和综合能力已经初步具备。快3岁的宝宝思维能力有了很大提高，他常能触类旁通，比如说到熊猫，宝宝会联想到熊猫是国宝，它的食物是竹子，在动物园曾经看到过，等等。

### 04 宝宝情感与社交能力有何发展?

一些宝宝热衷于玩过家家的游戏，几个宝宝在一起，有的担任爸爸，有的扮演妈妈，有的是宝宝，他们一会买菜，一会张罗客人吃饭，从模仿父母做饭的活动中，宝宝也学到了与人合作的本领，这都是宝宝自立行为的体现。总的来讲，宝宝的注意力已经能集中一段时间，这时他已经能参与一些复杂的社会交往，父母要允许他多与人交往，做一些类似捉迷藏或老鹰捉小鸡等需要与人合作的游戏。

# 2.能力训练

## 05 怎样进行大动作训练?

### 训练立定跳远

与宝宝相对站立，拉着宝宝双手，然后告诉宝宝向前跳，熟练后可让宝宝独自跳远，并继续练习从最后一级台阶跳下并独立站稳的动作。

### 训练跑与停

在跑步基础上继续练习能跑能停的平衡能力。

### 训练上高处够取物品

将玩具放在高处，在父母监护下，看宝宝是否学会先爬上椅子，再爬上桌子站在高处将玩具取下。让宝宝学会四肢协调，身体灵巧。训练前，家长要先检查桌子和椅子是否安放牢靠，并在旁边监护不让宝宝摔下来。学会了上高处够取物品之后，家长要注意，洗涤剂、化妆品、药品等凡是有可能让宝宝够取下来误吞误服的东西，都应锁入柜子内，不能让宝宝自己取用。当宝宝能取到玩具时应即时表扬：“瞧我们宝宝多棒！真能干！”

### 练习踢球

用凳子搭个球门，先示范将球踢进球门，然后让宝宝试踢，踢进去要给予鼓励。

## 06 怎样进行精细动作训练?

### 1 玩套叠玩具

如套碗、套桶等玩具，按大小次序拆开和安装，父母可以先示范，指导宝宝按次序拆装，宝宝会聚精会神地装拆，可培养宝宝的专注能力，学会大小顺序。通过手的操作，实地观察到套叠玩具一个比一个大，逐渐体会到数的顺序和对空间的认识。

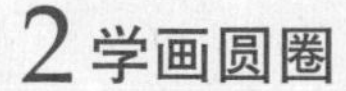

### 2 学画圆圈

用一张大纸放在桌上，让宝宝右手握蜡笔，左手扶纸在纸上涂画。家长示范在纸上画圈，握住宝宝的手在纸上做环形运动，宝宝就开始画出螺旋形的曲线，经过多次练习，渐渐学会让曲线封口，就成了圆形。

### 3 学习物品或图片配对

先从已经熟识的物品和图片开始。先找出2～3种完全一样的用品或玩具，如两个一样的瓶子、一样的积木、一样的盒子，乱放在桌上。妈妈取出其中两个一样的东西摆在一起，说："这两个一样"，鼓励宝宝找出第二对和第三对。

再找出以前学习认物的图片，先选择三对乱放在桌上，请宝宝学习配对。以后一面学习新的物品和图片，使宝宝能从10、12、14、16张中将图片完全配成对子。

## 07 怎样进行语言能力训练?

### 1 学习记住家人的称谓

教宝宝记住爷爷、奶奶、小姨等称呼。学会自我介绍，说出自己的姓和名，同时学会爸爸妈妈的姓和名。学会用手指表示自己几岁，并用口说出来。如果学话顺利，还可以进一步要求宝宝说出自己是"女孩"还是"男孩"。

### 2 教学说完整句

教小孩学说完整句，包括主语、谓语、宾语的句子。如"妈妈上班去了"，"我要上街"，"我要上公园"，并教宝宝使用一些简单的形容词。如"我要红色的球"、"我要穿红色衣服"、"我要圆饼干"等，这些形容词一定是简单、形象，是宝宝生活中最常见的。

### 3 学习辨声音

让宝宝听周围会发出声音的东西，如鸟叫声、汽车声、钟表声、电话声等，听到这些声音时，问宝宝是什么东西发出的声音，答不出来就直接让宝宝边看边听，并告诉他，什么是大人讲话的声音，什么是走路的声音，逐渐学会辨听。

### 4 背诵儿歌

教宝宝念儿歌，每首儿歌四句，每句三个字，听起来押韵，读起来顺口，反复练习。注意，要完全会背诵一首后再教新的。这样提高了宝宝的语言能力，增强了韵律感、记忆力，同时也激发了小儿的学习兴趣。也可以让宝宝多听英语歌，戏耍中锻炼了语感。

## 08 怎样进行认识能力训练?

### 学数数

幼儿对物品大小数量的认识是在对实物的比较中形成的，准备各类大小质地不同的小物品，如积木块、纽扣、瓶盖、塑料球等，尽量让宝宝用眼看、动手摸、张口讲，通过多种感官参与活动，比较认识物品的大小和数量。还可配合教点数，如口读数1，手指拨动一个物品，读2，用手指再拨动一个物品，读3，再拨动一个物品，教点数1～3。学拿实物“给我一个苹果”，“给我拿两个苹果”等。

### 学习认识性别

结合家庭成员教宝宝认识性别，如“妈妈是女的，姥姥也是女的，你是男的，爸爸也是男的”，逐渐让小孩能回答“我是男孩”。也可以用故事书中画上的人物问“谁是哥哥？”“谁是姐姐？”以认识性别。

### 学习前后和上下

让宝宝将两手放在身体的前面和后面，或把物品放在身前和身后，使宝宝明白前后。然后让宝宝将物品分别放在桌上面或桌子下面，练习分辨上和下。

## 09 怎样进行情感和社交训练?

### 认识环境

外出散步时要让宝宝熟悉认识居住的环境、标志物，先认识家门，再让认识附近的几条路、附近的商店等以及父母常去的地方，再让宝宝顺利找到家。

### 区分早上和晚上

早上起床时，妈妈说“宝宝早上好”。让宝宝说“妈妈早上好”。边起床边向宝宝介绍“早晨天亮了，太阳也快出来了，咱们快穿好衣服出去看看”。白天要开窗户，使宝宝享受新鲜空气。白天天很亮，不必开灯。到晚上也要向宝宝介绍“天黑了，外面什么都看不见了，要开灯才看得见，咱们快吃晚饭，洗澡睡觉”。使宝宝能分清早上和晚上，并让宝宝学习说“晚安”才闭上眼睛。此时可多说几遍“晚安”。让宝宝将词汇学熟练。

### 学习广交朋友

带宝宝到室外散步时，鼓励他与其他小朋友交往，互换玩具，一起背儿歌。选择讲述小朋友团结友爱的故事讲给他听，让他和其他小朋友玩耍时做个好宝宝，不打人、不咬人、不哭闹。

# 2岁～2岁半 宝宝常见病护理

## 1.小儿手足口病

### 01 手足口病有哪些症状表现?

手、足、口病一年四季均可见到，以夏秋季较多发病。初期先有发热、咳嗽、流涕和流口水等像上呼吸道感染一样，有的宝宝可能有恶心呕吐等症状，以后手足的指及趾背部出现椭圆形或棱形的水泡疱，周围有红晕水疱的液体，清亮水痘的长轴与皮纹是一致的，然后水疱的中心凹陷变黄干燥脱掉（脱屑）。另外指趾端有比较坚硬的淡红色丘疹或者疱疹，同时在口腔里如嘴唇、舌、口腔黏膜、齿龈上也有水疱。

### 02 手足口病产生原因有哪些?

有数种病毒可引起手、足、口病，最常见的是柯萨奇病毒A16型，此外柯萨奇病毒A的其他株或肠道病毒71型也可引起手足、口足病。柯萨奇病毒是肠道病毒的一种肠道病毒，包括脊髓灰质炎病毒、柯萨奇病毒和埃可病毒，其感染部位是包括口腔在内的整个消化道。通过污染的食物饮料水果等由口进入体内并在肠道增殖。

### 03 如何应对手足口病?

❶服用抗病毒的药物，如病毒唑、病毒灵等。

❷保持局部清洁，避免细菌的继发感染。

❸口腔因有糜烂，导致小儿吃东西困难时可以给予易消化的流食，饭后漱口。

❹局部可以涂金霉素鱼肝油，减轻疼痛和促使糜烂面早日愈合。

❺可以口服B族维生素，如维生素$B_2$等。

❻若伴有发热时可以用一些清热解毒的中药。

该病一般1～2周可以自愈不会留下后遗症，但它也不是终身免疫，以后还会感染发病。

## 04 如何进行家庭护理?

手足口病尚无特殊的预防方法，但可以通过养成良好的个人卫生习惯，可以有效降低手足口病的发生。

❶饭前便后要用肥皂或洗手液等给儿童洗手，勤洗澡，要喝白开水，不要喝生水、吃生冷食物，避免接触患病儿童。

❷看护人接触儿童前、替儿童更换尿布、处理粪便后均要洗手，并妥善处理污物。婴幼儿使用的奶瓶、奶嘴使用前后应充分清洗、消毒。

❸患病期间不宜带儿童到人群聚集、空气流通差的公共场所。注意保持家庭环境卫生，居室要经常通风，勤晒棉被。

❹儿童出现相关症状要及时到医疗机构就诊。父母要对患儿的衣物进行晾晒或消毒，对患儿粪便进行消毒处理；轻症患儿不必住院，可在家治疗、休息，以减少交叉感染。

# 2.出水痘

## 05 出水痘有哪些症状表现?

水痘是由水痘带状疱疹病毒初次感染引起的急性传染病。主要发生在婴幼儿，以发热及成批出现周身性红色斑丘疹、疱疹、痂疹为特征。

❶本病潜伏期为14～15日。起病急、轻、中度发热且出现皮疹，皮疹先发于头皮、躯干受压部分，呈向心性分布。1～6日的出疹期内皮疹相继分批出现。

❷大多见于1～10岁的儿童，潜伏期2～3周。起病较急，可有发热、头痛、全身倦怠等前驱症状。在发病24小时内出现皮疹，迅即变为米粒至豌豆大的圆型水疱，周围明

显红晕，有水疱的中央呈脐窝状。2～3天水疱干涸结痂，痂脱而愈，不留疤痕。皮损呈向心性分布，先自前颜部始，后见于躯干、四肢。数目多少不定以躯干为多，次于颜面、头部，四肢较少，掌跖更少。黏膜亦常受侵，见于口腔、咽部、眼结膜、外阴、肛门等处。皮损常分批发生，因而丘疹、水疱和结痂往往同时存在，病程经过2～3周。若患儿抵抗力低下时，皮损可进行性全身性播散，形成播散性水痘。

## 06 出水痘产生原因有哪些？

这是感染了水痘带状疱疹病毒的疾病，潜伏期约为2周。通过患者的喷嚏、咳嗽的飞沫或者接触发疹者来传播。由于传染力很强，常见在托儿所、幼儿园等暴发群体性感染。

感染最初阶段可见如蚊虫叮咬般的红色疹子，有时伴有38℃左右的高热。发疹在半日至2日左右遍布全身，同时变成有强烈瘙痒感的水疱，水疱破遗后形成黑色疮痂。

水痘在发疹开始1～2周左右好转，但好转后水痘带状疱疹病毒仍然在体内生存，到成人阶段时可能损害健康，甚至形成刺激神经的带状疱疹。

## 07 如何进行家庭护理？

❶本病的预防重点在管理传染源，隔离患者至全部皮疹结痂或出疹后7天。

❷对有接触史的高度易感者可在3日内注射水痘带状疱疹免疫球蛋白，或高效价带状疱疹免疫血浆，以减少发病的危险性。

❸其污染物、用具可用煮沸或暴晒法消毒。

❹接触水痘的易感者应留检3周，也可早期应用丙种球蛋白（0.4～0.6ml/kg）或带状疱疹免疫球蛋白5ml，可明显降低水痘的发病率，减轻症状。

过了1岁宝宝随时可以接种水痘疫苗。但是即使接种了疫苗，也还是会有大约一两成的婴幼儿感染发病原因。如果感染了，也还是可以接种疫苗的，这样可以减轻病症。

❺止痒但同时还要防止抓破水痘，这是护理的关键。应将婴幼儿指甲剪短，如果婴幼儿还是要抓痒，可以用手套套住婴幼儿的手防止抓破水痘。医院的止痒方法通常是使用加入抗组胺剂的软膏。已经有抓破化脓现象的水疱，则使用加入抗生素的软膏或者吃处方药。涂软膏时应细心且一个一个地涂。

❻口腔内如果起有水疱，应避免吃刺激性食物或者热的食物，可吃些软的易消化的食物。感染的最初期，也可以用抗病毒药物来抑制发疹。

水疱变成疮痂之前应避免洗澡，可以用淋浴冲洗臀部。另外如果水疱破遗很容易污染衣物、被褥，应注意勤换内衣、睡衣、床单、枕头等。

# 3.婴幼儿哮喘

## 08 婴幼儿哮喘有哪些症状表现?

婴幼儿哮喘，是指过敏体质者的支气管对某些外来物质产生高度敏感反应，使支气管痉挛、支气管黏膜水肿充血，支气管内分泌物增多，从而引起咳嗽、气喘、多痰等一系列临床症状。

婴幼儿哮喘发作时表现为突然发作性咳嗽、呼气困难、喘息、痰多，多在晚上与清晨发作，严重时烦躁不安，不能平卧，白天症状减轻或消失，反复发作，服用一般咳嗽药和抗生素无效。

## 09 婴幼儿哮喘产生原因有哪些?

哮喘的病因有内因和外因，内因是患儿的过敏体质，宝宝的父母或亲属中也常有哮喘病或其他疾病；外因是花粉、灰尘、鱼虾、药物、寄生虫及发霉的玩具等。

## 10 如何应对婴幼儿哮喘?

❶哮喘患儿应去有条件的医院作过敏原检查，找出过敏原因，可以针对过敏原作脱敏治疗，还应尽量避免接触过敏原，以减少发作。

❷吸入疗法对支气管哮喘提供了极有效的治疗，但治疗成功的关键要靠家长与医生的合作，在医生指导下，系统地用药，绝不能发作时用药，哮喘一停就停药。

## 11 如何进行家庭护理?

家长还要配合医生对患儿进行自我管理，即对哮喘的发生及如何回避触发因素有所了解，并能正确地应用入疗法，对哮喘的发作进行预测，以及初步掌握发作时的一些应急措施，以减少前往急诊室和住院的次数。

# 4.小儿肠炎

## 12 小儿肠炎有哪些症状表现?

是小儿最常见的疾病之一，在小儿科病中，死亡率最高的是肺炎及下痢。作父母的，对小儿的下痢处理不当，掉以轻心，迟延治疗时间，都会引起严重的后果。

**轻度** 一天大便次数为5～8次，有轻微发热，无脱水现象。

**中等度** 一天大便次数超过10次，大便为水样、泥状、细菌性带有黏液、脓或血液，俗称“痢疾”。有脱水现象，发高热；因细菌有毒素，常引起痉挛、昏睡、休克现象，严重者甚至死亡。

**重度** 一天大便在15次以上，水样大便喷射而出，有重度脱水现象，即皮肤干燥、眼球凹陷、眼圈发黑、小便减少、口渴、不安，此外尚有血酸症、呼吸不适、虚脱、半昏迷等状态。由于钾缺乏及水肿的关系，腰部膨胀，有肠麻痹现象。若不及时治疗，死亡率可达30%以上。

## 13 小儿肠炎产生原因有哪些?

**传染性下痢** 吃了不清洁的东西，以细菌性下痢为最多，如赤痢菌、病原性大肠菌、革兰氏阴性细菌、葡萄状球菌。滤过性病毒也是小儿肠炎之主因，如小儿麻痹病毒。流行性肝炎病毒以及其他原因不明之病毒，都可引起流行性下痢。每年9～10月间流行之下痢，多为滤过性病毒引起的。原虫以及阿米巴山可引起下痢。

**全身性感染** 小儿因抵抗力弱在发生中耳炎、肺炎或肾盂炎时亦可患下痢。

## 14 如何进行家庭护理？

❶小孩尽量不要吃街上卖的生冷食品，在家中吃东西要煮沸以及用其他方法洗净、消毒灭菌。

❷食用器具要消毒干净，宝宝所有奶瓶都要严格消毒，冲好的奶或吃过一半的奶，不可在温室放置太久。

❸家里有下痢患者时，应将病人隔离，其大便、呕吐等排泄物的用具要消毒，排泄物要小心处理，以免传染给其他人。

# 5.愤怒痉挛

## 15 愤怒痉挛有哪些症状表现？

愤怒痉挛是由剧烈哭泣引起的痉挛发作，多见于一两岁的宝宝，多在摔倒、发怒、剧烈哭泣的时候发作。

发作时的症状是呼吸停止、面色变得青紫、全身变硬、振颤。

有时宝宝受到惊吓或发生疼痛等因素，而大声哭泣，却突然出现呼吸停止、全身抽搐、脸色苍白、意识丧失等症状。发作时间2～3分钟后，便会自然停止。

痉挛的症状和热性痉挛类似，但愤怒痉挛是因激烈哭泣所引起的，这点与热性痉挛不同。

## 16 愤怒痉挛产生原因有哪些？

脑部尚未发育成熟，无法承受刺激。

出生6个月～2岁的婴幼儿，激烈哭泣时所引起的痉挛，称为“愤怒痉挛”，又称“哭泣痉挛”。一般认为是因宝宝的脑部尚未发育成熟，对于激烈的承受能力较差，才会引起愤怒痉挛。由于没有任何的后遗症，也不会对脑的发育造成影响，因此可以不用担心。等到5～10岁时，自然地就不会再发生。

## 17 如何进行家庭护理?

❶将宝宝抱起，等他慢慢镇静下来。由于哭泣即可引起，所以愤怒痉挛一年内出现一两次十分普遍，预后也较好，不会留有后遗症。

❷发作时的对应方式，和热性痉挛的相同。侧躺，穿着宽松及保持冷静的观察。对于曾发作过愤怒痉挛的宝宝，不可以认为“不能让他哭泣”。其实当他大声哭泣时，哄哄他即可，不需要太过神经质。

❸宝宝在一两岁时，已经可以进行情绪调节的教育和训练，这样可以让宝宝更好地控制自己的情绪，不至于愤怒痉挛情况发生。

# 6.“O”型、“X”型腿

## 18 “O”型、“X”型腿有哪些症状表现?

宝宝两腿并拢站立时，如两腿间空隙宽度超过成人的3根手指认为是“O”型腿，但是左右踝关节之间的距离超过成人的3根手指为“X”型。

## 19 如何应对“O”型、“X”型腿?

一般情况下无需治疗。如因骨骼发育异常、营养不良、代谢异常等引起的，这种情况下需要根据病因进行治疗。

## 20 如何进行家庭护理?

婴幼儿时期的“O”型腿一般到宝宝3岁左右会自然好转，“X”型腿到宝宝入小学之前基本上也会好转，无需特别的治疗。

# 第十章

# 2岁半～3岁

## 育儿要点

- 合理膳食，注意预防营养不良
- 加强户外活动及锻炼，增强体质；生活能力的培养
- 继续宝宝思维和计算的训练；记忆力的训练
- 保护宝宝说话的积极性，引导宝宝正确使用语言
- 保护宝宝的想象力
- 尊重宝宝独立性的愿望和信心，并给予适当帮助
- 培养宝宝友爱、同情等情感
- 教宝宝认识简单的行为准则；带宝宝参加社会实践活动

## 身体发育指标

| | 体重(千克) | 身长(厘米) | 头围(厘米) | 胸围(厘米) |
|---|---|---|---|---|
| 两岁半 | 男童≈13.7<br>女童≈12.9 | 男童≈92.3<br>女童≈91.3 | 男童≈49.31<br>女童≈48.25 | 男童≈49.67<br>女童≈49.89 |
| 3岁 | 男童≈14.7<br>女童≈13.9 | 男童≈96.5<br>女童≈95.6 | 男童≈49.63<br>女童≈48.65 | 男童≈51.17<br>女童≈50.80 |

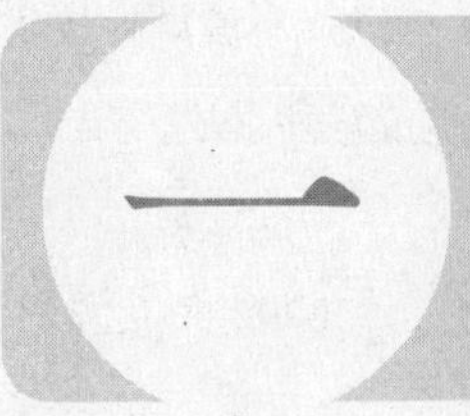

# 2岁半～3岁 宝宝生活照料

## 1.日常护理

### 01 睡午觉对宝宝生长发育有什么好处?

午睡是保证小儿神经发育和身体健康的一项重要制度。这个年龄的宝宝生长发育非常迅速，足够的睡眠是保证宝宝健康成长的先决条件之一，在睡眠过程中氧和能量的消耗最少，生长激素的分泌旺盛，促进宝宝的生长发育。如果睡眠不足，就会影响生长发育。

为保证宝宝的充足睡眠，除了夜间睡眠外，午睡也是很重要的一个方面。午睡可以消除上午的疲劳，养精蓄锐，为下午的活动唤起活力。

### 02 怎样培养宝宝的午睡习惯?

为了培养宝宝的午睡习惯，家长要合理安排好宝宝每一天的生活，使宝宝生活有规律，每日定时起床，定时吃饭，午饭后不让宝宝做剧烈运动，以免宝宝太兴奋，不易入睡。午睡时间的长短因人而异，这个年龄的宝宝一般午睡2～3小时。但注意，如果宝宝午睡时间过长影响夜间的睡眠，可适当调整午睡的时间长度。

### 03 为什么不宜把脱下的衣服盖在被子上?

不能教宝宝把脱下的衣服盖在被子上，这样既不卫生也不安全。因为无论是大人还是宝宝，白天穿着衣服到各种场合从事各种活动，特别是宝宝还喜欢坐在或躺在地上玩，衣服上沾满各种灰尘和其他污物，把脱下的衣服盖在被子上，污物会把被子弄脏，脏的被子盖在宝宝身上，容易引起疾病。如果宝宝把小石子、小木棍以及小玻璃片放到衣服口袋里，晚上衣服盖在被子上后这些小东西很容易掉到床上，造成意外事故。

## 04 宝宝需要定期进行口腔检查吗?

由于乳牙容易发生龋坏，而且发生龋坏的进展又比较快，所以家长应每隔半年带宝宝到口腔医院作定期检查，以便及早发现问题，及时治疗或者采取防龋措施。对于父母本身牙齿不好，宝宝已有多个牙齿发生龋坏的，最好每3个月就带宝宝进行一次口腔检查。

对于口腔疾病治疗已经结束的宝宝，也要定期检查。

## 05 口腔检查的内容有哪些?

口腔检查的内容大致如下：

❶口腔卫生习惯如何。

❷牙病预防措施是否到位。

❸有无新产生的龋齿和已补好牙齿的充填物边缘是否又发生龋坏。

❹口腔内充填修复物有无断裂、脱落。

❺根据龋蚀活动性的高低预测牙齿的排列和咬合上的变化。

❻口腔矫正装置有无破损、变形、移位、不适应。

❼乳恒牙交替后的健康管理等。

家长工作再忙，也别忽略带宝宝去进行口腔定期检查。

## 06 如何帮宝宝选择牙刷?

宝宝开始刷牙时，父母首先会面临如何选择牙刷的问题，市场上现在有各种类型的牙刷，应根据宝宝的年龄、用途及口腔的具体情况进行选择。

该年龄组的宝宝选择日常使用牙刷的要求是：牙刷的全长以12～13厘米为宜，牙刷头长度约为1.6～1.8厘米，宽度不超过0.8厘米，高度不超过0.9厘米，牙刷柄要直、粗细适中，便于宝宝满把握持，牙刷头和柄之间称为颈部，应稍略带弹性，牙刷毛要硬软适中，毛面平齐，富有韧性。毛太软，不能起到清洁作用，太硬容易伤及牙龈及牙齿。

现在还有一种电动牙刷，常用于生活不能自理的弱智儿童或手功能障碍需别人帮助刷牙者。建议家长让健康正常的宝宝使用普通牙刷，通过刷牙，不仅保持口腔卫生、促进牙周组织健康，同时又锻炼了宝宝小手的灵活性。

## 07 帮宝宝选择什么样的牙膏好?

牙膏能增强机械性去除菌斑（粘附于牙齿表面无色、柔软的物质）的能力，抛光牙面，洁白并美观牙齿，爽口除口臭。但由于幼儿具有自身的特殊性，应提醒家长注意的是：

❶尚未能掌握漱口动作时，暂不要使用牙膏。

❷选择产生泡沫不太多的牙膏。

❸选择宝宝喜爱的芳香型、刺激性小的牙膏。

❹合理使用含氟和药物牙膏。

❺选择含粗细适中摩擦剂的牙膏。

❻不长期固定使用一种牙膏；不使用过期、失效的牙膏。

## 08 如何避免牙刷致病?

牙刷使用时间长了，会出现两个问题，一是牙刷毛出现不同程度的弯曲和分叉，二是刷毛内会出现大量繁殖的细菌。所以，变形、不洁的牙刷，不仅会刺伤牙龈和口腔黏膜，还是多种疾病的传染源，一旦通过舌咽或破溃处黏膜侵入人体，就会引起疾病。

牙刷要注意保护和清洁，这样不仅可以使牙刷经久耐用，而且也符合口腔卫生要求。不要用热水烫或者挤压牙刷，以防止刷毛起球、倾倒弯曲。刷完牙后应清洗掉牙刷上残留的牙膏及异物，甩掉刷毛上的水分，并放到通风干燥处，毛束向上。通常每季度应更换一把牙刷，如果刷毛变形则应及时更换。

## 09 家里的电线如何布置比较安全?

电线的布置以隐蔽、简短为佳，尽量沿墙的边缘布置电线，以免宝宝因为好奇而揪扯出来。床头灯的电线不宜过长，最好选用壁灯，减少使用电线。平常不用的电器电源应当拔掉。所有电器的电线应最短，或使用安全电线夹，将灯具或其他用具的多余线缆卷起，可避免宝宝拉扯。冬天不要把电热器放在床前，以免衣被盖在上面引起失火。另外夏天也不要把电扇直接放在床前吹。

## 10 如何避免宝宝碰到插座触电?

家里有宝宝了，绝对不可让灯座或照明装置空着，应立刻装上灯泡，以防止宝宝把指头伸进放置灯泡的灯头内。用安全电插座，或者用强力胶带封住插座孔。还要防止宝宝拔出正在使用的插头。如果把手指或物品插入插座，就有触电或短路的危险。市场上有售安全插座和插座挡板，有小宝宝的家庭可考虑更换。

## 11 宝宝经常“眯眼”怎么办?

空气中的沙尘、小石子、小飞虫等都会在刮风时进入眼睛里，使宝宝“眯眼”，进入眼睛的东西称为“异物”，使宝宝感到疼痛、流泪、睁不开眼睛。如果宝宝用手去揉就会让异物损伤角膜，在异物上的细菌就会使角膜感染。

家长应当安慰宝宝，让他不要害怕，把眼睛轻轻闭上，家长用手轻提眼皮，异物会随眼泪流出时带出来。可以多做几次，如果不行，或者异物在上眼皮内，就可以轻翻上眼皮，用凉开水蘸湿消毒棉签轻轻把异物沾出。如果找不到异物，宝宝感到眼睛痛，就要赶快就医，因为异物可能在角膜上，不要自己取出，以防角膜损伤和感染，形成溃疡等严重后果。到医院处理比较安全。

## 12 宝宝爱放屁正常吗？为什么会这样?

大多数情况下，宝宝爱放屁是正常的。

两三岁的宝宝经常会尝试一些自己以前没吃过的东西，并且吃的东西种类也多。所以，如果宝宝放屁，很可能跟他吃过的东西有关。

另外，宝宝两三岁时好像比一岁以前的屁多，还因为他现在控制肠道的能力比以前强了。宝宝能憋住的气可能也比以前多了，当这些气体越积越多，最后排出来的时候，也许就会更加惹人注意。

但是如果宝宝的屁特别臭，而且大便异常，你就要带他去医院，看看是不是便秘了如果宝宝放屁时觉得疼，特别觉得肚子疼，你就应该带他去医院，看看是否有乳糖不而受、食物过敏或其他严重问题。

## 13 宝宝总爱在外边玩好吗？

愿意在户外玩耍是每个宝宝的天性，如果有合适的小伙伴，或是有人看护，不会走失的话，应该说多玩一玩对宝宝来说是很快乐的事情，可是什么事情都是有限度的，如果户外玩的时间过长，会令父母感到很不安，而且也会打乱家中正常的生活规律，影响全家人的生活和工作。

父母带宝宝出去玩之间可以和宝宝作一个约定，约定玩多长时间之后必须回家。宝宝会看钟表时，告诉宝宝我们在指会指向某时必须回家，这是没有商量的事情，让宝宝懂得生活就是这样，做事必须有规矩。反复耐心告诫和教育，宝宝一定会逐渐步入正常的生活轨道，保持正常的生活规律。

# 2.学会自理

## 14 怎样让宝宝学会礼貌用语？

家庭内的语言环境对宝宝影响很大，如果大人之间互相说话都很有礼貌，宝宝就会很自然地学会礼貌用语。早晨起床后先问早，很容易形成习惯。每次得到服务都说声“谢谢”，被谢的人回答“不用客气”。如果不小心碰到别人，马上说“对不起”；请别人帮忙一定要说“请”。离开家时要说“再见”，从外面回来要说“我回来了”，晚上睡前要说“晚安”。家里的人如果经常互相用这些礼貌语言，宝宝自然就能学会。反之，如果家里的人经常互相谩骂，语言粗野，宝宝也会照样骂人，说粗话。

语言的文明程度常常能反映出家庭的教养水平和文化素养。为了宝宝大人都应做好榜样，身教重于言教。

## 15 怎样教宝宝自己洗脚？

如同自己洗手一样，每天晚上宝宝如果不用洗澡，就要用温水洗脚。宝宝的个子矮，坐在板凳上自己洗脚会感觉很容易。如果让大人帮助，大人就要低头、弯腰，如果让祖辈帮忙，就会让老人很辛苦。因此应当让学会自己洗手的宝宝自己洗脚，程序与洗手完全相同，要特别注意清洗脚趾缝，用肥皂把脚趾缝里的污迹洗掉，用毛巾擦干，穿上拖鞋，顺手把用物收拾干净，然后更换睡衣上床。

家长可以监督每一项操作，不必样样动手自己操作，以锻炼宝宝的自理能力。

## 16 怎样让宝宝学会独立如厕?

两岁半后，就应当让宝宝练习用卫生纸。最初可以用娃娃来实习，让宝宝抱娃娃坐盆，给娃娃拉下裤子，发出“唔唔”的声音让娃娃大便。大便后，让宝宝双叠手纸，从前向后擦拭，把用过的一面叠向内，再擦拭一次。再用一张手纸擦拭第三遍和第四遍，然后给娃娃拉上裤子。经过给娃娃实习，熟练后就可以自己便后擦拭干净。开始妈妈可以查看是否擦拭干净了，以后就可以让宝宝自己操作。

## 17 怎样使宝宝自律和自强?

经常让宝宝从阅读中认识不同的人，在生活中多接触各种优秀人物，让宝宝暗自向他学习，宝宝就会自律而且自强。具体方法是：

### 1 树立榜样

应在宝宝心目中树立一个榜样，以便处处向他学习，这个榜样的选择十分重要。如果宝宝的见识面较广，在生活中遇到较多的人和事，在阅读中经常看到值得学习的英雄豪杰、伟大的科学家、文学艺术家、为大家做好事的人等，宝宝会在这些人当中寻找自己要学习的榜样。

### 2 从自理变成自律

宝宝通过自理逐渐认识自己的能力，获得自信，对自己有一定的要求，从而能够自律。在独生子女家庭中，大人往往对宝宝照顾过多，让宝宝产生依赖思想。尤其是许多应当宝宝自己做的事都由家长包办，缺乏责任感。这样会影响到宝宝以后的生活和工作，对宝宝极为不利。所以让宝宝从小懂得自理和自律很重要。

## 1.营养需求

### 01 牛奶配鸡蛋作早餐科学吗?

一些人把“鸡蛋+牛奶”当作最佳早餐，理由是牛奶含蛋白质、维生素和微量元素，是人体极好的钙来源；鸡蛋含有机体新陈代谢不可缺少的蛋白质、脂肪、无机盐等。强强联合，效果定然不同凡响。

而实际上，人体一切活动的基础是能量，而能量的主要食物来源是碳水化合物即谷类食物。这种“鸡蛋+牛奶”的早餐模式缺乏供应热能的食物，是不科学的。

除此之外，它的不科学之处还在于：大脑的能量供应依赖葡萄糖，而葡萄糖转化为能量离不开B族维生素的作用。而如果没有谷类的摄入，也就没有B族维生素的来源。

### 02 宝宝早餐应吃哪些食物?

**主食** 花卷、包子、面包、蛋糕等。

**富含蛋白质的食物** 牛奶、豆浆、煮鸡蛋、煮蚕豆、卤猪肝等。

**小菜** 凉拌海带丝、腌黄瓜条、拌萝卜丝等。

每类食物换着样吃，量无需多，但要能引起食欲。

### 03 高蛋白就等于营养好吗?

营养好是指：多样、平衡、适量的膳食结构。偏食任何一类食物都对健康不利。

动物性食品是优质蛋白蛋的主要来源，但“光吃肉，不吃青菜”，难免发生便秘。动物性食品，一般含胆固醇、饱和脂肪酸多，如果不是“适量”进食，会有损动脉的健康。光吃肉，不吃或很少吃主食，脑细胞就会发生“能源危机”，因为脑细胞只利用葡萄糖所提供的能量。过多地摄入蛋白质还会加重肾脏的负担。所以，高蛋白不等于营养好。

## 04 宝宝一天吃几个鸡蛋合适?

鸡蛋所含的蛋白质为优质蛋白质，所含的卵磷脂是构成神经细胞的主要原料。但是，光吃鸡蛋并不能获得全面的营养，而且因为鸡蛋在胃内存留时间长，使人感到总饱着，会影响食欲。另外，过多地吃鸡蛋，蛋白质代谢后产生氨，必须由肾脏排出，过多的氨会加重肾脏的负担。小儿每日食蛋1～2个即足。

## 05 什么是细粮？为什么要少给宝宝吃细粮?

什么是细粮？就是精加工的大米和白面。小儿应多吃糙米和标准面，少吃精白米和精白面粉。

糙米是符合去壳后未经加工的米，这些米保留着外层米糠和胚芽部分，含有丰富的蛋白质、脂肪和铁、钙、磷等矿物质，以及丰富的B族维生素、纤维素，这些营养素对人体的健康极为有利，而米粒经过精研细磨后，其剩下米仁即白米，其成分基本上是淀粉，损失了最富营养的外层，因此，糙米比精白米的营养价值高。越精制的食物往往会丢失越多的天然营养素。

另外，精细食物往往含纤维素少，不利于肠蠕动，容易便秘。当然，这并不是说幼儿吃的食物越粗糙越好，就拿米面来说，如果加工太粗小儿难以消化吸收，甚至还会将其他食物还未充分吸收消化的有用成分排泄掉。这一点也是值得父母注意的。所以，幼儿从营养摄取的角度看，应少吃精细食物。

## 06 吃油条对宝宝有什么危害?

许多家庭以豆浆油条做早餐，宝宝也很喜欢吃，但是制作油条时会用明矾，明矾是含铝的化合物，长时间食用会对健康有害。铝化合物有可能沉积在骨骼内，会使骨骼疏松；如果沉积在大脑中，会使脑组织发生器质性变化，出现记忆力减退、智力下降；如果沉积在皮肤，皮肤弹性会降低、皮肤皱褶增多。

另外，炸油条反复用过的油含有10多种有毒的不挥发物质，有致癌作用。所以家庭最好不用炸油条做早餐。

# 2.饮食习惯

## 07 如何培养宝宝良好进餐习惯?

快3岁的宝宝已经能够独自吃好饭了，就有必要讲究良好的进餐习惯、饭桌上的规矩了。这不仅能保证宝宝能够好好进食，而且也是在培养宝宝文明礼貌、道德规范。

❶吃饭前要洗手。让宝宝逐步形成良好的饮食卫生习惯，在脑子里形成吃东西前要先洗手的概念。

❷吃饭时要坐姿规矩。一般主张宝宝和大人一起进餐，大人要给宝宝安排一个合适的位置，想办法把椅子垫高以保证宝宝能坐稳坐好。

❸饭菜不要剩下。宝宝的饭菜要少盛，吃多少给多少，一是避免剩饭造成浪费，二是物以稀为贵，宝宝看到自己碗中的饭菜不多，就会珍惜争着吃，这样就能调起宝宝的胃口。

❹不能独食、挑食。父母要让宝宝从小懂得关心他人、尊重老人，进餐时就要注意不能给宝宝独食，不能让宝宝任意在盘中挑来挑去，好菜大家一起吃，不能尽宝宝一个人吃。

❺吃完饭后，应马上漱口，养成良好的口腔卫生习惯。

总之，整个进餐过程都要讲究文明礼貌，不能挑肥拣瘦，不能对着餐桌咳嗽、打喷嚏，不能狼吞虎咽，不能说笑、玩闹等等。

讲究吃饭的规矩、具有良好的进餐习惯是对这一阶段宝宝应该提出的要求。

## 08 可以给宝宝吃汤泡饭吗？为什么？

幼儿最好不吃汤泡饭，因为汤在口腔内会将唾液冲稀，使食物不能成团，不能充分发挥唾液淀粉酶的作用。

食物到了胃后，汤也会冲稀胃液，使胃蛋白酶的作用减弱。食物在口腔里最好能经过牙齿咀嚼，唾液搅匀，成为团进入胃中。在食团内，唾液淀粉酶还可继续发挥作用。汤泡饭等散开的食物与胃酸接触，唾液淀粉酶就没有作用了。到了十二指肠后，受胰淀粉酶的作用分解为麦芽糖、葡萄糖等单糖在小肠被吸收。

鼓励宝宝用牙齿咀嚼，咀嚼使食物变碎，表面积增大，增加与淀粉酶的接触，而且在咀嚼时能刺激口腔唾液的分泌。用汤泡饭会让宝宝吞咽太快，减少咀嚼。胃有节奏的蠕动能使食物均匀地进入肠道，使血液中的血糖不致因大量进食而突然增高。

## 09 怎样正确使用碘化食盐？

使用碘化食盐是最简便易行的补碘方法。但是，如果储存、使用不当，可能“碘”没了，只剩下盐。最好一次只买少量的碘化食盐，免得贮存时间太长，碘从盐中挥发了。

炒菜时，不要用碘盐先爆锅，防止因过热使碘破坏，炒菜、熬汤，最后放盐。买来的碘盐放在带盖的容器中贮存。使用碘化食盐也需注意，甲状腺功能亢进的患者，不宜用碘化食盐。我国一些高碘地区，也不应再用碘化食盐。

## 10 补碘过量对身体有什么危害？

碘是一种微量元素，摄入过多，会对身体有害。每日碘摄入量超过1000微克以上，日久就可能引起高碘甲状腺机能亢进症，表现为心率加速、气喘、食欲亢进，怕热多汗、烦躁，手、舌和眼球震颤等症状。因此，补碘要注意剂量。

一般，已服用碘盐，就不必再服补碘制剂。需要服碘药，不可几种碘药重复使用，一定要在医生指导下用药，并经常化验尿碘，以调整使用碘药的剂量。中国居民膳食碘的推荐摄入量：4岁以下，50微克/日；4～7岁90微克/日。

# 三 2岁半～3岁 宝宝智能开发

## 1.能力发展

### 01 宝宝语言能力有何发展?

这一阶段的孩子语方学习能力非常强，除模仿学习外，还能自己造出合乎语法的句子，而且开始说复合句。当然，小儿在说句子尤其是复合句时，在语法、用词或词语顺序上常出错，因此，成人应及时纠正、指导孩子说出完整、正确、规范的句子。

### 02 宝宝的注意力有何提高?

这一时期的孩子注意力在不断提高，能更长时间地注意看电视、看电影、听故事、做游戏。上幼儿园、托儿所的孩子能集中注意力较长时间地跟随老师上课或者做活动。

当然，孩子的注意力仍较易转移，如当他听到窗外有鸟叫或其他声响时，容易停止正在进行的事而转头向窗外看去。这很正常，孩子毕竟有较强的好奇心。

### 03 宝宝认知能力有何发展?

这一时期的孩子，好奇心越来越强，他们对周围的一切都感兴趣。由于他们认识范围不断扩大，我们会发现他们的问题也越来越多，经常问这问那，有时甚至会问得父母都回答不了。

问题是思维的起点，思维是在解决问题的过程中进化的。好提问是一种好现象，是孩子好奇心盛、求知欲强的表现，说明他们有了学习的主动性，同时也是他们善于思考的表现。问问题引导孩子细心观察世界、加深认识世界，并能促进儿童语言和智力的发展，父母应该尽力回答孩子的问题，并进一步引导他们的学习兴趣，让孩子保持这种良好的学习习惯。

## 04 宝宝的个性有何差异?

个性，简明地说就是一个人比较稳定的、经常表现出来的行为特征。

每个人天生就存在个体差异，但这些差异在后天的生活和教育影响下会不断改变。也就是说，在个性的形成和发展中，随着小儿年龄的增长，遗传的作用越来越小，而环境的影响越来越大。

这一阶段的小孩，个性逐渐显露，个体差异逐渐明显，如有的活泼、有的沉静，有的灵活、有的呆板，有的发展了某些良好的行为倾向，而有的发展了某些不良的行为倾向。尽管这一时期的个性特点或倾向是容易改变的、较不稳定的，但是，这些萌芽表现值得注意，因为儿童的个性正是在这个萌芽的基础上发展起来的，特别是自我意识、道德品质和性格。

## 05 情感和社交能力有何发展?

这一阶段的孩子，开始希望与小朋友交往，与小朋友一起玩。因此，父母应该有意识地多让孩子走出家门，多与邻居的小伙伴一起玩，结交一些好朋友。

另外，这一阶段的孩子，很乐于帮助大人做事，这是向孩子进行劳动教育极好机会。因此，家长要因势利导，鼓励孩子做些力所能及的事情。首先可以从自我服务开始，如学会自己吃饭、喝水、穿脱衣、洗手、洗脸等，然后可做些诸如收拾玩具、抹桌子、拔草、浇花等简单的劳动。

当然，这个年龄的孩子，在劳动活动中，会边干边玩，半途而废，还会“帮倒忙”、“捣乱”。因为他们在初学劳动时常常与游戏混淆，所以会边做事边玩，难以坚持把事做完，或者心血来潮时干得很高兴，不爱干时就半途而废。由于他们能力有限，劳动活动中存在盲目性，所以有时会损坏东西，打乱次序，等等。面对这些家长要针对具体情况给予孩子正确的指导，使孩子明确劳动目的，培养做事有始有终的习惯，使孩子懂得该做什么、不该做什么。

# 2.能力训练

## 06 怎样进行大动作能力训练?

### 让幼儿自如地走、跑、跳

让幼儿与小伙伴玩“你来追我”游戏。练习跑跑停停。让幼儿练习长距离走路。

### 训练上攀登架

锻炼幼儿勇敢的性格，学习四肢协调，身体平衡。学习爬上三层攀登架。

方法：将三层攀登架固定好，每层之间距离为12厘米(不超过15厘米)，家庭中可以利用废板材或三个高度相差10～12厘米的大纸箱两面靠墙让宝宝学习攀登。攀登时手足要同时用力支持体重，利用上肢的机会较多，可以锻炼双臂的肌肉支撑自己的体重。同时锻炼脚蹬住一个较细小的面也要支撑全身的平衡。

攀登要有足够的勇气和不怕摔下去的危险。因此要检查攀登架是否结实可靠，支撑点是否打滑等安全因素。家长要在旁监护，鼓励宝宝勇敢攀登。

### 骑足踏三轮车

练习驾驭平衡和四肢协调。2岁半的宝宝由于平衡的协调能力差，骑老式三轮车更为安全。宝宝先学习向前蹬车，家长在旁监护，尽量少扶持，熟练之后，自己会试着左右转动和后退。双足同时踏，配合双手调节方向，身体依照平衡需要而左右倾斜。这些都是很重要的协调练习。

### 玩球

3岁的宝宝学会接滚过来的球，后又学会接远方扔过来先落地后反跳过来的球。由于球先落地，已经得到缓冲，再接球时已作好准备，所以较容易。

接着可以学习接直接抛球。大人站在小孩对面，将球抛到小孩预备好的双手当中，球的落点最好在小孩肩和膝之内，使宝宝接球时可将双手抬高，或有时略为弯腰。开始练习，距离越近越容易接球，反复练习。以后逐渐增加抛球距离，可渐增至1米远。

### 跳高

练习跳跃动作，将10厘米高的小纸盒放在地上，让宝宝跑到近前双足跳过去，反复练习。要注意保护宝宝。

### 学跳格子

在单足站稳的基础上，练习单足跳，也可教小孩从一个地板块跳到相邻的地板块。或在地上画出田字形格子，让宝宝玩跳格子游戏。

### 荡秋千

带小孩到儿童游乐园荡秋千，跳蹦蹦床、扶宝宝从跷跷板的这一边走到那一边，或坐在跷板的一头，大人压另一头，训练平衡能力及控制能力。

## 07 怎样进行语言能力训练?

### 1 训练说物品的用途

选宝宝日常熟悉的物品如杯子、牙刷、毛巾、肥皂、衣服、鞋等，说出名称和用途。

### 2 训练说词模仿动作

训练幼儿在不断说出各种能表现动作和表情的词，让宝宝模仿，如说：“哭”，就做哭状，说“笑”，就做笑状，说“开汽车”，就模仿开汽车等，也可大人做各种动作，让宝宝说出词。

### 3 反义词配对训练

锻炼思维、记忆能力，发展言语。

方法：在宝宝认识若干数字的基础上选出10对字卡做反义词配对。如出上时应配下，出长时应配短，出大时应配小等。在平时学汉字时要有意地成对学习，可便于宝宝理解，又可做配对训练，可重复加深记忆。

## 4 学习复述故事

教宝宝看图说话。开始最好由妈妈讲图片给他听，让他听并模仿妈妈讲的话，逐步过渡到提问题让他回答，再让宝宝按照问题的顺序练习讲述。

## 5 猜谜和编谜的训练

促进幼儿语言和认知。家长先编谜语让宝宝猜，如“圆的、吃饭用的”，“打开像朵花，关闭像根棍，下雨用的”，宝宝会高兴地猜出是什么。启发宝宝自己编，让家长猜。如果编得不对，家长可帮助更正。轮流猜谜和编谜。可促进宝宝的语言和认知能力。

## 6 训练初步推理

与小孩面对面坐下讲故事或讲动物画片时，不断提问，引导宝宝回答如果……后面的话，如龟兔赛跑时，小白兔不睡觉会怎样？小兔乖乖如果以为是妈妈回来了，把门打开后又是怎样？通过训练，学会初步推理。

## 7 学说英语

当宝宝能够自如的用母语与人对话、背诵诗歌时，就可以开始学外语了。双语学习可以开发儿童的潜能，促进大脑半球言语中枢的发育。语言中枢位于大脑左半球。从小掌握双语的儿童，大脑的两个半球对言语刺激都能产生电位反应，能够用双语进行“思维”。5岁前，宝宝存在着发展语言能力的生理优势和心理潜能。幼儿学外语，以听说为主，不要求学字母，也不学拼写，只要求能听懂，能说简单的句子、会唱儿歌即可。教唱英语歌是幼儿学英语的好方法。

# 08 怎样进行认知能力训练？

### 学习认识人的不同职业

家长要随时给宝宝介绍不同职业的人，所做的工作和作用。如乘公共汽车时，认识司机是开汽车，售票员是给乘客卖车票。种地的是农民。修路的是筑路工人等。使宝宝学会尊重做不同工作的人，和各种不同的人配合，如早晨看到清扫马路的阿姨，告诉他不要随便扔物品在地上，要扔到垃圾箱等。

## 学习点数

继续结合实物练习点数，让宝宝能手口一致地点数1～3，训练按数拿取实物，如“给我一个苹果”，“给我两块糖，”“给我三块饼干”，反复练习、待准确无误后，再练习4～5点数等。

## 学玩包、剪、锤游戏

先让宝宝理解布包锤、锤砸剪、剪破布这种循环制胜的道理。边玩边讨论谁输谁赢。让宝宝学会判断输赢。当两个宝宝都想玩一种玩具时，就可用包、剪、锤游戏来自己解决问题。

## 学找地图

先让宝宝在地球仪或中国地图、本市地图中找到经常在天气预报时听到的地名。重点是多次在不同的地图和地球仪上找到自己住的地方。要学认本市地图找出自己居住的街道。

# 09 怎样进行精细动作训练？

### 1 学画人

宝宝学会画圆圈后，已画过许多圆形物品。有些宝宝会画上下两个圆表示不倒翁。这就是画人的开始。让宝宝仔细看妈妈的脸，然后在圆圈内添上各个部位。多数宝宝先添眼睛，画两个圆圈表示，再在圆顶上添几笔、表示头发。这时家长再帮助他添上鼻子和嘴，再让宝宝添耳朵。家长可示范画一条线代表胳臂，叫宝宝添另一个胳臂。又示范画一条腿，让宝宝画另一条腿。这种互相添加的方法可逐渐完善，使宝宝对人身体各个部位会进一步认识。

### 2 学用剪刀

选用钝头剪刀，让宝宝用拇指插入一侧手柄，食指、中指及无名指插入对侧手柄。小指在外帮助维持剪刀的位置。3个月的宝宝只要求会拿剪刀，能将纸剪开，或将纸剪成条就不错了，在用剪刀过程中要有大人在旁监护，防止宝宝伤及自己或别人。

### 3 练习捡豆粒

将花生仁、黄豆、大白芸豆混装在一个盘里，让宝宝分类别捡出。开始训练时可用手帮助他捡黄豆，随着熟练，就让他独立挑选。

## 10 怎样进行情绪和社交训练?

### 购物助手训练

带宝宝去超级市场，让他当助手，取商品时，可让他取，当他对买到的东西感兴趣时，可一一介绍，使他认识许多物品。出门时，让他看计算器如何显示，若会认数字，让他念出来，促进他认数字的兴趣。让他看看付钱和找钱。在自由市场购物时，介绍一二种他不认识的蔬菜，购买一些回家尝。

### 学习礼貌作客

到了周末，全家准备到奶奶家做客，应事先做一些指导，使宝宝表现有礼貌。进家门口，先问爷爷奶奶好。当爷爷递来吃的东西时要先拿最小的，并且马上说“谢谢”，需要什么用具，要“请”奶奶拿。离开爷爷奶奶家时要说“再见”。作客表现好应该回家后及时表扬。

### 学做家务劳动

教宝宝做一些简单的、力所能及的劳动。如择菜、拿报纸、倒果皮等，培养爱劳动、爱清洁习惯。

# 3.选择幼儿园

## 11 什么时候上幼儿园比较好?

幼儿到了3岁左右，生活上有了一定的自理能力，同时也是求知欲和探索欲最强的时期，特别是对于生活在城市的幼儿，需要改变那种封闭式的家庭生活方式，这时送他们到幼儿园去锻炼学习，多接触人和各种事物，培养集体主义观念和社会交往能力是十分必要的。通过小朋友之间的玩耍、打闹、争吵，幼儿的身心会得到健康的发育。而2岁左右的幼儿自身的能力和体力要差一些，如果没有大人的看护往往会出现些不良现象，故3岁左右上幼儿园是比较合适的。

## 12 如何根据宝宝能力选择幼儿园?

不同的宝宝天分是不一样的，如果宝宝智力较高，有很好的数学能力、文字能力以及阅读能力等，并对这些知识有着浓厚的兴趣，就要考虑选择一所以个体特征为本，能够对个体特长进行特殊帮助的幼儿园。如果宝宝的运动能力很好，就应该为他选择一所既能激发智力活动兴趣，又能帮他发展运动能力的幼儿园。

## 13 如何根据离家的距离选择幼儿园?

目前在教育上真正达到国际水平的幼儿园并不多，很多情况下，家长好不容易找到了一个非常适合的幼儿园，却发现它离家很远。有条件的家庭会选择将自己的房子出租或出售，另外在离幼儿园较近的地域租房。家长的这种付出实在令人感动。如果幼儿园很远，又无法解决居住问题，只好每天让宝宝经历漫长的颠簸之苦，长年坐车的无聊也会给宝宝造成一些问题，结果得不偿失。所以，最好就近选择一个比较理想的幼儿园。

## 14 如何根据硬件设施选择幼儿园?

幼儿园的院子里应该设有可供儿童选择的各类户外工作区，如木工区、种植区、游戏区等，多样的活动可让儿童的探索变得更加丰富多彩。儿童选择其中的任何一个工作区工作后，其能力都会朝着人类生存的方向发展。这个院落应使儿童充分享受到大自然的气息，可以自由决定在户外进行什么样的活动。

幼儿园为宝宝肢体活动所设置的大型器械，应该尽量地保持自然本色，使儿童

在活动中不但获得肢体活动的需要，也可享受与大自然亲近的机会和快乐。厨房用具、睡眠用具、洗漱用具，这些用品都从环保的考虑出发，选择朴实舒适的材料，使儿童在使用时有家的感觉。

## 15 如何根据师资力量选择幼儿园?

老师和宝宝是幼儿园的中心，幼儿园的所有课程安排都以老师的反馈信息为基准，老师也是管理者之一。此外，由于家长在儿童成长中承担着比幼儿园更重要的职责，幼儿园应该是学校、家长一体化的管理，家长直接参与幼儿园的教育和活动计划。幼儿园负责组织家长进行共同提升和联谊。

## 16 宝宝离不开妈妈怎么办?

我们经常看到初入托儿所或刚进幼儿园的宝宝，哭着叫着不肯离开妈妈，或者妈妈回家也要跟着回去。如果强行分离，就会适得其反。

其原因之一，他们是些体质弱或神经质的宝宝。他们的性格不习惯交朋友或不适应周围的环境；其次，当他们感到小弟弟或小妹妹夺去了母亲时，就更加离不开母亲，紧紧缠着母亲不放；其三是2～3岁的幼儿，由于住家附近没有同年龄的宝宝，一直是单独地和母亲一起生活的缘故。

属于第一种和第三种原因的，可以把宝宝带到公园等地方，开始时让他站在母亲身旁，尽量多让他看到别的宝宝玩耍，这叫“旁观游戏”阶段。在这个阶段，不要硬性让他离开父母，这时宝宝本来正在玩着（即旁观游戏），所以你就不要再说“你也去玩儿吧”之类多余的话。

属于第二种原因的，要对宝宝体贴入微地表达母亲的温情，以此来证实母亲对宝宝的爱。如果相反，极力想把宝宝送出去，或让他们离开自己，则效果适得其反。当宝宝确信母亲是爱自己的时候，就会安心地离开母亲。切忌操之过急。

# 四 2岁半～3岁 宝宝常见病护理

## 1.宝宝营养不良

### 01 宝宝营养不良有哪些症状表现?

广义的营养不良应包括营养不足或缺乏，以及营养过剩两方面。营养不良常有如慢性腹泻短肠综合征和吸收不良性疾病。营养不良非医学原因而是食物短缺造成的。

常有两种典型症状，其中一种是消瘦型，由于热能严重不足引起小儿矮小、消瘦、皮下脂肪消失、皮肤失去弹性、头发干燥、易脱落，体弱乏力萎靡不振；另一种为浮肿型，由严重蛋白质缺乏引起周身水肿，眼睑和身体低垂部水肿，皮肤干燥萎缩、角化脱屑或有色素沉着，头发脆弱易断和脱落，指甲脆弱有横沟，无食欲，肝、大常有腹泻和水样便，也有混合型介于两者之间，并可伴有体质低下、生长迟缓、消瘦等其他营养素缺乏的表现。

### 02 宝宝营养不良产生原因有哪些?

❶喂养方法不当。人工喂养时配奶方法不对，放入水分过多、热量、蛋白质、脂肪长期供应不足。母乳喂养的宝宝没有及时增添辅食，都可使小儿发生营养不良。

❷疾病因素。宝宝体质差反复发生感冒、消化不良、慢性消耗性疾病，会增加机体对营养物质的需要量，作为父母的又不懂得补充必要的营养素。

❸宝宝生长发育过快，而各种营养物质供应不上造成供不应求。

## 03 如何进行家庭护理?

要避免宝宝营养不良，最好办法是积极做好婴幼儿在6～7个月内预防，最好实行母乳喂养。按时增添辅食，做到饮食多样化，给予高热量、高蛋白、含维生素丰富的食物，同时要积极治疗各种慢性病及胃肠疾患，预防各种疾病的发生。

# 2.小儿感冒

## 04 小儿感冒有哪些症状表现?

❶小儿感冒轻重程度相差很大，轻者，只是流清水鼻涕、鼻塞、喷嚏、或者伴有流泪、微咳、咽部不适。一般3～4天能自愈。有时也伴有发热、咽痛、扁桃体发炎以及淋巴结肿大。发热可持续2～3天至1周左右。小儿感冒时还常常伴有呕吐、腹泻。

❷重者，体温高达39℃～40℃或更高，伴有畏寒、头痛、全身无力、食欲减退，睡眠不安等全身症状。

## 05 小儿感冒产生原因有哪些?

引起感冒的病原体主要是病毒，病毒的种类很多，而且十分容易发生变异。所以，宝宝对感冒一般没有免疫力，如果原本宝宝的体质和抵抗力就弱，反复发生感冒的可能性就更大。

## 06 如何应对宝宝感冒?

可给宝宝服用抗生素，抗生素可以通过杀灭或抑制细菌成长而起到抗感染作用。治疗感冒合并细菌性感染，一般需用足量抗生素7～10天，而且每天要服药2～4次。

## 07 如何进行家庭护理?

❶让宝宝充分休息，病儿年龄越小，越需要休息，待症状消失后才能恢复自由活动。

❷按时服药。

❸小儿感冒发热期，应根据宝宝食欲及消化能力不同，分别给予流食或面条、稀粥等食物。喂奶的宝宝应暂时减少次数，以免发生吐泻等消化不良症状。

❹居室安静，空气新鲜，禁烟，温度宜恒定，不要太高或太低、太湿，有喉炎症状时更应注意，这样才能让患儿早日康复。如果发热持续不退，或者发生并发症时，应及时去医院诊治，以免发生意外。

# 3.宝宝出麻疹

## 08 宝宝出麻疹有哪些症状表现?

麻疹是麻疹病毒引起的急性呼吸道传染病。主要症状有发热、上呼吸道炎、眼结膜炎等。而以皮肤出现红色斑丘疹和颊黏膜上有麻疹黏膜斑为其特征。本病传染性极强，在人口密集而未普种疫苗的地区易发生流行。潜伏期较规则，在10天左右，有被动免疫者可延至20～28天。在潜伏期可有低热。典型儿童麻疹可分以下三期。

**前驱期** 从发病到出疹3～5日。主要症状有发热及上呼吸道卡他症状。一般发热低到中度，亦有突发高热伴惊厥者。流鼻涕、刺激性干咳、眼结膜充血、流泪、畏光等日渐加重，精神不振、厌食、肺部可闻到干啰音。

**出疹期** 起病约3～5日后，全身症状及上呼吸道症状加剧，体温可高达40℃，精神萎靡、嗜睡、厌食。首先在耳后、发髻出现皮疹，迅速发展到面颈部。一日内自上而下蔓延到胸、背、腹及四肢，2～3日内遍及手心、足底，此时头面部皮疹已可开始隐退。皮疹2～3mm大小，初呈淡红色，后渐密集呈鲜红色，进而转为暗红色，疹间皮肤正常。出疹时全身淋巴结、肝、脾可肿大，肺部可闻干粗啰音。

**恢复期** 皮疹出齐后按出疹顺序隐退，留有棕色色素斑，伴糠麸样脱屑，存在2～3周。随皮疹隐退全身中毒症状减轻、退热、食欲好转，咳嗽改善而痊愈。整个病程10～14天。

## 09 如何进行家庭护理?

❶应卧床休息，单间隔离，居室空气新鲜，保持适当温度和湿度，衣被不宜过多，

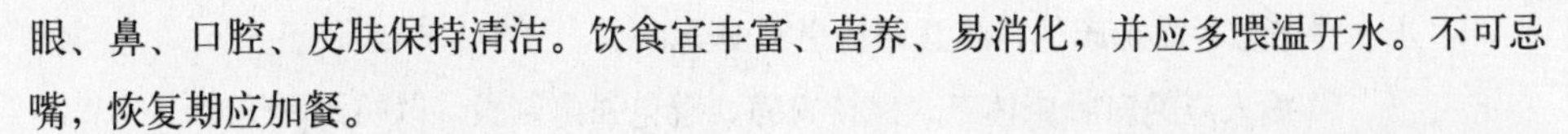

眼、鼻、口腔、皮肤保持清洁。饮食宜丰富、营养、易消化，并应多喂温开水。不可忌嘴，恢复期应加餐。

❷提高人群免疫力是预防麻疹的关键，故对易感人群实施计划免疫十分重要。如发现麻疹病人，则应采取综合措施防止传播和流行。

# 4.宝宝患流脑

## 10 宝宝患流脑有哪些症状表现?

流脑是流行性脑脊髓膜炎的简称，是由脑膜炎双球菌引起的急性呼吸道传染病，通过空气飞沫等传播，具有传染性。宝宝患流脑的一般症状表现有发热、头痛、呕吐等，发病季节一般为冬末春初。

脑膜炎球菌主要引起隐性感染，据统计60%～70%为无症状，带菌者约30%为深呼吸道感染型和出血型，1%为典型流脑，病人潜伏期为1～10天，一般为2～3天。

## 11 宝宝患流脑产生原因有哪些?

脑膜炎球菌属奈瑟氏菌，为革兰阴性球菌，呈卵圆，形常成对排列，该菌仅存在于人体。可从带菌者鼻咽部、病人的血液、脑脊液和皮肤瘀点中检出脑脊液中的细菌，多见于中性粒细胞内，少数在细胞外普通培养基上。

## 12 如何进行家庭护理?

脑膜炎双球菌属厌氧菌，在二氧化碳浓度较高的环境下易于繁殖。因此，平时要注意个人及环境卫生，室内常通风，勤晒衣被，小孩尽量不要到人群密集和通风效果差的公共场所去。由于春天是传染病多发的季节，气候冷暖不定，所以要注意及时给宝宝增减衣服。

❶病室内应安静通风，观察患者血压、皮肤瘀斑，瞳孔、呼吸、体温等病情变化。对重症，昏迷患者作好口腔及皮肤护理，防止并发症的发生。

❷病人饮食需给予易消化、有丰富营养的流汁或半流汁饮食。高热患者应多饮开

水，昏迷患者需加床挡，注意保护患者安全。

❸ 病人应绝对卧床休息，保持安静，避免强声刺激，以防诱发惊吓。

# 5.小儿急性胃肠炎

## 13 小儿急性胃肠炎有哪些症状表现?

小儿急性胃肠炎是一种常见的消化道疾病。婴幼儿胃肠道功能比较差，对外界感染的抵抗力低，稍有不适就容易发病。

小儿急性胃肠炎也称为消化不良症，主要症状为腹泻，还可伴有呕吐、腹痛、发热、食欲缺乏等症状。此外，还会有情绪变差，不爱吃奶。但是如果有腹泻却很有食欲，情绪也好，没有呕吐和发热等症状时，考虑是单纯性腹泻这时不必担心，可以进食普通的食物。单纯性腹泻与消化不良症的最大区别是看宝宝的情绪好坏。

## 14 小儿急性胃肠炎产生原因有哪些?

肠道内的感染由细菌和病毒造成，特别是致病性大肠杆菌，是主要的致病菌。假如宝宝有病而大量不合理地使用抗生素，还会造成霉菌对胃肠的侵犯。

❶ 上呼吸道的炎症、肺炎、肾炎、中耳炎等胃肠道以外的疾病，可以由于发烧和细菌毒素的吸收而使消化酶分泌减少，肠蠕动增加。不合理地喂养婴幼儿，宝宝吃得过多，过少，或过早、过多吃淀粉类、脂肪类食物，突然改变食物，突然断奶等，都能引起宝宝拉肚子。

❷ 气候变化，如过冷使肠蠕动增加，过热使胃酸及消化酶减少分泌，也可以诱发急性胃肠炎。

## 15 如何进行家庭护理?

首先要注意个人卫生和饮食卫生，不吃腐败变质的食物和喝生水，水果要洗净后或削皮后再吃，剩饭、剩菜要热透后再吃；不要暴饮暴食；并要搞好环境卫生，灭蝇、灭蟑螂；要避免夜晚受凉感冒。

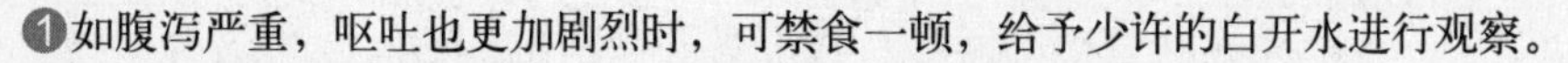

❶如腹泻严重，呕吐也更加剧烈时，可禁食一顿，给予少许的白开水进行观察。

❷如果没有呕吐，可慢慢给一些稀薄的牛奶或米汤等。

❸如果是给予母乳，虽然有腹泻但没有呕吐时，可以就这样继续喂养。

❹发热和呕吐等症状剧烈，并腹泻时容易引起身体的脱水，这时应到医院就诊，按照医生的指导接受抗生素和输液的治疗。

# 6.宝宝患脑炎

## 16 宝宝患脑炎有哪些症状表现?

所谓脑炎就是脑实质发炎，一般较为少见。一次感染后可获得持久免疫力。发热、易怒、呕吐、复视或明显的斜视、四肢无力、痉挛、嗜睡。如果父母发现宝宝出现两种以上的症状，请马上带宝宝去医院就诊，医生会根据患儿的症状和脑部CT的结果来作出诊断。

## 17 宝宝患脑炎的原因有哪些?

脑炎可为任何一种病毒感染所致。在新生儿身上，单纯疱疹病毒是最常见的脑炎病原。脑炎有时也可能在麻疹、风疹或水痘之后发生，只是这种情况很少见。某些疫苗所含有的活性病毒也可引起脑炎。

## 18 如何进行家庭护理?

❶给宝宝测量体温。将宝宝的头部向前弯曲，让他的下巴触到胸部，看看宝宝是否做得到，问他是否感到疼痛。

❷对于宝宝，注意观察他的前囟门是否突出。还有观察宝宝在亮光下是否立即紧闭双眼。在宝宝确诊为脑膜炎的情况下，家人也要服用预防药物治疗。

# 附录：宝宝身高、体重参考指标速查表

| 年龄 | 男宝宝体重(kg) | 男宝宝身高(cm) | 女宝宝体重(kg) | 女宝宝身高(cm) |
|---|---|---|---|---|
| 出生 | 2.9—3.8 | 48.2—52.0 | 2.7—3.6 | 47.7—52.0 |
| 1月 | 3.6—5.0 | 52.1—57.0 | 3.4—4.5 | 51.2—55.8 |
| 2月 | 4.3—6.0 | 55.5—60.7 | 4.0—5.4 | 54.4—59.2 |
| 3月 | 5.0—6.9 | 58.5—63.7 | 4.7—6.2 | 57.1—59.5 |
| 4月 | 5.7—7.6 | 61.0—66.4 | 5.3—6.9 | 59.4—64.5 |
| 5月 | 6.3—8.2 | 63.2—68.6 | 5.8—7.5 | 61.5—66.7 |
| 6月 | 6.9—8.8 | 65.1—70.5 | 6.3—8.1 | 63.3—68.6 |
| 8月 | 7.8—9.8 | 68.3—73.6 | 7.2—9.1 | 66.4—71.8 |
| 10月 | 8.6—10.6 | 71.0—76.3 | 7.9—9.9 | 69.0—74.5 |
| 12月 | 9.1—11.3 | 73.4—78.8 | 8.5—10.6 | 71.5—77.1 |
| 15月 | 9.8—12.0 | 76.6—82.3 | 9.1—11.3 | 74.8—80.7 |
| 18月 | 10.3—12.7 | 79.4—85.4 | 9.7—12.0 | 77.9—84.0 |
| 21月 | 10.8—13.3 | 81.9—88.4 | 10.2—12.6 | 80.6—87.0 |
| 2岁 | 11.2—14.0 | 84.3—91.0 | 10.6—13.2 | 83.3—89.8 |
| 2.5岁 | 12.1—15.3 | 88.9—95.8 | 11.7—14.7 | 87.9—94.7 |
| 3岁 | 13.0—16.4 | 91.1—98.7 | 12.6—16.1 | 90.2—98.1 |
| 3.5岁 | 13.9—17.6 | 95.0—103.1 | 13.5—17.2 | 94.0—101.8 |
| 4岁 | 14.8—18.7 | 98.7—107.2 | 14.3—18.3 | 97.6—105.7 |
| 4.5岁 | 15.7—19.9 | 102.1—111.0 | 15.0—19.4 | 100.9—109.3 |
| 5岁 | 16.6—21.1 | 105.3—114.5 | 15.7—20.4 | 104.0—112.8 |
| 5.5岁 | 17.4—22.3 | 108.4—117.8 | 16.5—21.6 | 106.9—116.2 |
| 6岁 | 18.4—23.6 | 111.2—121.0 | 17.3—22.9 | 109.7—119.6 |

**测体重注意**：1.给宝宝测量体重时要先排去大小便后空腹；2.要减去衣服和尿布的重量；3.在1岁以内应该每月测量一次体重；4.同龄男孩要比女孩重。

**测身高注意**：1.为宝宝测量时要脱去鞋、帽、袜子；2.最好在上午进行测量，这样容易得到较为准确的数值；3.3岁以下的宝宝可采取平躺姿势测量。测量时要注意膝关节伸直，头部有人用手固定；4.同龄男孩比女孩身长要长一些。

**不同阶段宝宝体重计算公式：**

· 6个月以内体重＝出生体重＋月龄×600克

· 7～12个月体重＝出生体重＋月龄×500克

· 2～7岁体重＝年龄×2＋8000克

**身长增长指标基本规律：**

· 出生时宝宝平均身长为50厘米左右。

· 第一年，身长增长最快，1～6个月时每月平均增长2.5厘米，7～12个月每月平均增长1.5厘米，周岁时比出生时增长25厘米，大约是出生时的1.5倍。

· 第二年，宝宝身长增长速度开始变慢，全年仅增长10～12厘米。

· 从2岁一直到青春发育期之前，宝宝的身长平均每年增加6～7厘米。

· 2～7岁宝宝身长计算公式： 身长＝年龄×5＋75厘米